蛋奶素者亦适用

Best Flavor Bread

30年专业面包研发师

面包圣手

55款人气风味面包

2600张照片超详细图解，烘焙师与面包师都想收藏的梦幻配方！

太阳之手 吴武宪 / 著

体验烘焙的多样层次与更多乐趣

我与武宪师傅认识很多年了，他是一位对烘焙行业极为热爱与专业的师傅。

2006年，我们参加了台湾第一届面包烘焙选拔赛，当时他代表的是德麦的一个团队，在那一段赛程经历里，我们建立了相当深厚的革命情感，对彼此有了更多的认知与了解，也感谢他当时的照顾。

《面包圣手》终于在酝酿多年后出版，这本书，分享了一位顶尖的面包师傅几十年来的经历及累积的经验，更传递了他在烘焙上的一腔热情，让烘焙界在经验与专业的分享方面，再添佳作。

武宪如此无私的分享，对于喜欢烘焙的朋友而言，实在是一件相当幸福的事。希望透过这本精彩的作品，让您看见并体验烘焙的多样层次与更多乐趣。

世界面包冠军

在家就能做出五星级极品面包

我出生在麦寮的乡下，儿时日子过得清苦。因缘际会，在国中毕业后，开始投入了我的烘焙生涯。因为家境匮乏，反而造就了我知恩惜福、勇于接受磨练的个性，这样的个性，为我在这个行业中，带来莫大的回馈。

早年台湾的烘焙产业并不像现在这么发达，也没有专业的烘焙学校可以去学习，都是以师徒制的方式进行，学徒必须忍受超长的工时、没有假期、师傅脾气暴躁等各种恶劣条件。在没有科学精准的配方与师父喜欢偷藏步骤的环境下，只有靠不断的练习与自己的摸索，才能了解其中的诀窍。所以，当别人下班后，相约打牌、喝酒、出门联谊等等，我则选择留在工作台上，努力地锻炼自己的技术，透过不断的付出与锻炼，奠定了让我日后能获得许多机会与进步的基础。

我始终相信，机会是留给有准备的人的。因此，在多次陷入事业危机时，反而成了我的转机，让我更上一层楼，开始接触到日本与欧洲的专业烘焙知识，也学习到更多当时在台湾很难接触到的面包制作的烘焙技术。再加上家里妻子给我的大力支持与包容，让我更有信心面对外面的困境与挑战。

经过三十多年的磨练，我先后担任两岸三地多家知名面包店的顾问，技术与配方对我来说早已不是问题，但新的问题又困扰着我：在台湾每家面包店必备的葱仔面包，到了重庆，却成了滞销产品；在北京可以成功发酵好的面团配方，到了杭州可能一直失败……因此，针对不同环境、气候等因素，调配出适合当地口味的面包，成了我最大的挑战与乐趣，而店里排起长龙的顾客，更给予我莫大的成就感！

这次，很荣幸获出版社的邀请，让自己专研多年的技术与配方可以和大家分享，也希望大家能因此收益良多，自己在家做出健康又美味的面包！

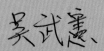

吴武宪

如何使用本书

1.

此款面包的中文名称。

2.

此款面包的英文名称。

3.

此款面包的特色说明，让您更了解如何品尝面包。

4.

赏心悦目的完成图。

5.

使用的面种。

6.

按材料表中用量所做出来的面包的个数。

1
2
3
4
5
6
优质鸡蛋牛奶吐司
Egg Milk Bread Loaf
单纯朴实的蛋奶香，超柔绵的面包体。
适合搭配任何配料或直接单吃，
超级美味！
种法：直接法
模具：12两吐司模
（19.7cm×10.6cm×11cm）
数量：4条

7 8 9

材料

面团

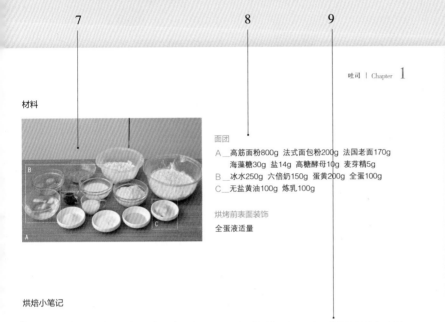

A__高筋面粉800g 法式面包粉200g 法国老面170g
海藻糖30g 盐14g 高糖酵母10g 麦芽精5g
B__冰水250g 六倍奶150g 蛋黄200g 全蛋100g
C__无盐黄油100g 炼乳100g

烘烤前表面装饰

全蛋液适量

烘焙小笔记

制作流程	搅拌→基本发酵→分割滚圆→中间发酵→第一次擀卷、发酵→第二次擀卷、发酵→最后发酵→烘烤前装饰→烘烤
搅拌时间	低速4分钟→中速4分钟→加入材料C→低速3分钟→中速3分钟
基本发酵前面团温度	26℃
发酵温度、湿度	温度30℃，湿度75%
基本发酵	发酵30分钟后翻面，再发酵30分钟
分割滚圆	170g×3/条
中间发酵	30分钟
整型样式	圆柱形二次擀卷
最后发酵	至吐司模八分满
烘烤温度、时间	上火150℃/下火230℃，烘烤20分钟后降温为上火150℃/下火210℃，再烤10分钟

step 搅拌

1

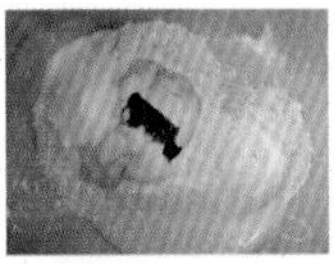

将材料A放入厨师机搅拌缸中，盐与酵母必须分开些摆放。

2

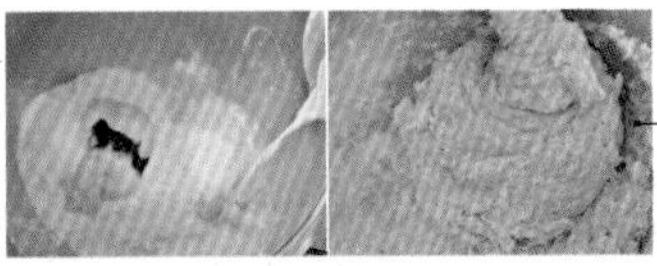

倒入材料B的液体，开始以低速搅拌4分钟，后转为中速再搅拌4分钟。

3

取一点面团拉开，会形成不透光薄膜，且破洞处呈锯齿状，即扩展状态。

83

10 11 12

7.

材料图照片，供您确认对照使用的材料是否正确。

8.

材料一览表，正确的分量是面包制作成功的基础。

9.

烘焙小笔记以表格方式整理，提纲挈领，让您一眼就看懂每款面包的制作重点，烘烤出让人赞不绝口的美味面包。

10.

此款面包制作流程的每一阶段概述。

11.

制作分解图，可让您对照检查操作方式是否正确。

12.

详细的文字解说，让您在操作过程中更容易掌握重点。

Contents | 目录

推荐序：体验烘焙的多样层次与更多乐趣______2

作者序：在家就能做出五星级极品面包______3

如何使用本书______4

器具与材料______10
- 器具图鉴______10
- 材料图鉴______14

准备工作______23
- 果干处理方法______23
- 可可油______23
- 太妃糖______24
- 坚果烘烤______24
- 墨西哥面糊______25
- 菠萝酥面团______25
- 表面装饰面糊（面饰）______26
- 全麦菠萝皮______26
- 卡仕达馅______27
- 巧克力奶酪馅______27
- 巧克力奶油馅______27
- 素干贝酱馅______28
- 辣味奶油______28

天然酵母与发酵种______29
- 天然酵母______29
- 天然酵母－葡萄菌水______29
- 发酵种______30
- 葡萄菌种______31
- 法国老面______31
- 汤种______32
- 全麦汤种______33
- 液种______34
- 全麦液种______34
- 面包的制作方法______35
- 直接法______35
- 中种法______36
- 液种法______38

Chapter 1 吐司

坚果吐司______42
焦糖坚果吐司______46
玄米吐司______50
健康十谷吐司______54
国王吐司______58
皇后吐司______62
元气南瓜吐司______66
山药香芋吐司______70
香芋吐司______74
红豆吐司______78
优质鸡蛋牛奶吐司______82
果香黑森林吐司______86
黑美人芭娜娜吐司______90
红酒葡萄吐司______94
红酒杏桃吐司______98
红酒无花果吐司______102
青酱杏鲍菇吐司______106
青酱素火腿芝士吐司______110
宇治蔓越莓吐司______114
抹茶蜜豆吐司______118
抹茶燕麦南瓜吐司______122
贵妇吐司______126
顶级牛奶吐司______130
蜂蜜五谷红豆吐司______134

Chapter 2 餐包

特级红豆餐包______140
日式华尔兹餐包______144
岩烧巧豆餐包______148
红酒葡萄餐包______152
宇治抹茶餐包______156
牛奶双莓餐包______160
牛奶荔枝餐包______164
月亮爆浆餐包______168
五谷紫米餐包______172

Chapter 3 调理面包

圆佰蜜豆______178

黑爵螺卷______182

吉瓦那黑樱桃______186

巧克力魔法石______190

青酱维瓦诺素肉松______194

青酱火山蔬果______198

青酱圣诞树______202

青酱素小热狗卷______206

金薯核桃______210

相思核桃______214

北海道牛奶草莓______218

相思百结蔓越莓______222

窑烧素松______226

窑烧芝士素肠______230

全家福______234

甲仙香芋______238

养生素干贝餐包______242

精致小奶香______246

阳光玉米______250

黄金黑樱桃______254

阳光香橙______258

黄豆杂粮蔓越莓芝士______262

器具与材料

器具图鉴

所谓工欲善其事，必先利其器，容易上手又好用的工具，往往能事半功倍，也能更容易做出符合预期中的口感与外型的美味面包，因此，下面就为大家介绍本书中会使用到的工具。

搅拌机（厨师机）

一般分为桌上型搅拌机、直立式搅拌机、螺旋式搅拌机。

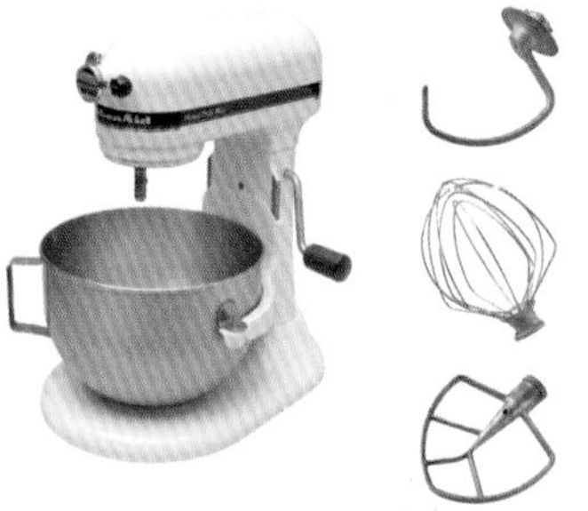

桌上型搅拌机

在制作面包时，可使用勾状搅拌器搅打，但仅适用少量面团的搅打，且搅打时间不宜过长，以免烧坏马达。而桨状搅拌器适合做饼干类的面团时使用，打蛋器则适合用来制作乳沫类蛋糕或打发鲜奶油等。

直立式搅拌机

直立式搅拌机与螺旋式搅拌机适合拿来搅打做面包用的面团，因机型较大，马力也足，所以可以一次制作较多的面团，也能搅打得比较均匀，但缺点是较占空间。

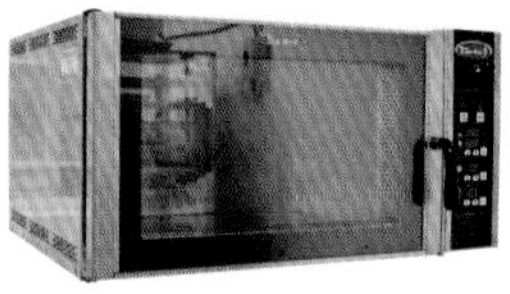

烤箱

烤面包用的烤箱，最好选择上、下火能分开调整的，且体积以尽量大些为好，让面包在烤焙时能均匀受热。因专业烤箱具有蒸汽功能，而大多欧式面包在烤焙时，需要蒸汽与压力来糊化表面，使表面产生酥脆口感，若家用烤箱无此功能，不妨在面团放进烤箱前，在表面喷上少许水分；也可预先将烤箱温度升高，并放入少许冰块来产生蒸汽，然后再放入面包坯烘烤。

发酵箱

一般专业发酵箱能控制温、湿度与时间，让面团能在预期的时间内完成想要的发酵状态。若家里没有专业发酵箱，不妨使用一般的塑料发酵箱，在发酵箱上面盖上温湿布，并在发酵箱内放置一杯热开水来增加湿度与温度，期间多确认几次发酵状态即可。

筛网

面粉在经过长时间放置时，容易产生结块现象，在使用前，最好先用筛网筛过，让面团呈现蓬松状态，这样才容易与其他材料拌合。另外，在面包放进烤箱前，也经常会筛粉来制作图案或防粘连，此时就可选用较小的筛网来操作。

不锈钢盆、玻璃碗

制作面包前，需将所有材料预先称好再进行操作，因此，可以多准备几个大小不等的容器备用。

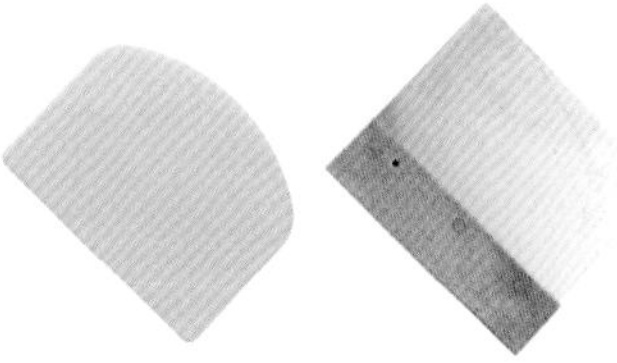

刮板、切面刀

在制作面包时，刮板或切面刀都是非常重要的工具，不论是面团发酵翻面、果干馅料的拌入或是切割面团称重都少不了它。

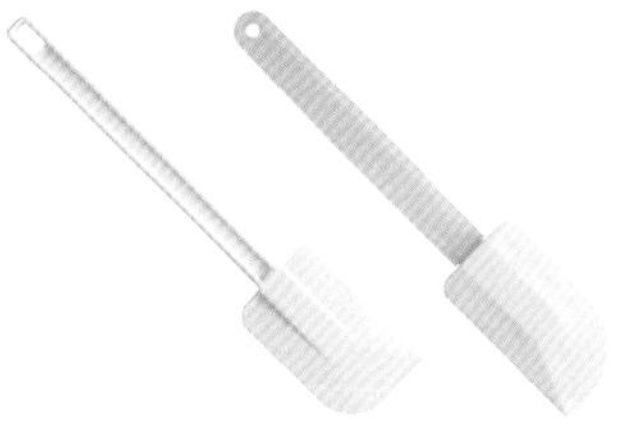

橡皮刮刀

用于混合面糊、刮取盆内材料等，都非常好用。选择橡皮刮刀时，最好是挑选耐热材质的，手感不宜过硬，才方便操作。

打蛋器

在制作面糊类时，用打蛋器方便将材料混合均匀或打发。每次使用完毕，应将每根网丝都清洗干净，以免残留面糊产生污垢。

擀面棍

滚卷面团、整型等时必备的工具之一。

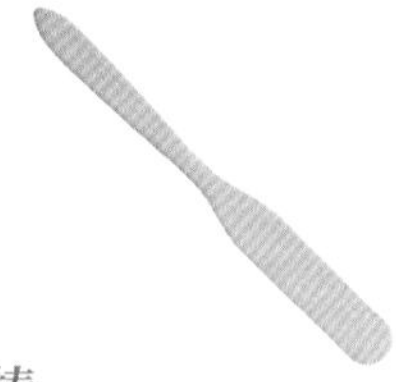

包馅棒

市面上有木质和不锈钢材质的，方便将馅料包入面团内。

量杯

在称量较多的液体材料时，可以使用量杯。使用量杯时，必须将眼睛平视观察刻度才准确。

电子秤

面包的配方材料都有一定的比例，必须使用电子秤来精准称重。使用电子秤测量单位以1g为基准即可，不需精确到小数点后。另外，面团也必须使用电子秤才能准确分割。

量匙

一些用量较少的材料，例如酵母、盐等，直接使用量匙即可。通常1大匙约15ml，1小匙约5ml，1/2小匙约2.5ml，1/4小匙约1.25ml。使用时，以平匙来计算。

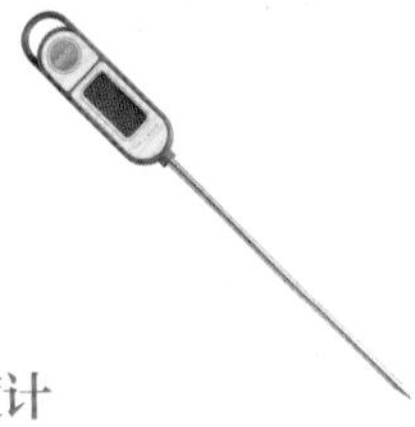

温度计

在面包制作的过程中面团温度控制非常重要，因此温度计要可以方便测量面团中心温度，以调整后续发酵时间的长短。另外，烤焙时，面包中心温度若达98℃，则可确定面包已熟，因此，温度计在此时亦可派上用场。

定时器

方便在制作面包的过程中对各阶段的时间进行控制。

刷子

面包在放进烤箱前，用刷子能均匀地刷上蛋液或鲜牛奶等，使面包烤出金黄美观的外皮。

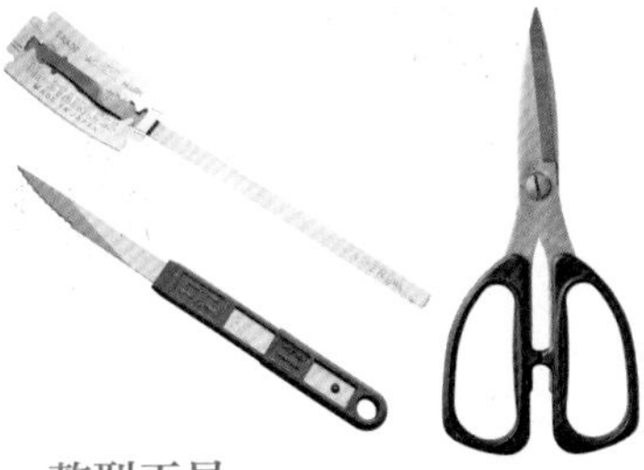

整型工具

面包在整型时，可使用剪刀、划刀与小刀来协助。

烤盘

面包放进烤箱烘焙时使用。

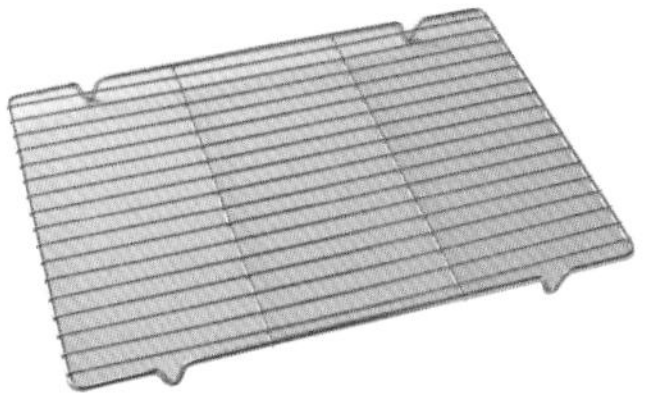

冷却架

面包烤好后，必须尽快脱模，置于冷却架上放冷以防止变形。冷却架下方为中空设计，方便空气流通，使面包散发的蒸汽不会回附在面包上而影响口感。

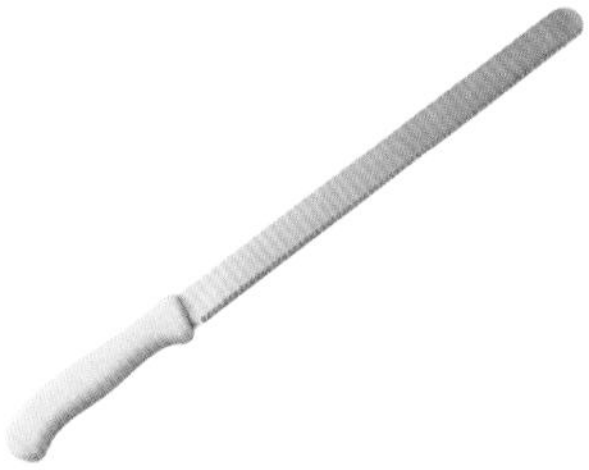

面包刀

面包刀呈锯齿状，能轻松地将面包工整地切下，不易破坏面包外型。

洒水器（喷壶）

面团在发酵后或待整型期间，表面容易干燥，可以使用洒水器在表面喷洒，使表面维持湿润，或在放进烤箱撒粉前喷洒，增加面团表面沾附作用。

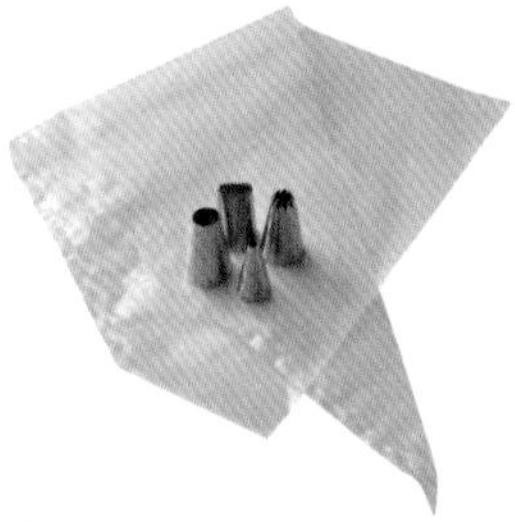

挤花袋、挤花嘴

大多在面包烘烤前进行表面装饰时使用，或是面包烘烤完毕后，填入内馅时使用。

防热手套

用于取出烤好的面包。若烘烤完成时烤盘过烫，可在使用防热手套时多套一层棉布手套来隔绝高温。

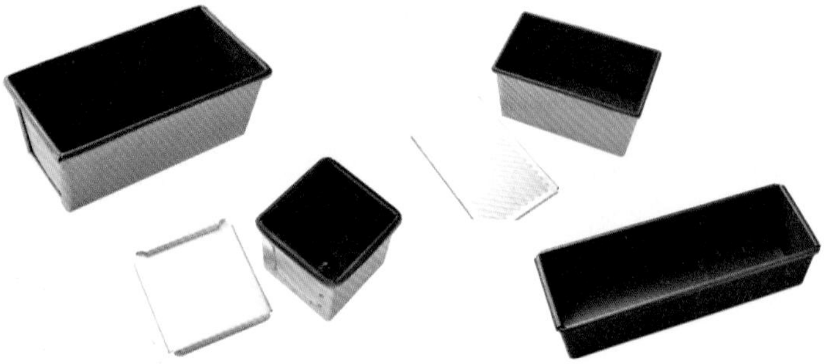

吐司模

吐司模有多种尺寸，例如300克.450克等，也分为带盖与不带盖的，可以依照自己的喜好来选择使用。使用时，要依照大小、带盖与不带盖的特点来调整温度与时间。

凵型长条模

需要进行长条造型时使用。

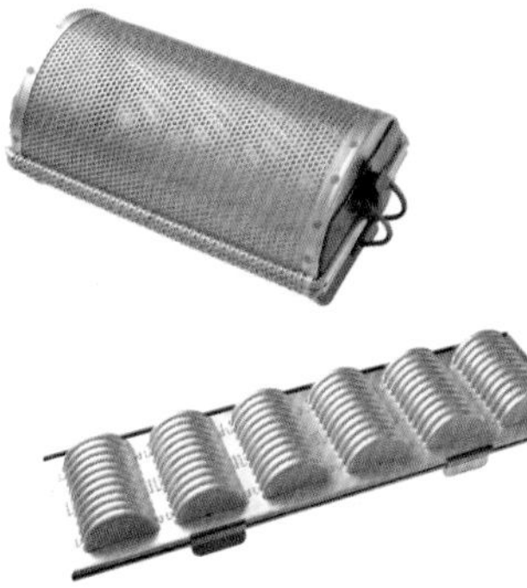

车轮模

能烤出像车子轮胎一般圆滚造型的模。

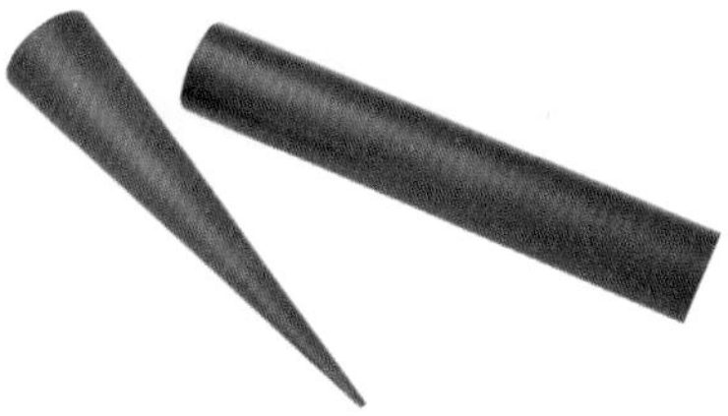

螺管、水管

制作螺卷或水管中空造型面包时使用的造型模。

特殊造型模

各种造型模具都可以拿来制作面包。

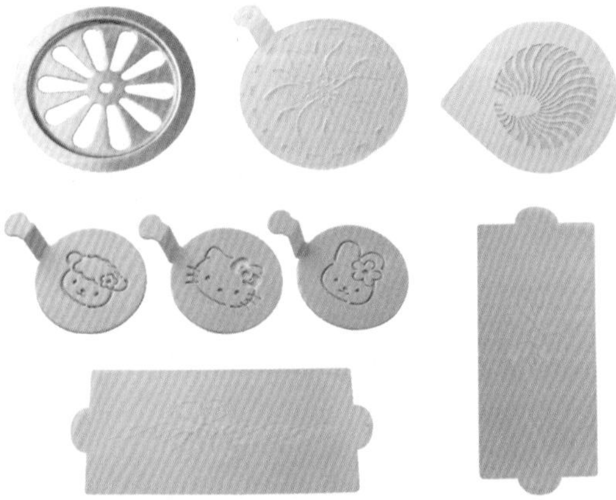

撒粉筛板、撒粉纸模

在烘焙面包前，将筛板或纸模盖在面团上再撒粉，能在面包上做出不同的图形。

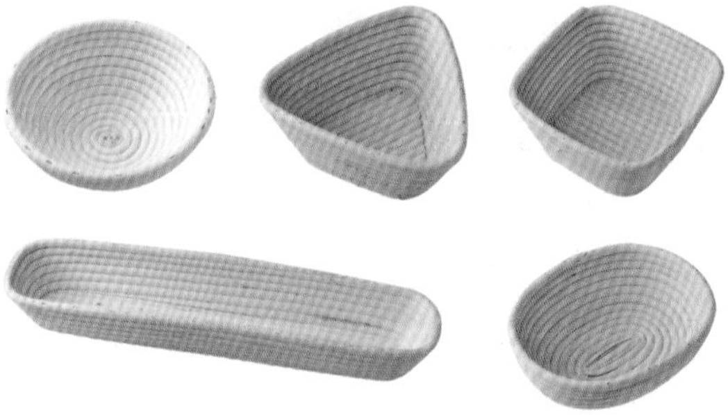

藤篮

最后发酵时将面团放入，可做出朴实的面包造型。每次使用前，一定要先均匀撒上面粉或裸麦粉，使用后也必须将沟缝中的余粉清除干净，并放置在干燥阴凉处储藏。

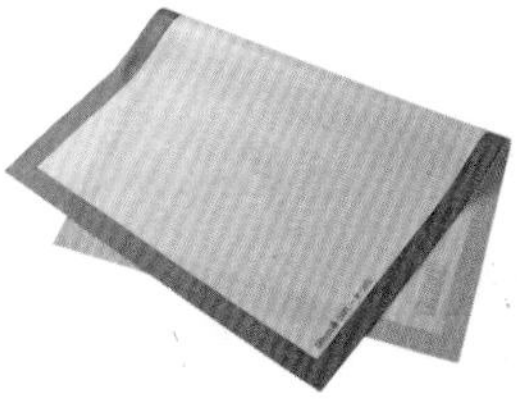

防粘硅胶烤焙布

防粘耐高温材质，同时也具有防滑功能。要避免在其上面使用尖锐物品，以免将其割伤损坏，使用完毕后擦拭干净即可收藏。

烘焙纸

垫在烤盘中使用，可以防止面团粘在烤盘上，或方便发酵中移动面团，用完直接丢弃，干净卫生。

发酵布

面团进行最后发酵时放在发酵布上，不仅不易沾黏，还可以减少使用手粉。使用时，下方铺上一块板子可以方便移动面团。

材料图鉴

不论哪一种面包，都需要使用到面粉、液体、酵母、糖、盐与奶油，再加上各种口味变化的馅料、果干等，组成口感与外型千变万化的面包。现在，先来看看自己喜欢什么口味，把材料准备齐全，就开始动手吧！

粉类

面粉是制作面包最主要的材料之一，因为面粉中的蛋白质与水结合，加以揉合后能产生具有弹性与筋性的薄膜，再经过加热烘烤使面筋凝固，就像盖房子的水泥凝固形成的建筑主体一样，凝固的面筋就像房子的骨架，因此，具有高蛋白质含量的高筋面粉能揉打出扎实的面筋，让面包呈现既有弹性又松软的口感。

面粉

鹰牌高筋面粉

拿破仑法式面包粉

玉米面包粉

黑麦面包粉

石磨全麦面粉

意式西红柿面包粉

黄豆面包粉

小链接

热爱米饭的日本人，希望面包的口感像米饭一样筋道又松软。

虽然日本不是全球小麦的主要生产国，但是用高级小麦做出的优质面粉却独占鳌头。凭借顶尖的制粉设备和技术，比如，分段研磨小麦，最大限度保留面粉的麦香味；更精细的筛分技术,对面粉进行筛选等，日本制粉出产的面粉在日本市场占有率超过20%，同时享誉世界。

适用于高品质面包糕点的日本面粉，通过严格的生产卫生管理以及品质管理，保留了小麦原有的味道和香气。面粉组织细密，颗粒小，吸水率高，易产生蓬松感，做出的面包可以超软如棉。

多种面包粉

鹰牌高筋面粉

拿破仑牌法式面包粉、中筋面粉

面包伴侣

BRUGGEMAN（布鲁曼）即发酵母

面包馅料克宁姆粉（荷兰进口）

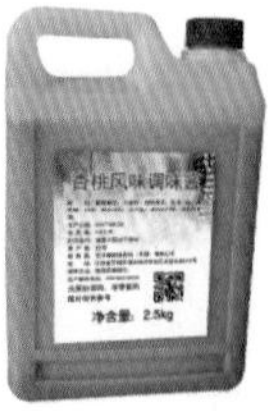

杏桃风味调味酱（老窖面种液）

乐透面团乳化膏

荷兰卡喷（复配脱模剂）

风味粉

小麦胚芽粉

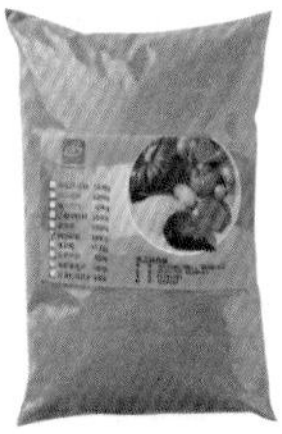
南瓜粉

山药粉

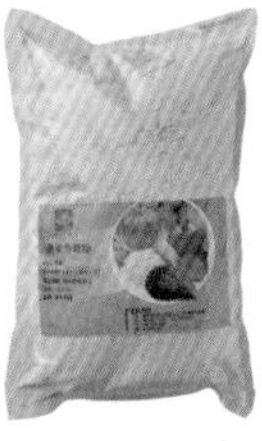
黑麦粉

紫糯米粉

纯裸麦粉

黑芝麻粉

亚麻籽粉

抹茶粉

杏仁粉

完熟芝士粉

金黄芝士粉

糖类

糖在面包中有许多的功用：1.增加面包的保水性，让烘烤后的面包不容易变硬。2.提供给酵母养分，加快发酵的速度。3.增加风味，让面包具有甜度。4.通过加热引发美拉德反应，使面包表面上色，呈现诱人的金黄色泽。当然，不加糖也可以做面包，但是因为酵母发酵时需要糖分，所以必须分解面粉中的淀粉转化成葡萄糖，这样发酵时间就必须延长。

细砂糖

蜂蜜

炼乳

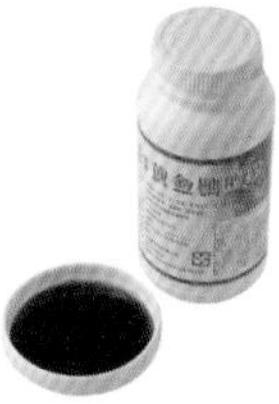
枫糖浆

皇家麦芽精

盐类

盐在面包制作中，除了可以增加风味之外，最大功用是让面团更为紧实，让弹性增强，同时，因为盐有抑菌功能，在面团发酵过程中可抑制杂菌生长，避免发酵反应过快而影响风味和质量。

盐容易吸收空气中的水分，若家里的盐购买已久而变湿，使用前应先用干锅小火烘干，以避免称重时发生过大的误差。

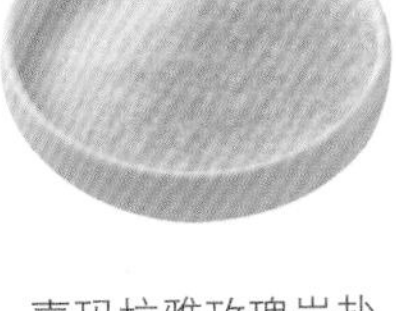
喜玛拉雅玫瑰岩盐

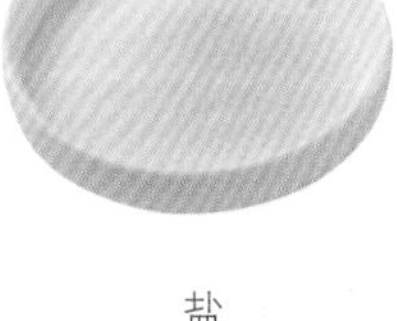
盐

液体类

液体在面包中具有非常重要的作用，例如：1.水分会和面粉中的蛋白质结合成为面筋，面筋面包的“骨架”，支撑起面包主体。2.水的温度可以控制发酵程度，在搅打过程中，易因摩擦引起升温而使酵母发酵过度，因此，可以使用冰水来使酵母发酵延缓；若想发酵加速，也可使用温水。3.用于溶解水溶性材料，例如糖粒、粗盐都可以先用部分配方内的水溶解后再加入，和好的面团更均匀。

六倍奶

鸡蛋

红酒

白酒

荔枝酒

备注：若没买到六倍奶，可用1000ml全脂牛奶烹煮浓缩至剩下300ml，再取所需使用量。

油脂类

油脂在面包中具有使面筋润滑的作用，能让面团的延展性更好，操作起来更容易，同时还能让面包的膨胀力更好，延缓老化，再加上好的油脂具有独特的风味，可以带给面包各种风味的变化。
另外，面团的延展性更好，则烘烤时面包会更容易膨大，受热也更均匀，比较容易烤出色泽均匀，松软又香味十足的面包。

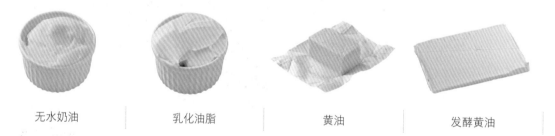

无水奶油

乳化油脂

黄油

发酵黄油

酵母类

在制作面包的材料中，酵母虽然用量不大，却是不可或缺的主要材料之一，因为酵母在发酵过程中会产生二氧化碳，让面包的体积膨胀，呈现松软的组织与口感。酵母是一种对人体无害的微生物，除了使用一般市售的酵母之外，也可以自己制作，但是制作过程必须小心，万一有杂菌（尤其是对人体有害的细菌）入侵，就绝对不能再使用，以免造成身体不适。

葡萄菌水
（制作方法见p.29）

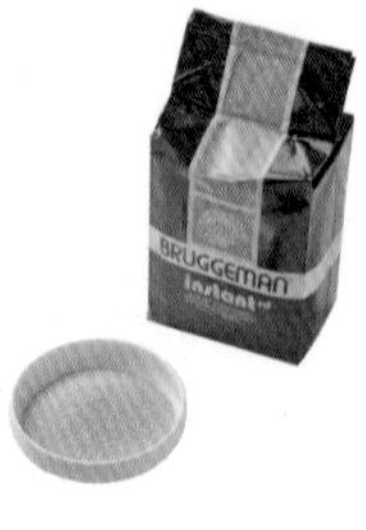

速发干酵母
（高糖）

速发干酵母
（低糖）

拌入面团材料

拌入面团的材料各式各样，有的可以增添风味，有的则能改善口感，您可以依照自己的喜好，做出千变万化的搭配。但要注意的是，拌入的材料一定要避免过多水分，因为过多的水分会影响面团的造型与口感。另外，在加入新鲜蔬果时一定要注意水分含量，避免烘烤过程中出水过多使面团糊烂。坚果类的材料在使用前，也最好先烘干，让风味更突出。

果干类

葡萄干

蓝莓干

荔枝干

菠萝干

芒果干

桑椹干

草莓干

香柚干

金枣干

香蕉干

龙眼干

圣女果干

无花果干

蔓越莓干

杏干

枸杞

坚 果 类

核桃

黑芝麻

白芝麻

松子

亚麻籽仁

五 谷 类

玄米粒

黑豆

红豆

五谷米

燕麦

纯黑麦

纯裸麦

红薏仁

黑藜麦

蜜丁

意大利桔子皮

南瓜蜜丁

香草芋头蜜丁

地瓜黄色蜜丁

地瓜红色蜜丁

木瓜蜜丁

蔬果类

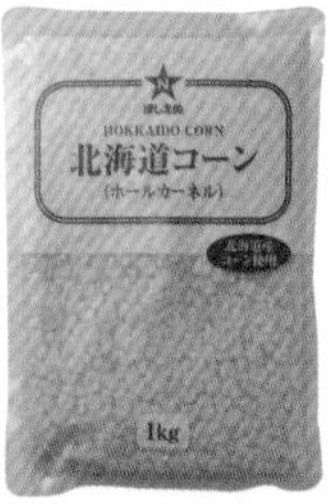

甜玉米粒

菠菜

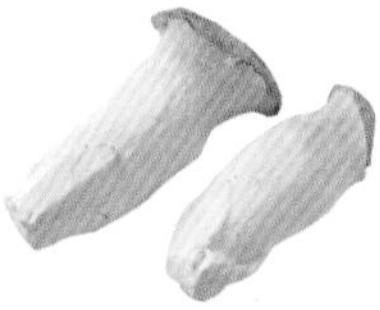

杏鲍菇

甜椒

毛豆仁

其他类

蜜豆粒

松子罗勒青酱

唐宁伯爵茶

番茄糊

内馅材料

使用的内馅材料通常以熟食为主。因为面包要经过高温烘烤，有些材料容易烧焦，例如芝士、巧克力等，所以也会有专用耐高温的芝士、巧克力等可供选择。但要注意的是，使用内馅材料时，包覆在面团内后一定要压紧收口，以防面包在高温烘烤时产生爆馅的状况。

芝士类

奶酪丁（小丁）

奶酪丁（中丁）

双色奶酪丁

奶油奶酪

欧丁高融奶酪

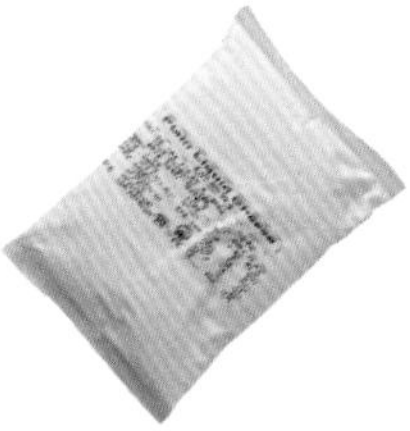

百奶酪吉士酱

巧克力

水滴形巧克力

耐烤软质巧克力

果馅

软质柠檬馅

紫米馅

草莓酱

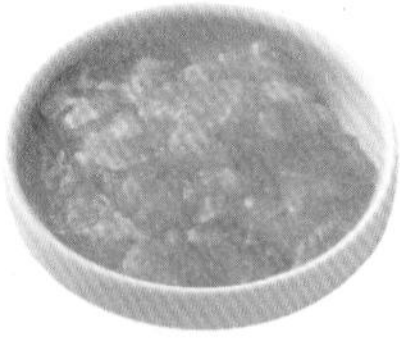

柳橙酱

地瓜泥

红豆馅

黑糯米馅

南瓜馅

无花果馅

热带水果馅

素肉

素热狗（大）

素热狗（小）

素培根

素肉松

素肉脯

素XO酱

内馅坚果

杏仁

夏威夷果

南瓜子仁

榛果仁

腰果

顶层材料

顶层材料除了装饰作用外，增添风味也是一大考虑。一般在烘烤完毕后才进行装饰，若需要和面团一起放进烤箱烘烤，则必须注意食材是否耐高温，水分含量不可太多，且不适合与需要长时间烘烤的面包搭配使用。

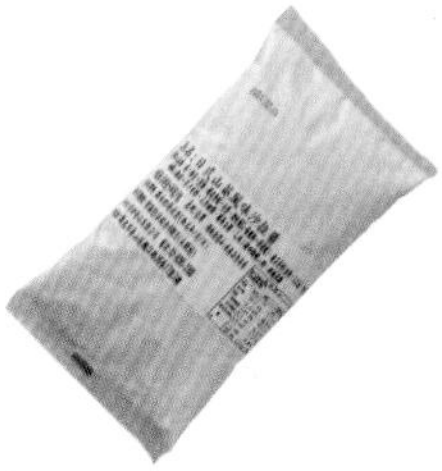

日式山葵风味沙拉酱

意式披萨酱

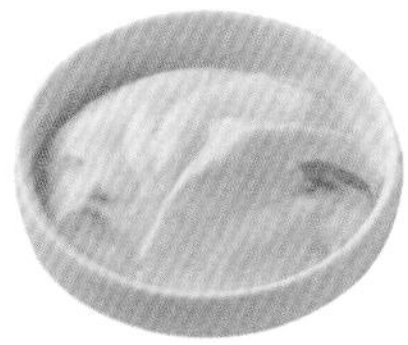

法式蘑菇白酱

番茄酱

切片黑橄榄

香橙片

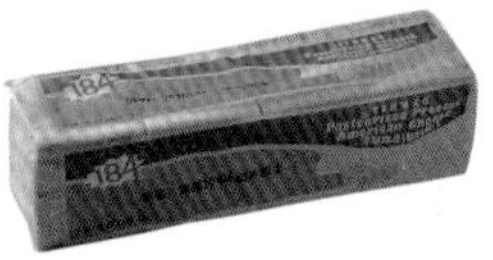
芝士片

黑樱桃

绿橄榄

外饰

外饰材料通常用于装饰，让面包呈现各式各样有趣的造型，当然，风味也是必要的考虑。外饰材料大多会与面团一起放进烤箱烘烤，因此在烤温与时间上都必须多加注意，避免长时间烘烤而造成材料烧焦。

杏仁片

帕马森芝士丝

高达浓厚芝士丝

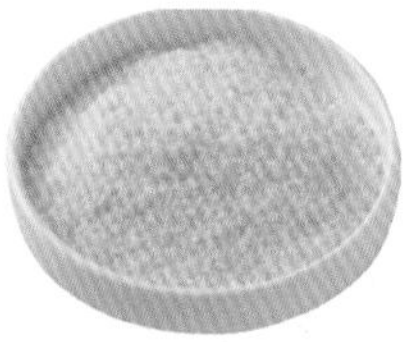
帕马森芝士粉

防潮糖粉

珍珠糖

装饰玉米粒

杏仁颗粒

椰子粉

燕麦片

芝士片

千层华尔兹皮
（法式千层酥皮或起酥片）

准备工作

制作面包时，所有的材料一定要先称量准备好，因为必须掌握发酵的最佳时机，无法等待，所以部分食材、内馅、外表装饰材料等都要事先准备妥当，以免不得不中断面包制作过程去做其他的准备工作。

● 果干处理方法

果干因为是干燥水果，所以不容易咀嚼，风味在烤焙过程中也不易释出，甚至容易变得更硬而影响口感，因此必须以事先浸渍的方式来软化并增添风味。

无花果300g
红酒30g

1

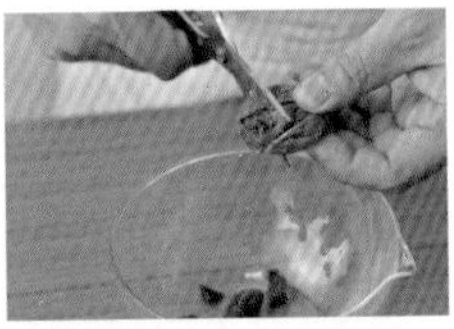

将无花果用剪刀剪成小丁。

2

与红酒一起放入罐中，盖上盖子并拧紧。

3

将果丁与红酒摇一摇，静置24小时即可使用。

备注

1 本书中用到的所有果干皆以此方式处理。
2 酒渍果干放入冰箱可保存一个月。
3 亦可使用白葡萄酒、兰姆酒或果干相应的果酒来浸渍。
4 果干与酒的比例为10：1。

● 可可油

使用于巧克力风味面团中，不需使用色素，让面团呈现巧克力色泽并增添风味。

材料：
无水奶油60g
高脂可可粉40g
黑炭可可粉20g

1

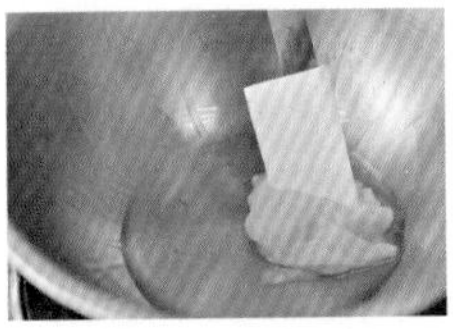

将无水奶油置于不锈钢盆中加热熔化。

2

加入高脂可可粉搅拌均匀后，再加入黑炭可可粉。

3

将所有材料以中小火持续加热搅拌至冒泡，温度达到160℃，即可关火冷却备用。

● 太妃糖

香甜的太妃糖一次多制作些，除了可以当作面包内馅的焦糖使用之外，也可以拿来涂抹吐司，或是泡奶茶、咖啡时使用。

材料：

低筋面粉30g　水100ml

六倍奶（参见p.16备注）500ml

细砂糖20g

1

将低筋面粉与水调和均匀；六倍奶隔水加热至45℃～50℃备用。

2

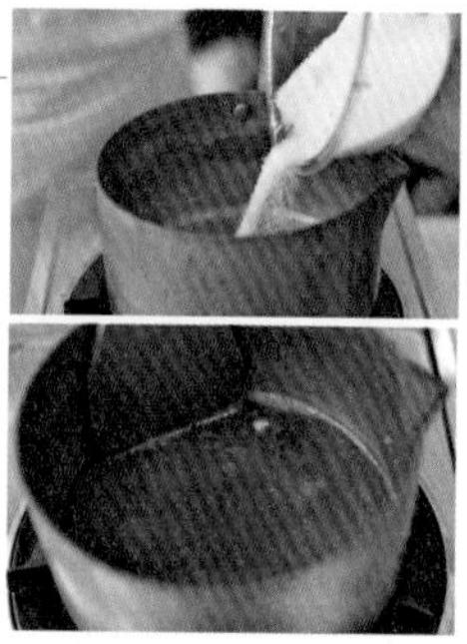

将细砂糖放入锅中，以中小火加热至溶化成焦糖色。

3

倒入温热的六倍奶搅拌均匀。

4

接着加入面粉水，不断搅拌至冒大泡，关火冷却即可。

● 坚果烘烤

家里的坚果若因受潮而失去爽脆口感，可提前烘烤一下，让坚果恢复口感，并更能散发出其香味。

材料：

夏威夷果400g

1

将夏威夷果平铺在烤盘上，果粒间尽量不重叠。

2

放入预热上火120℃ / 下火120℃的烤箱，烘烤约15分钟。

3

取出后，待冷却即可使用。

备注

1　本书所有坚果皆以此方式预先烘烤处理。

2　坚果不要烘烤太上色，以免影响质量。

● 墨西哥面糊

像蛋糕口感的薄皮，轻覆在面包上，形成外膨松内筋道的对比，是非常容易制作与变化的面糊。

材料：

无盐黄油200g　糖粉160g
低筋面粉200g　全蛋200g

1

取一不锈钢盆，先在室温软化无盐黄油，再与糖粉搅拌均匀。

2

放入低筋面粉搅拌均匀。

3

全蛋分3～4次加入面糊中，搅拌均匀即可。

● 菠萝酥面团

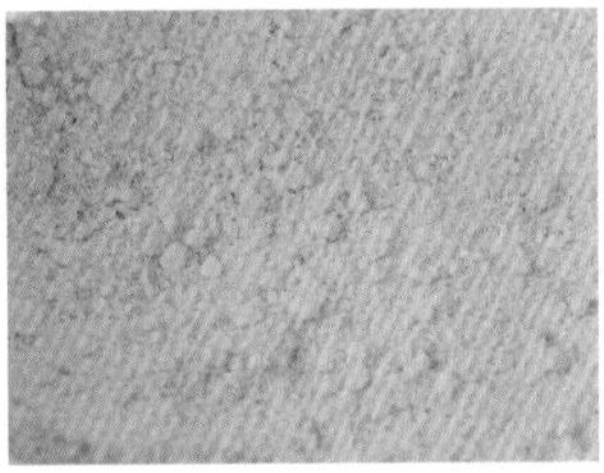

菠萝酥皮能增加面包表面的奶香与酥脆口感，并带有淡淡的杏仁香气。通常可以先将面团表面刷上牛奶或全蛋液后再沾酥皮，最后进烤箱烘焙即可。

材料：

无盐黄油225g　低筋面粉400g
杏仁粉100g　细砂糖175g

1

无盐黄油放在室温下软化；低筋面粉、杏仁粉分别过筛备用。

2

取一不锈钢盆，将无盐黄油与细砂糖搅拌均匀。

3

加入低筋面粉与杏仁粉搅拌均匀即可。

备注

做好的菠萝酥面团可放在冰箱冷冻，约可保存一星期。

● 表面装饰面糊（面饰）

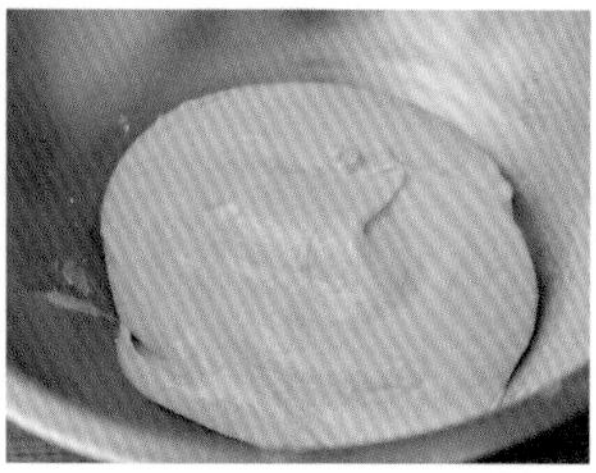

面饰材料能让面包单调的外表多些变化，不影响面包风味，同时又可以增添许多装饰变化的乐趣。

材料：

低筋面粉200g
炼乳140g 蛋白50g
六倍奶（参见p.16备注）150ml

1

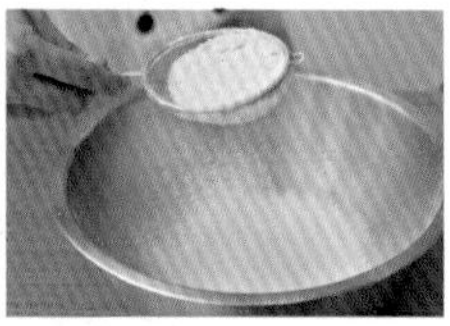

先将低筋面粉过筛。

2

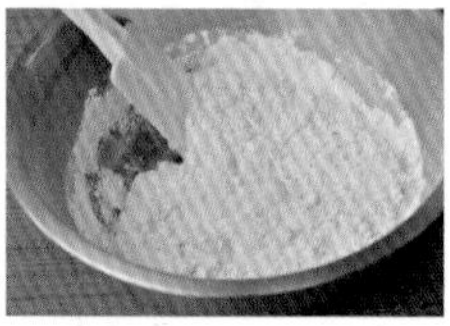

再将所有剩下的材料拌匀即可。

● 全麦菠萝皮

菠萝皮进化版，不仅充满奶香，还增添了全麦风味和核桃口感，让面包更多变化。

材料：

核桃50g 无盐黄油120g（室温下软化）
糖粉100g 奶粉10g 全蛋70g
石磨全麦面粉50g 低筋面粉145g

1

核桃放入塑料袋中以擀面棍敲碎备用。

2

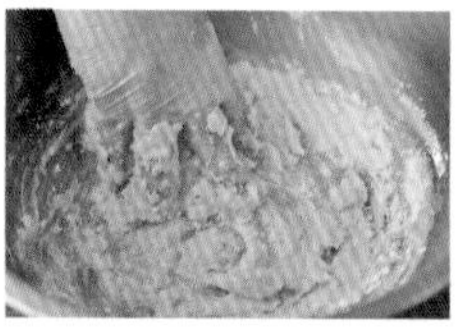

取一不锈钢盆，放入无盐黄油、糖粉、奶粉搅拌均匀。

3

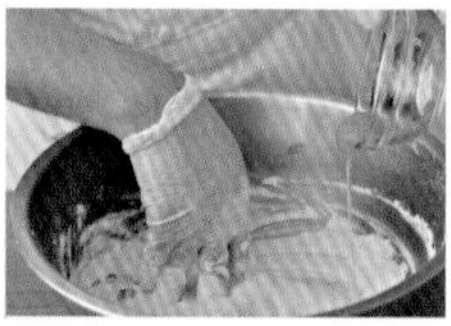

分次加入全蛋液搅拌均匀。

4

加入全麦粉与过筛的低筋面粉，用切面刀搅拌均匀。

5

最后加入核桃拌匀即可。

●卡仕达馅（卡仕达酱）

无人不爱的卡仕达馅，绝对是讨喜众人的美味，不仅面包可以使用，用于蛋糕、泡芙，也能大受欢迎。

材料：

鲜奶500g　吉士粉190g
无盐黄油30g（室温下软化）
六倍奶（参见p.16备注）150ml

1

将鲜奶与吉士粉搅拌均匀。

2

加入无盐黄油与六倍奶搅拌均匀即可。

● 巧克力奶酪馅

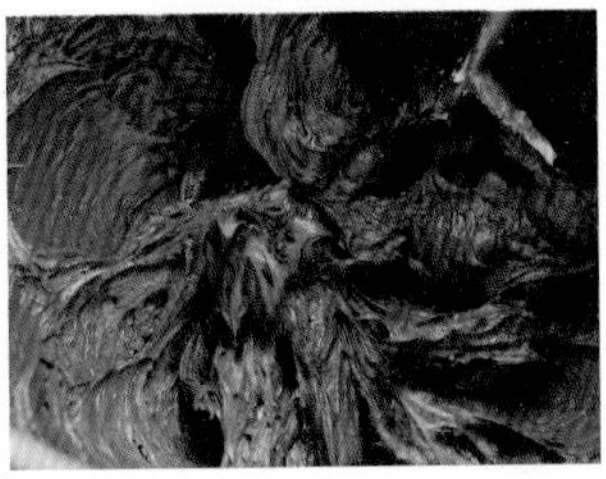

香浓的巧克力奶酪馅，不甜腻又充满营养，用来涂抹面包和饼干都很好。

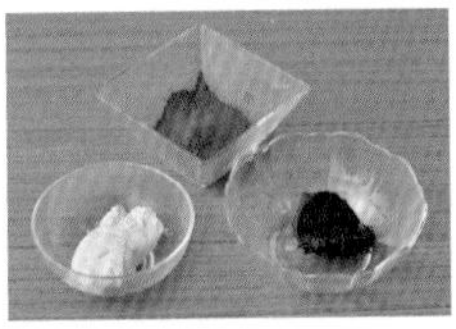

材料：

奶油奶酪300g
耐烘焙软质巧克力150g
可可粉30g

1

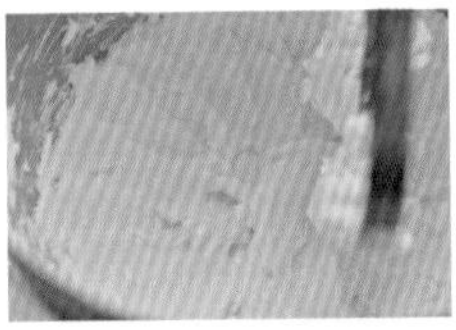

将奶油奶酪搅拌软化。

2

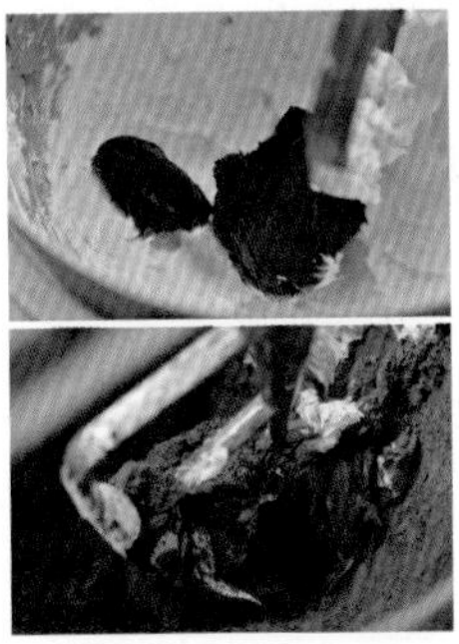

加入巧克力与可可粉搅拌均匀即可。

● 巧克力奶油馅

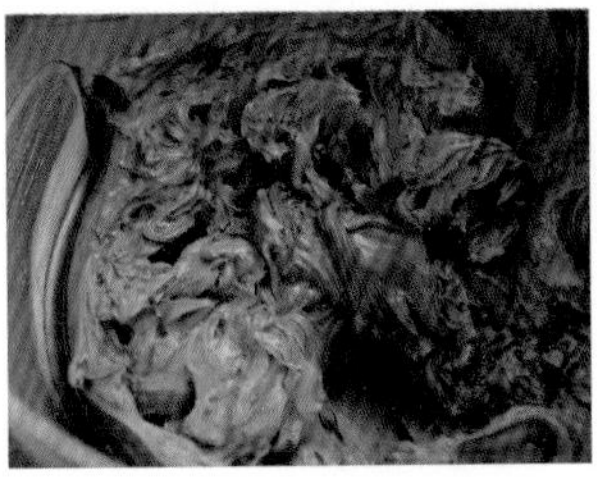

美味又好吃的巧克力奶油馅，除了在面包中使用，还可以拿来涂抹饼干享用。

材料：

无盐黄油200g（室温下软化）
软质巧克力200g
炼乳100g

1

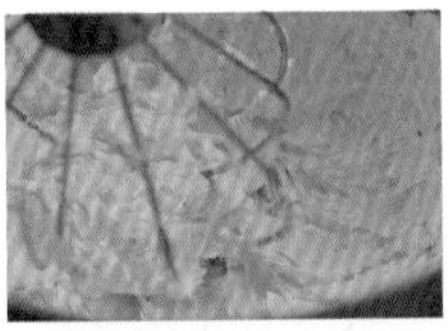

先将无盐黄油以电动打蛋器打发。

2

加入软质巧克力拌匀，最后加入炼乳，再将全部材料搅拌至打发即可。

● 素干贝酱馅

滋味丰富口感耐嚼的素干贝酱馅，令人回味无穷。

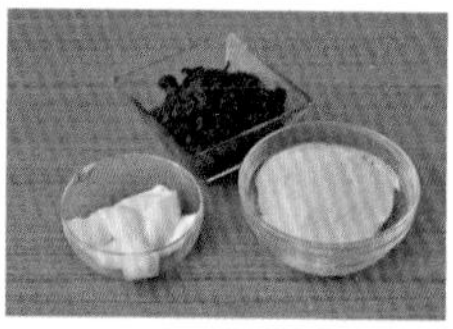

材料：

无盐黄油100g（室温下软化）
山葵沙拉酱100g
素干贝酱250g

1 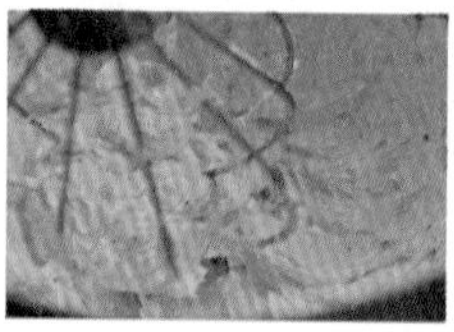

将无盐黄油以电动打蛋器打发至泛白。

2 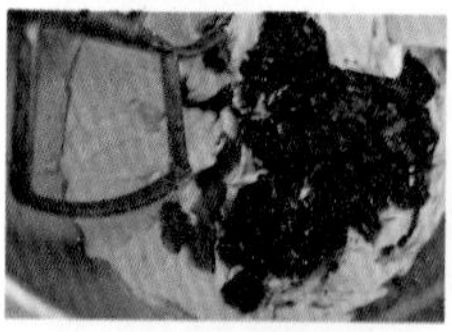

加入山葵沙拉酱与素干贝酱拌匀即可。

● 辣味奶油

热辣辣的好滋味，除了拿来做面包馅，还可以当作拌面使用的酱料，非常美味！

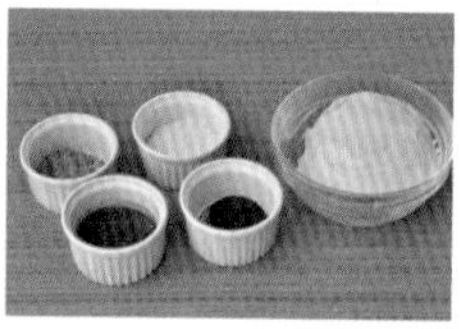

材料：

无盐黄油450g（室温下软化）
辣椒酱30g
匈牙利红椒粉3g
帕马森芝士粉15g
金黄芝士粉3g

1 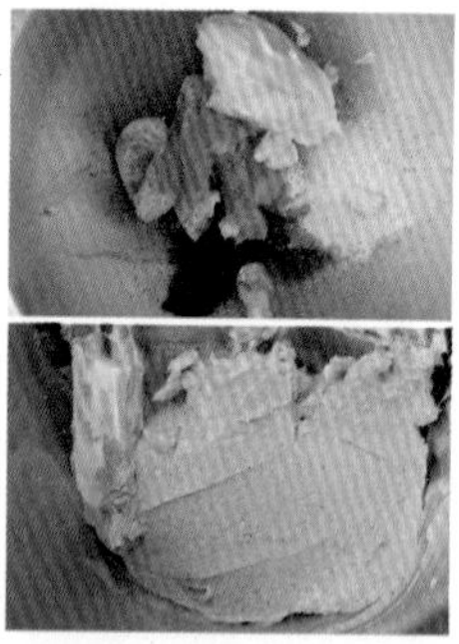

将所有材料拌匀并搅打至膨松即可。

天然酵母与发酵种

A—— 天然酵母

让面包发酵除了使用一般市售酵母之外，还可使用自制酵母或面种，因为后者会产生乳酸菌、醋酸菌等多种菌类，所以会产生特殊风味，而不同的蔬菜、水果或果干，也会培养出独特的香气与酸味，因此，培养天然酵母就成了一件非常有趣的事情。但要注意的是，因为自家发酵对条件控制做不到那么严格，所以酵母中可能有杂菌产生，如果自己培养的酵母散发出酸腐的味道、长霉菌或是变得很黏稠时，就要注意是否已经腐败不可使用，以免食物中毒或感染。

● 天然酵母－葡萄菌水

也就是所谓的“自然发酵种”，是将各种蔬菜、水果或是果干类浸泡在水中，利用附着在这些食材表皮的菌类来制作发酵种的。制作完毕的天然酵母，可以保存在5℃的冰箱中冷藏，7日内必须使用完毕。

材料：

葡萄干（无油）500g，煮沸过的冷水1000g，细砂糖250g，麦芽精1g

工具：

医疗用手套1副，带盖玻璃罐1个，不锈钢盆1个，搅拌棒1支

1

将所有器具都用沸水煮过消毒，用厨房纸巾擦拭干净，并喷上75%医用酒精备用。

2

将所有材料放入玻璃罐中，混合均匀后盖紧瓶盖。

3

将玻璃罐放置在26℃～28℃的室温下静置6～7天。

静置期间 ▸

4 每天早晚轻轻摇晃玻璃罐，然后将瓶盖打开，更换新鲜空气。

5

接着拿一支经过沸水消毒并擦干的搅拌棒轻轻搅拌均匀，再盖紧盖子。

6

到了第7天发酵完成，即可将葡萄菌水过滤出来使用。

备注

1 葡萄菌水若成功发酵，至第3～5天时，葡萄干应该会渐渐膨胀并浮起，且水面上有明显的气泡，并开始散发出酒香味。

2 过程中所有接触葡萄菌水的工具、容器都必须事先使用沸水或75%浓度的酒精消毒并擦干水分才可使用。

B —— 发酵种

面种有非常多不同的功用，例如可增加面团吸水性的汤种、将面粉先用酵母进行发酵分解产生风味的老面，又或是能让面包减缓硬化与老化的液种……不同面种的搭配，能产生出千变万化的口感与风味，不仅如此，利用其各自的特性还可以弥补一些食材的缺点，例如巧克力口味的面包容易产生干硬的口感，就必须利用液种来使面团柔软，而使用汤种，则能让面包提高吸水率延缓老化……懂得运用面种，就可以随心所欲地做出完全合乎自己预期的面包口感。

● 葡萄菌种

使用葡萄菌种取代人工酵母，让面包多了葡萄发酵的酒香，风味天然无添加，并且发酵效果一点都不输给人工酵母。

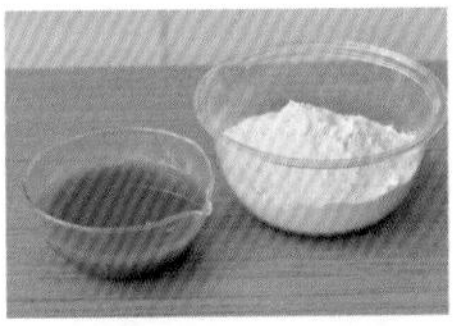

材料：

法式面包粉1000g
葡萄菌水800ml

1

先将面粉放入厨师机面缸中，倒入葡萄菌水。

2

以低速将葡萄菌水和面粉搅匀即停。

3

将面糊移入不锈钢盆中并用保鲜膜封住，放在26℃的室温下3～4小时。

4 接着移入5℃的冰箱中冷藏16小时或至隔日即可使用。

● 法国老面

面粉中加入水、糖与酵母，让酵母分解面团中的糖分，使其产生二氧化碳，并产生独特的香气与风味。
每次使用老面，只要留下少量老面面团，再加上新的面粉、砂糖与水，就可以再制作一份新的老面，以此循环，就能一直使用下去。

材料：

麦芽精5g　冰水720ml
法式面包粉1000g
低糖酵母5g
盐20g

1

将麦芽精放入冰水中搅拌至溶化。

2

倒进已放入面粉的厨师机搅拌缸中，以中速搅打。

3

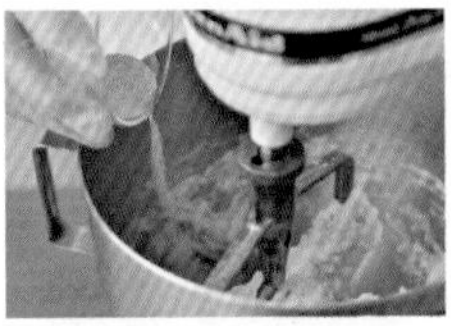

接着放入酵母，充分搅打。

4

最后放入盐，打至扩展状态即可。

5

取出面团放入不锈钢盆中，表面覆盖保鲜膜，置于26℃室温静置发酵3小时后翻面消泡，再盖上保鲜膜。

6 最后放入0℃～5℃冰箱内冷藏16小时以上，或至隔日使用。

● 汤种

汤种是利用高温油脂与水分来将面粉进行糊化制成汤种，再将汤种加入面团中，可以提高面团的吸水率，让烘焙出来的面包变得湿润柔软、不干硬。但要注意的是，汤种面团在分割整形时会因湿黏而增加操作的难度，许多人不得不撒入过多的手粉，因此，不妨在做每个阶段动作前，先在面团上撒上薄薄的手粉，这样操作起来会更得心应手。

材料：

水1500ml　　无水奶油150g

细砂糖150g　　盐15g

六倍奶（参见p.16备注）500ml

法式面包粉1500g

1

在锅中先加入水与无水奶油，待奶油熔化后加入细砂糖与盐。

2

搅拌至细砂糖和盐完全溶化、液体滚沸后，再加入六倍奶。

3

待所有液体滚沸后，冲入已放进面粉的厨师机面缸中。

4

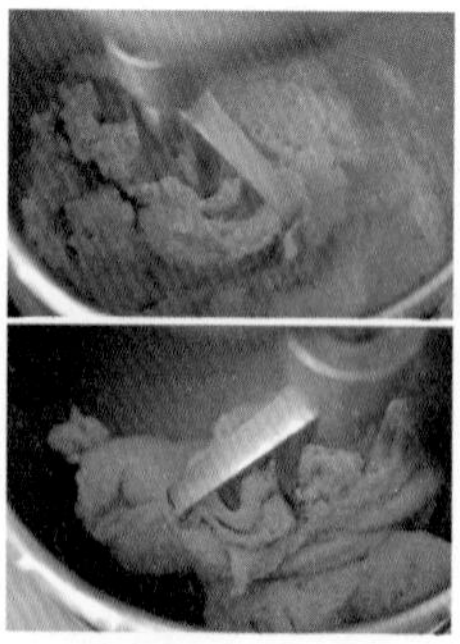

先慢速搅打1分钟，再以快速搅打至面团均匀成团。

5

取出面团，于室温下冷却，再装入容器中，盖上保鲜膜，放入冰箱冷藏，隔日即可使用。

● 全麦汤种

与上页汤种的功效相同，但多了麦香味。

材料：

水1500ml　无水奶油150g
细砂糖150g　盐15g
六倍奶（参见p.16备注）500ml
石磨全麦面粉500g
法式面包粉1000g

1

在锅中先加入水与无水奶油，待奶油熔化后再加入细砂糖与盐。

2

搅拌至细砂糖和盐完全溶化并滚沸后，再加入六倍奶。

3

待所有液体滚沸后，冲入已放进所有面粉的厨师机面缸中。

4

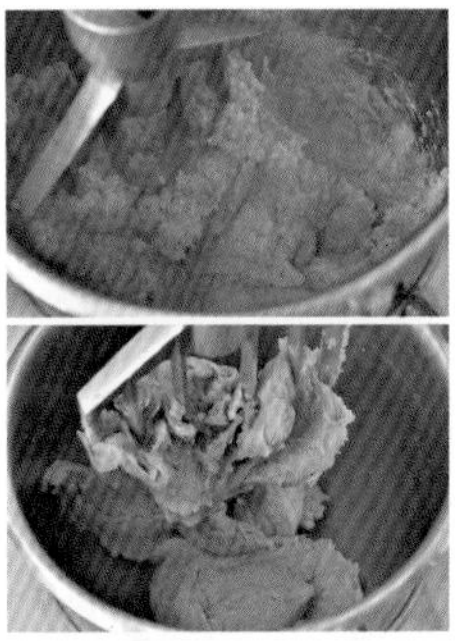

先慢速搅打1分钟，再以快速搅打至面团均匀成团。

5

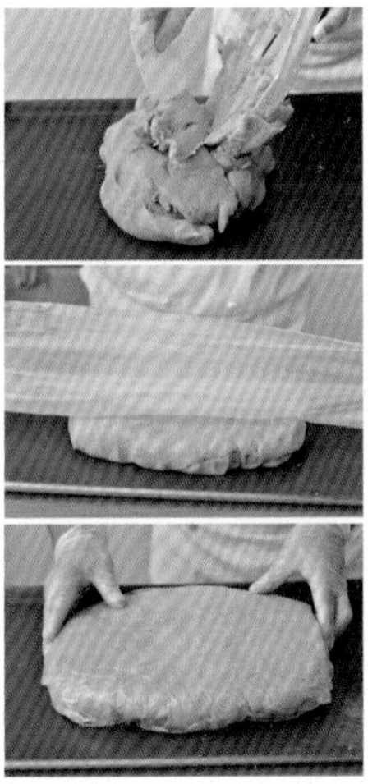

取出面团，于室温下冷却，再装入容器中，盖上保鲜膜，放入冰箱冷藏，隔日即可使用。

● 液种

所谓液种，是先将配方中的部分面粉，加入水与酵母先进行发酵与熟成，制作出来的发酵种，因为质地浓稠，因此称为“液种”，若是面团状的发酵种，则称为“面种”。制作出来的液种再与剩下的配方材料进行搅拌制作面包，而这种搅拌方式就是所谓的“中种法”，利用此方式做出来的面包不但可以延缓老化变硬，同时还能让面包产生适度膨胀的效果，而且风味更佳。

材料：

法式面包粉300g
水300ml
低糖酵母1g

1

将水与酵母搅拌均匀。

2

加入面粉搅拌均匀。

3

表面封上一层保鲜膜，在26℃室温下静置30分钟。

4

放入0℃～5℃冰箱中冷藏至少16小时后即可使用。

备注

液种面团必须在使用前一天制作完毕。

● 全麦液种

全麦液种与液种功用一样，但多了麦香与葡萄酒香味。

材料：

水500ml　低糖酵母1g
葡萄菌水500ml
石磨全麦面粉1000g

1

将水与酵母搅拌均匀。

2

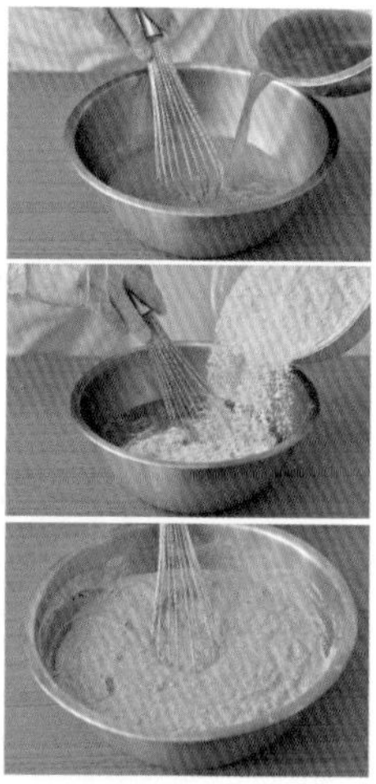

加入葡萄菌水与面粉，搅拌均匀。

3

表面封上一层保鲜膜，在21℃室温下静置30分钟。

4

再放入0℃～5℃冰箱内冷藏16小时后使用。

备注

液种面团必须在使用前一天制作完毕。

面包的制作方法

面包基本制作方法可分为直接法与发酵种法，以下为大家详细介绍。

● 直接法

直接法就是将所有材料直接搓揉制作而成，这是最简单也是最快速的制作方式。只要液体尽量添加足够，发酵过程发到饱满，直接法做出来的成品一样柔软可口，很适合刚开始学习做面包的新手或是时间不多希望快速操作的人。

搅拌面团 ▸ 基础发酵1 ▸ 翻面排气 ▸ 基础发酵2 ▸ 分割滚圆 ▸ 二次发酵 ▸ 整型 ▸ 最后发酵 ▸ 进烤箱烤焙 ▸ 取出冷却

1

将材料放入厨师机搅拌缸中搅打成团。

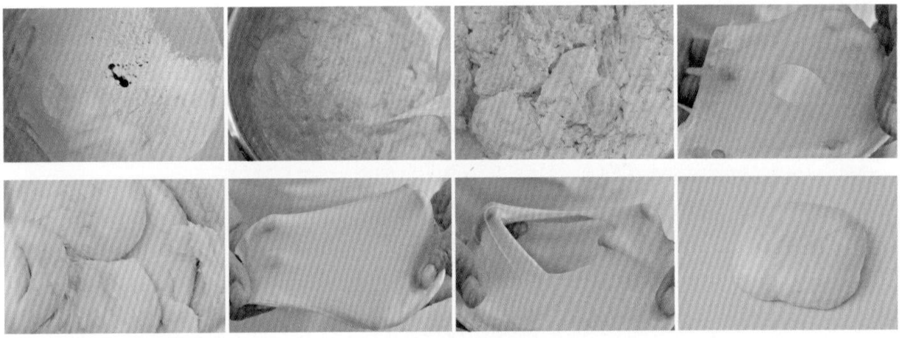

2

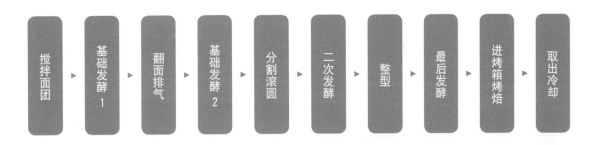

进行基础发酵。基础发酵期间必须将面团取出，翻面排气后，再继续发酵。

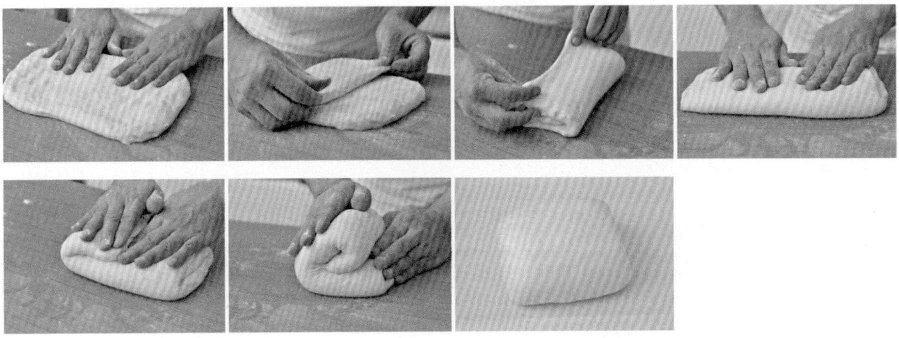

3

将面团按后续要制作面包的重量大小分割成块，并滚揉排出较大气泡，进行中间发酵。

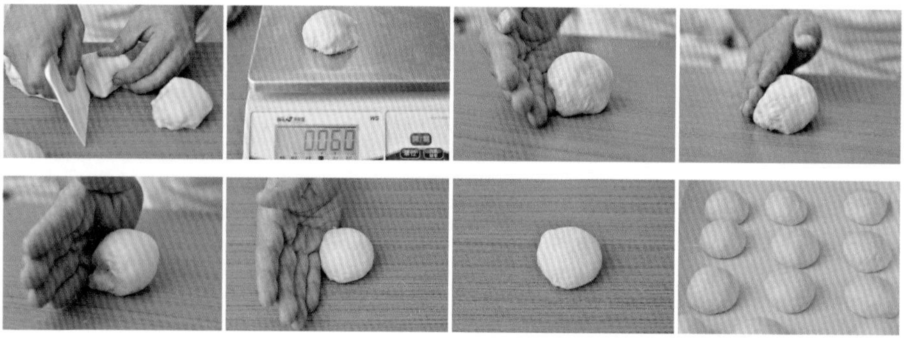

4

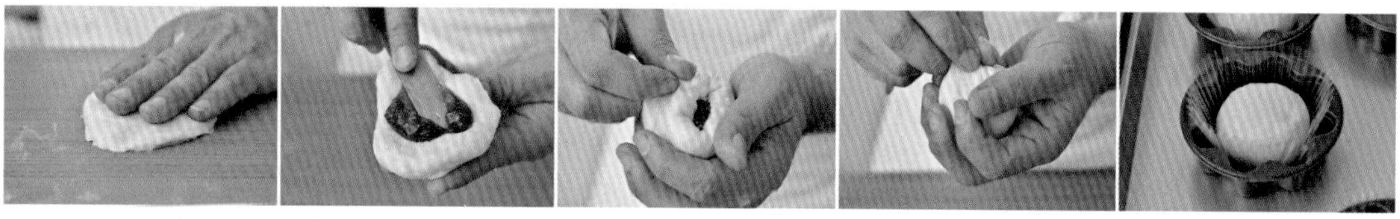

面团发酵完毕后，滚整成想要的形状或包入馅料，然后，进行最后发酵。

5

面团放入烤箱前要先装饰表面，再放入预热的烤箱中烘烤。

6

待烘烤完成，即可取出面包冷却。

优点

1. 烘烤出来的面包面粉香味较明显。
2. 操作时间较短，步骤也较简单。
3. 面包较软韧有口感。

缺点

1. 面包较易老化变硬。
2. 因延展性不足，整型容易失败。
3. 面包的膨松度与膨胀度都不及中种法。

● 中种法

中种发酵法也称为间接法，面团在制作过程中，将配方中的面粉和其他材料分成两部分操作。第一次搅拌时放入的面粉约为60%～80%，第二次搅拌时加入剩余的面粉。第一次搅拌好的面团称为中种面团，第二次搅拌好的面团则称为主面团；制作中种面团的材料称为中种材料，其余材料称为本种材料。中种面团完成后先进行一次较长时间的发酵，再跟主面团材料混合进行一次较短时间的发酵。

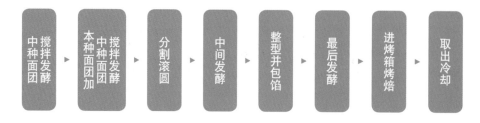

中种面团搅拌发酵 ▸ 本种面团加中种面团搅拌发酵 ▸ 分割滚圆 ▸ 中间发酵 ▸ 整型并包馅 ▸ 最后发酵 ▸ 进烤箱烤焙 ▸ 取出冷却

1

先将中种材料搅拌和成中种面团，进行发酵。

2

将中种面团与本种材料一起搅打成团后，再静置发酵。

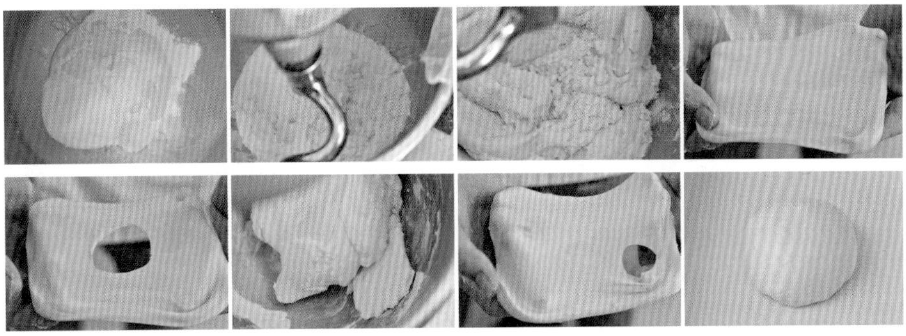

3

将面团按后续要制作面包的重量大小分割成块，并滚整排出较大气泡，进行中间发酵。

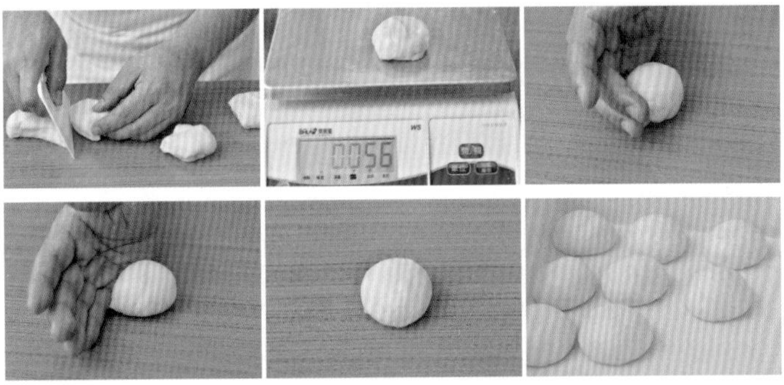

4

面团发酵完毕后，滚整成想要的形状或包入馅料，然后进行最后发酵。

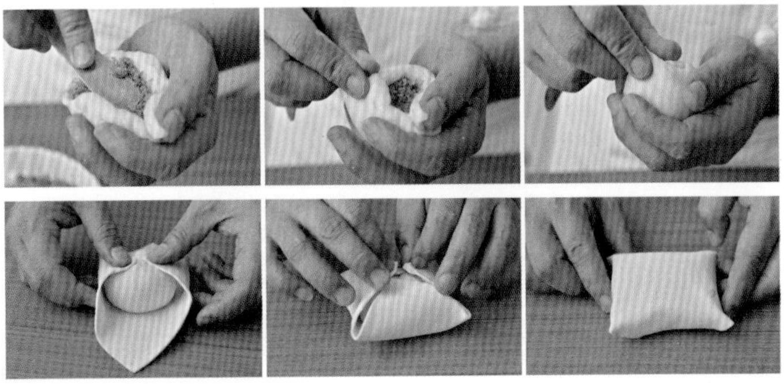

5

放入预热的烤箱中烘烤。

6

待烘烤完成，即可取出面包冷却。

优点

1.面团的发酵时间长，能充分地进行熟成与发酵，因此面团的含水量足且均匀，烤出的面包更柔软且更有弹性。

2.因为分两阶段发酵，让面团的延展性更好，操作更容易，烤出的成品也更膨胀饱满。

3.因为含水量够，所以可以推迟存放时老化与硬化的时间。

缺点

1.发酵时间长，使操作时间相对需要得更多。

2.两段式发酵，让操作步骤更繁琐复杂。

3.因为发酵时间长，烤出的面包会相对失去面粉原有风味，取而代之的是发酵的味道。

● 液种法

液种法与中种法的搅拌方式构架是一样的，只是液种面团所需发酵时间较长，所以必须事先准备完成；另外，液种法需要基础发酵，与中种法的两段式发酵不同。

(前一日制作完毕)液种面团搅拌发酵 ▸ 搅拌面团 ▸ 基础发酵1 ▸ 翻面排气 ▸ 基础发酵2 ▸ 分割滚圆 ▸ 中间发酵 ▸ 整型 ▸ 最后发酵 ▸ 进烤箱烤焙 ▸ 取出冷却

1

前一日先将液种材料搅匀成液种面团，进行发酵。

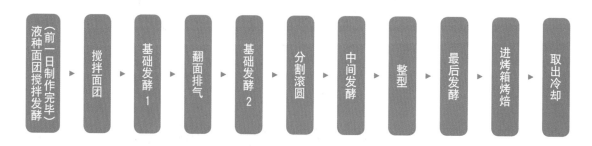

2

将液种面团与其余材料放入不锈钢盆中搅打成团。

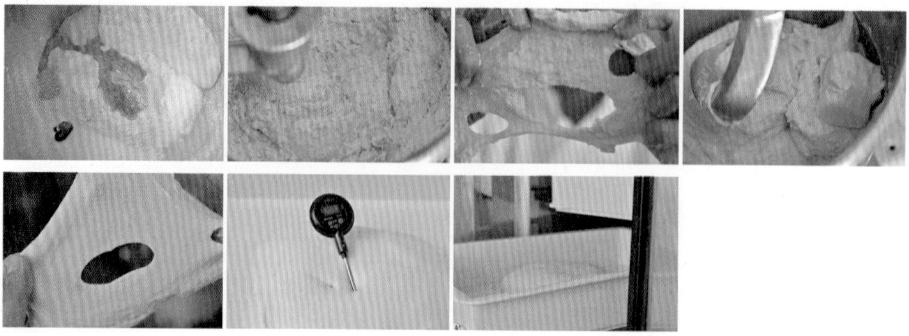

3

进行基础发酵。基础发酵期间必须将面团取出，翻面排气后再继续发酵。

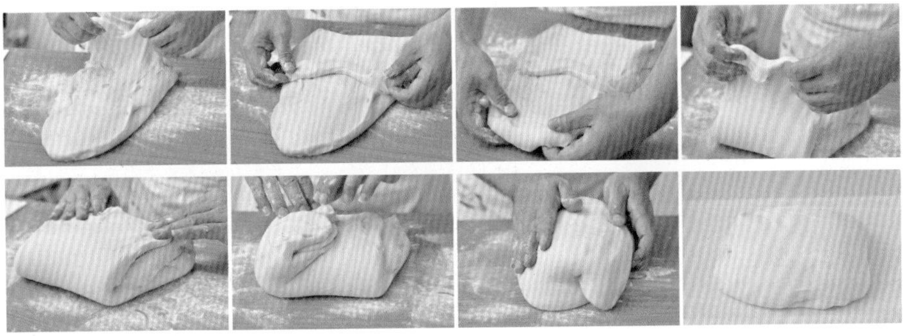

4

将面团按后续要制作面包的重量大小分割成块，并滚整排出较大气泡后，进行中间发酵。

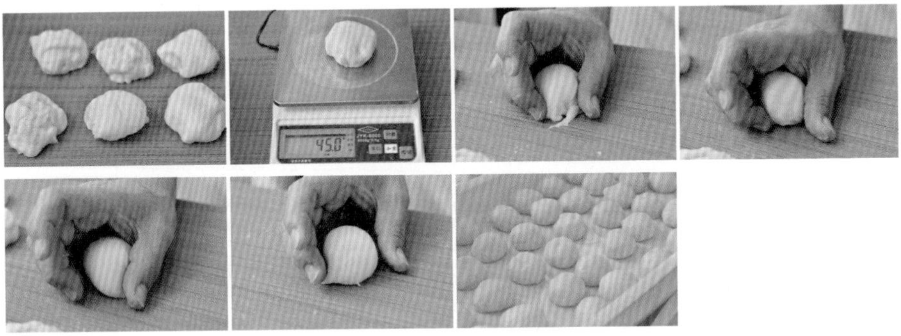

5

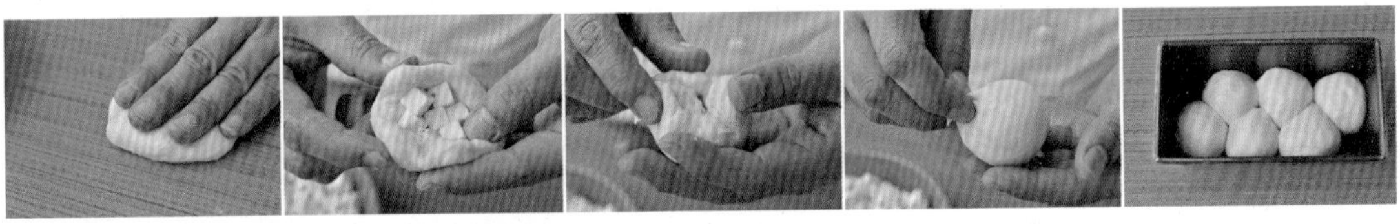

面团发酵完毕后，滚整成想要的形状或包入馅料，然后进行最后发酵。

6

面团入烤箱前要装饰表面，再放入预热的烤箱中烘烤。

7

待烘烤完成，即可取出面包冷却。

优点

1. 因为分两阶段发酵，让面团的延展性更好，操作更容易，烤出的成品膨胀度也更高，失败率更低。
2. 因为含水量充足，所以可以推迟存放时老化与硬化的时间。
3. 面团的发酵时间长，能充分地进行熟成与发酵，因此面团的含水量足且均匀，使面包更柔软并更有弹性。

缺点

1. 因为发酵时间长，烤出的面包会相对失去面粉原有风味，取而代之的是发酵的味道。
2. 两段式发酵，且基础发酵仍要排气翻面等，让操作步骤更繁琐复杂。
3. 发酵时间长，使操作时间相对需要更多。

Chapter 1 吐司

吐司相传于十七世纪时起源于英国，
英国航海发达，需要更为节省空间的储存方式，
于是，长长形的面包应运而生。
随着英国殖民地的扩展，吐司便流传到世界各地！

坚果吐司

Nuts Bread Loaf

松软的吐司配上大人小孩都喜爱的各种坚果，省去了夹馅料的麻烦，还带来丰富的口感，不但增添了吐司的风味，营养成分也满点喔！

种法：液种法
模具：8两吐司模
（18cm × 9cm × 7.7cm）
数量：7条

材料

面团

A__鹰牌高筋面粉700g
汤种100g 液种600g
高糖酵母10g 细砂糖80g
盐14g

B__全蛋100g 冰块100g
六倍奶200g

C__无盐黄油120g

内馅

夏威夷果70g 榛果60g 腰果60g 杏仁60g 核桃60g 南瓜子40g
＊将所有坚果混合均匀，分成每份50g，共7份备用。

烘烤前表面装饰

南瓜子适量 杏仁片适量
＊将南瓜子与杏仁片混合均匀后，放在盘子里备用。

烘焙小笔记

制作流程	搅拌→基础发酵→分割滚圆→中间发酵→整型和包馅→烘烤前装饰→最后发酵→烘烤
搅拌时间	低速4分钟→中速3分钟→加入无盐黄油→低速3分钟→中速2分钟
基础发酵前面团温度	26℃
发酵温度、湿度	温度30℃，湿度75%
基础发酵	发酵30分钟后翻面，再发酵30分钟
分割滚圆	280g/个
中间发酵	30分钟
整型样式	圆柱形
最后发酵	至吐司模八点五分满
烘烤温度、时间	上火150℃/下火230℃，烘烤20分钟后降温为上火150℃/下火210℃，再烤10分钟

step 搅拌

1

将材料A放入厨师机搅拌缸中，盐与酵母必须分开些摆放。

2

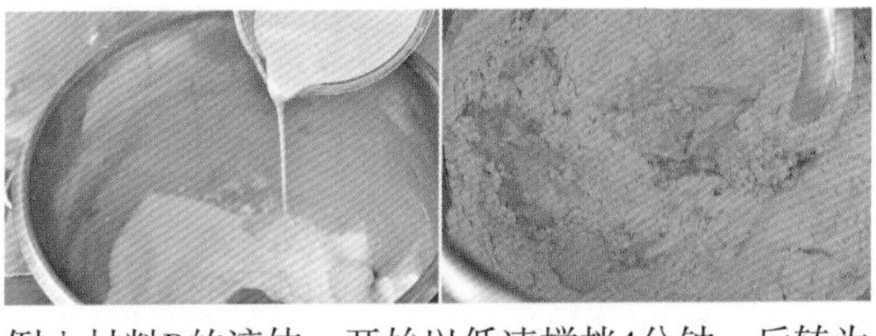

倒入材料B的液体，开始以低速搅拌4分钟，后转为中速再搅拌3分钟。

3

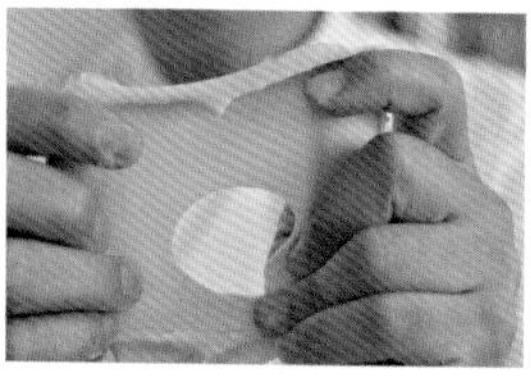

取一点面团拉开，会形成不透光薄膜且破洞边缘呈锯齿状的扩展状态。

4

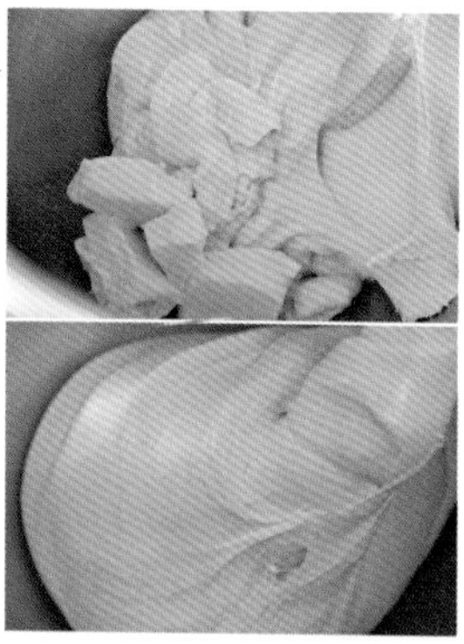

加入材料C的无盐黄油，先以低速搅打3分钟，后转为中速再搅打2分钟。

5

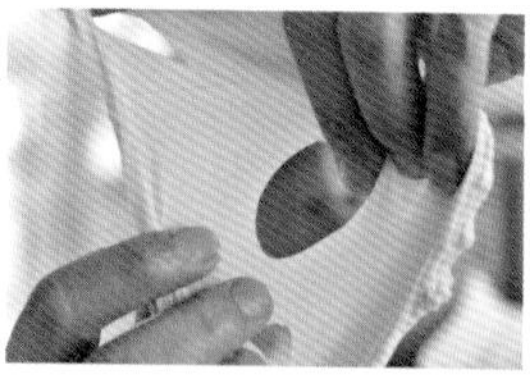

取一点面团拉开，会形成光滑透明有弹性的薄膜，且破洞边缘光滑，即为完全扩展状态。

6

将面团从搅拌缸中取出，放入发酵箱中，此时面团中心温度应为26℃。

step 基础发酵

7

以温度30℃、湿度75%，发酵30分钟。

8

先在工作台上撒少许高筋面粉，后将面团取出，稍微将表面拍平整后，由下往上折1/3，再由上往下折1/3。

9

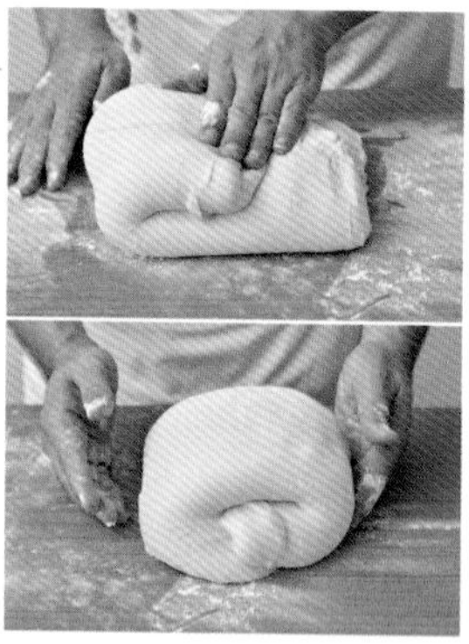

接着，将面团折口朝上转90度，稍压平整，再由右往左折2折。

10

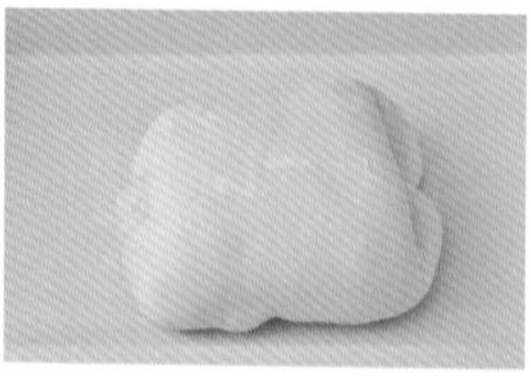

放入发酵箱中，继续以相同温度和湿度发酵30分钟。

step 分割滚圆

11

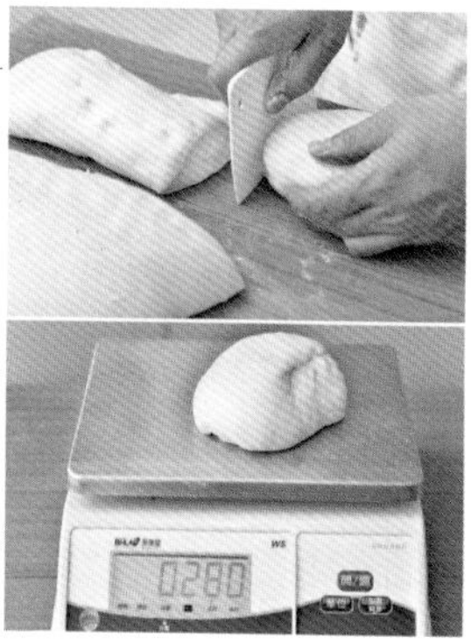

工作台上撒少许高筋面粉防粘，取出发酵好的面团，分割成每个280g的小面团。

12

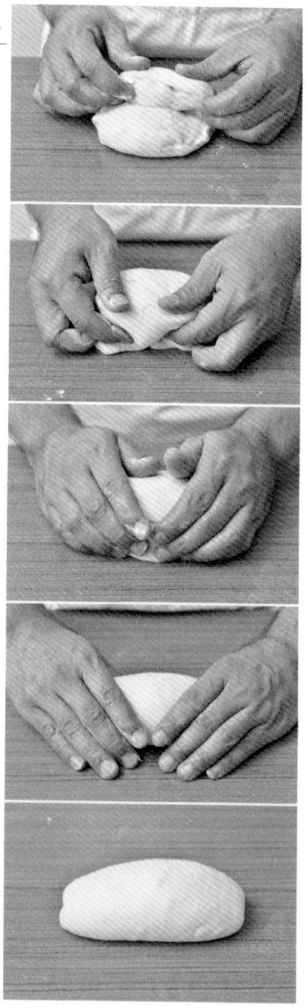

将面团稍拍平整，卷起，双手从下方小指处施力，将面团往身体方向拉回，整成光滑圆柱形。

step 中间发酵

13

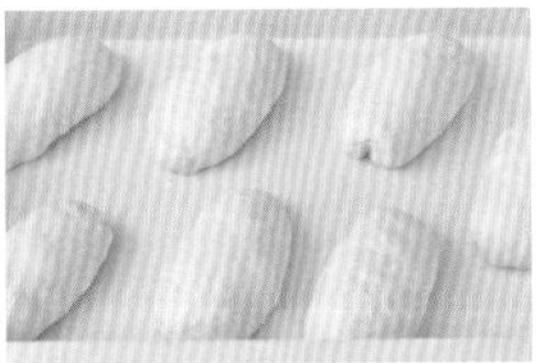

整型好的面团彼此间隔一定距离放入发酵箱中，继续发酵30分钟。

step 整型和包馅

14

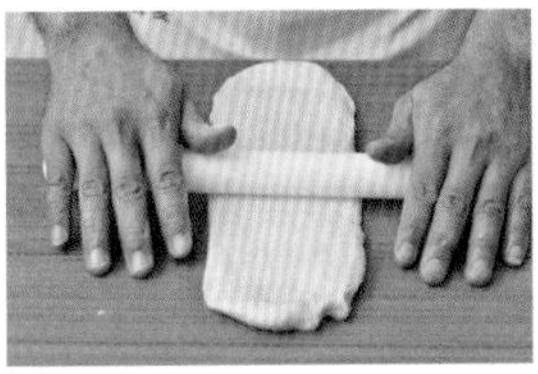

取出发酵好的面团，用擀面棍擀成长条形。

15

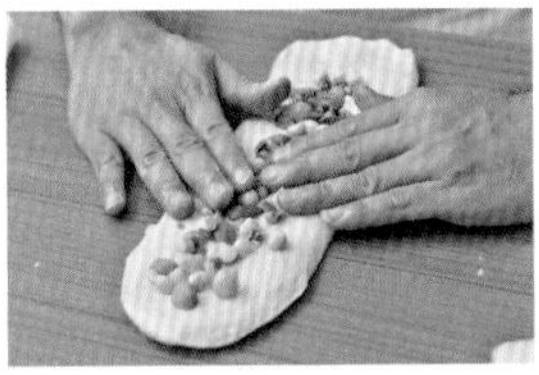

光滑面朝下，中心均匀铺上50g综合坚果。

16

由远端面团边缘往近端卷起。

17

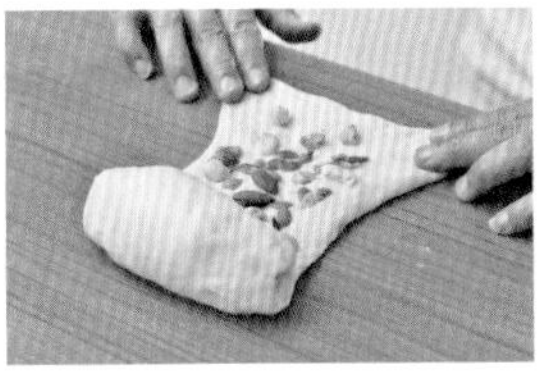

将面团尾端稍微拉开，让收口容易粘牢。

18

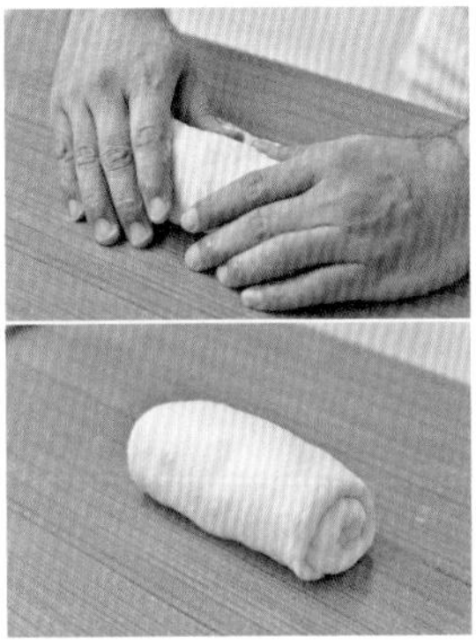

完整卷起面团后，稍微搓揉整型成为圆柱形。

step 烘烤前装饰

19

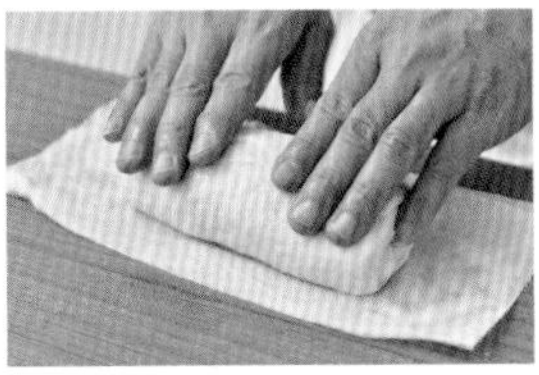

将面团光滑面沾一下浸湿的厨房纸巾，让表面微湿。

20

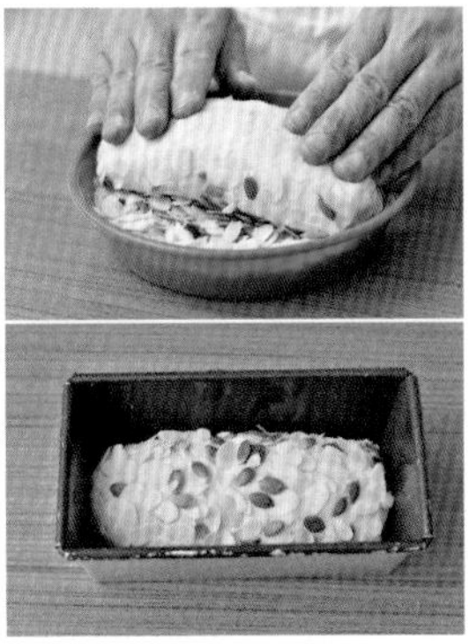

将沾湿的一面放在南瓜子与杏仁片的盘中滚一下，将沾了南瓜杏仁片的面朝上，放入吐司模中。

step 最后发酵

21

面团发酵至吐司模八点五分满。

step 烘烤

22

以上火150℃/下火230℃预热烤箱，将面包坯放进烤箱，烘烤20分钟，降温为上火150℃/下火210℃再烤10分钟。

23

烘烤完成的吐司轻敲一下模具，马上脱模，置于网架上冷却。

焦糖坚果吐司

Caramel Nuts Bread Loaf

除了坚果的爽脆口感，还添加自制的焦糖酱，
让吐司松软中增添了更多层次与风味！

种法：液种法
模具：8两吐司模
（18cm × 9cm × 7.7cm）
数量：7条

材料

面团

A__鹰牌高筋面粉700g 汤种100g
液种600g 高糖酵母10g
细砂糖80g 盐14g

B__全蛋100g 冰块100g
六倍奶200g

C__无盐黄油120g

内馅

焦糖酱140g 夏威夷果70g 榛果60g 腰果60g 杏仁60g 核桃60g 南瓜子40g

＊将所有坚果混合均匀，分成每份50g，共7份备用。

烘烤前表面装饰

蛋液适量 菠萝酥面团适量

＊菠萝酥面团做法请参考p.25

烘焙小笔记

制作流程	搅拌→基础发酵→分割滚圆→中间发酵→整型和包馅→烘烤前装饰→最后发酵→烘烤
搅拌时间	低速4分钟→中速3分钟→加入无盐黄油→低速3分钟→中速2分钟
基础发酵前面团温度	26℃
发酵温度、湿度	温度30℃，湿度75%
基础发酵	发酵30分钟后翻面，再发酵30分钟
分割滚圆	280g/个
中间发酵	30分钟
整型样式	圆柱形
最后发酵	至吐司模八点五分满
烘烤温度、时间	上火150℃/下火230℃，烘烤20分钟后降温为上火150℃/下火210℃，再烤10分钟

step 搅拌

1

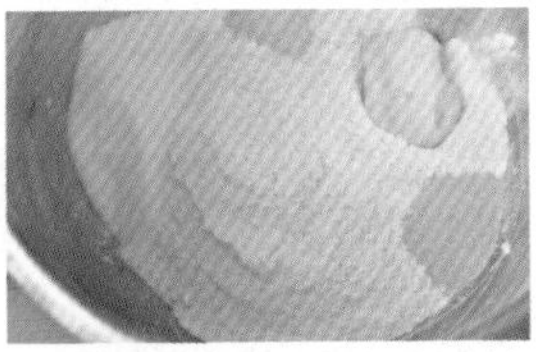

将材料A放入厨师机搅拌缸中，盐与酵母必须分开些摆放。

2

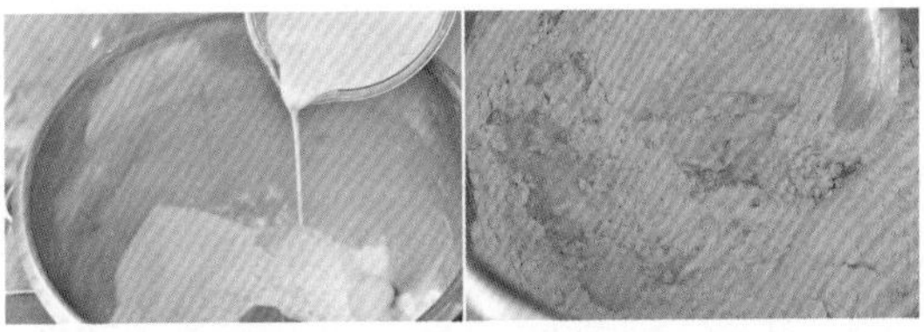

倒入材料B的液体，开始以低速搅拌4分钟，后转为中速再搅拌3分钟。

3

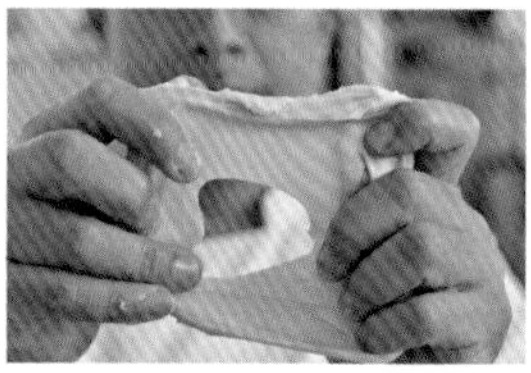

取一点面团拉开，会形成不透光薄膜且破洞边缘呈锯齿状的扩展状态。

4

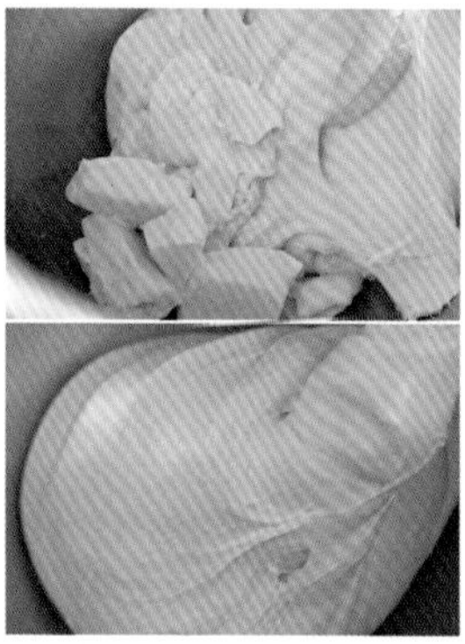

加入材料C的无盐黄油，先以低速搅打3分钟，转为中速再搅打2分钟。

5

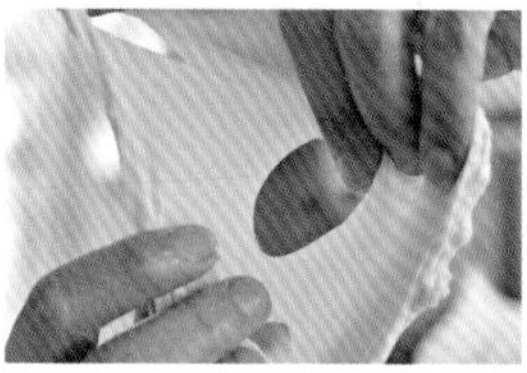

取一点面团拉开，会形成光滑透明有弹性的薄膜，且破洞边缘光滑，即为完全扩展状态。

6

将面团从搅拌缸中取出，放入发酵箱中，此时面团中心温度应为26℃。

step 基础发酵

7

以温度30℃、湿度75%，发酵30分钟。

8

先在工作台上撒少许高筋面粉，后将面团取出，稍微将表面拍平整后，由下往上折1/3，再由上往下折1/3。

9

接着稍压平整，再由右往左折2折。

10

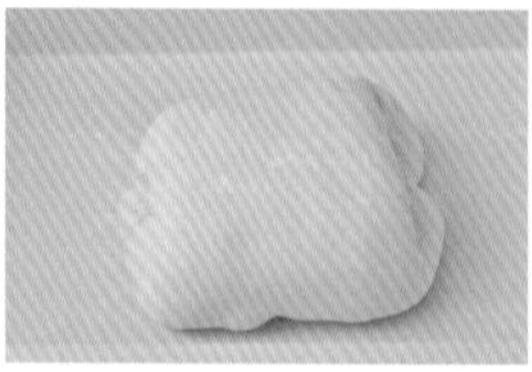

放入发酵箱中，继续以相同温度和湿度发酵30分钟。

step 分割滚圆

11

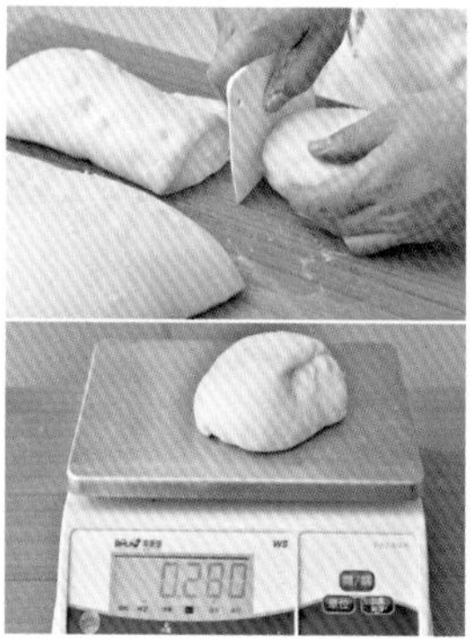

工作台上撒少许高筋面粉防粘，取出发酵好的面团，分割成每个280g的小面团。

12

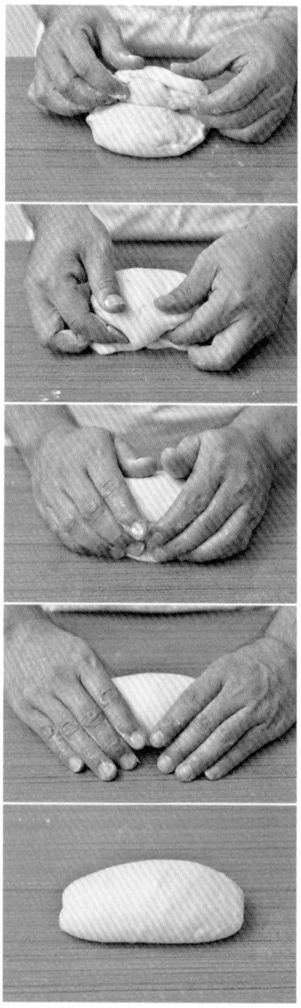

将面团稍微拍平整，卷起，双手从下方小指处施力将面团往身体方向拉回，整至表面光滑。

step 中间发酵

13

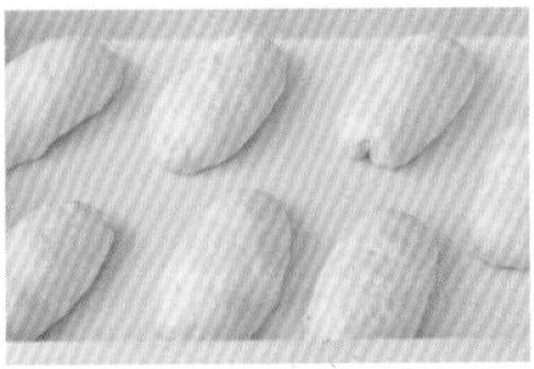

整型好的面团彼此间隔一定距离放入发酵箱中，继续发酵30分钟。

step 整型和包馅

14

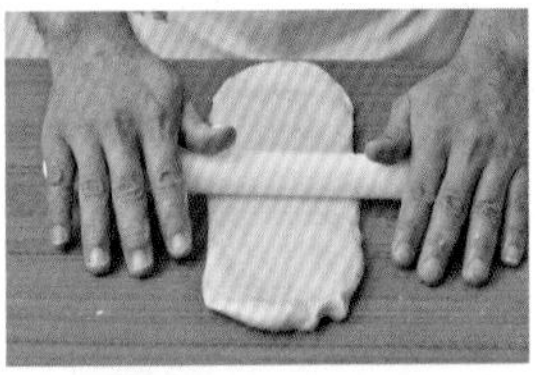

取出发酵好的面团，用擀面棍擀成长条形。

15

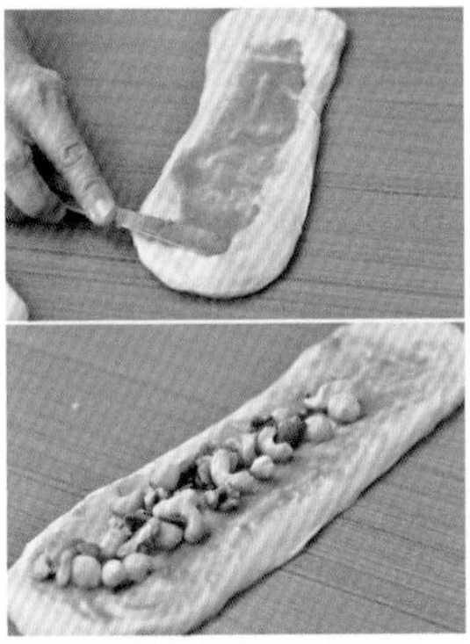

光滑面朝下，先抹上20g焦糖酱，再在中心均匀铺上50g综合坚果。

16

由远端面团边缘向近端卷起。

17

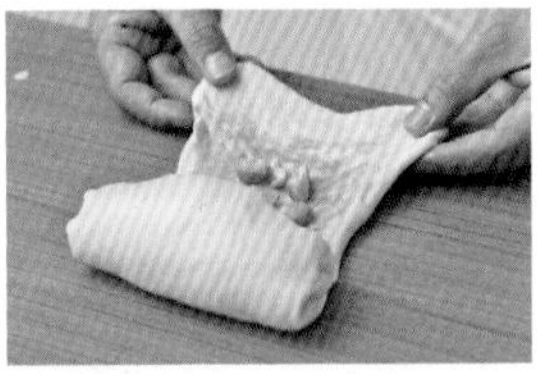

将面团尾端稍微拉开些，让收口容易粘紧。

18

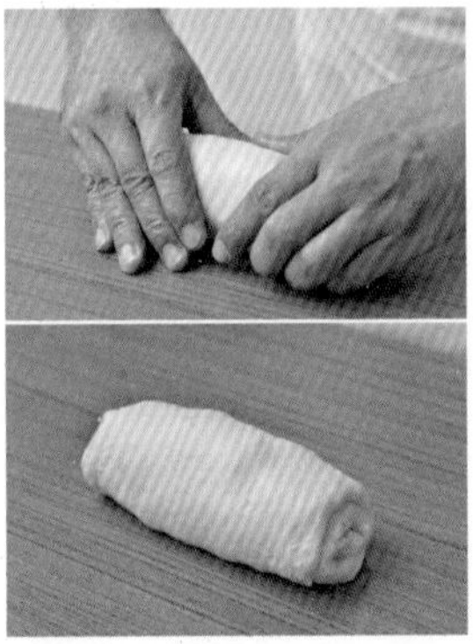

完整卷起面团后，稍微搓揉整型成为圆柱体。

step 烘烤前装饰

19

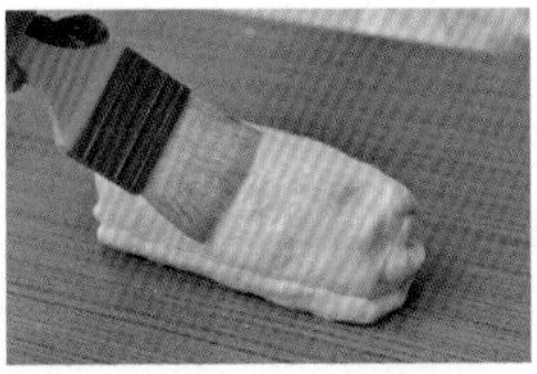

收口朝下放，将面团刷上一层蛋液。

20

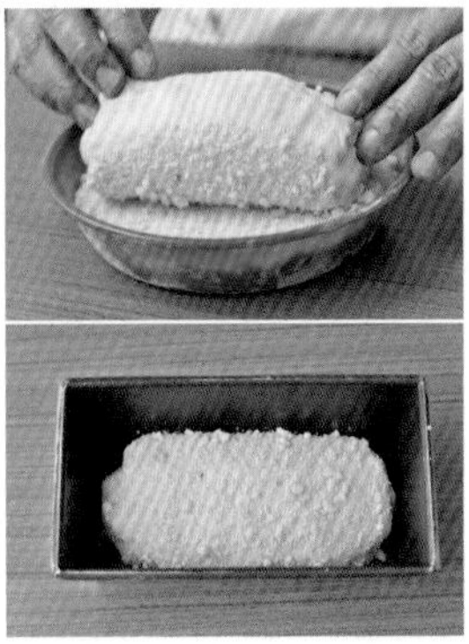

在放了菠萝酥面团的盘中滚一下，将菠萝酥面朝上，放入吐司模中。

step 最后发酵

21

面团发酵至充满吐司模八点五分满。

step 烘烤

22

以上火150℃/下火230℃预热烤箱，将面包坯放进烤箱，烘烤20分钟后降温为上火150℃/下火210℃，再烤10分钟。

23 烘烤完成的吐司轻敲一下模具，马上脱模，置于网架上冷却。

玄米吐司

Brown Rice Bread Loaf

种法：中种法
模具：28两吐司模
（37cm×12cm×12.4cm）
数量：2条

富含纤维素的玄米，让吐司多了甜甜的米香，
还有增加口感的核桃、酸甜的蔓越莓相配，
吐司变得超级营养又美味！

材料

中种面团

A__鹰牌高筋面粉700g
高糖酵母12g 麦芽精10g
细砂糖50g
B__冰水250g 六倍奶200g

本种面团

A__高筋面粉100g 拿破仑法式面包粉200g 汤种200g
法国老面（参见p.31）300g 盐16g
B__冰水200g
C__无盐黄油120g 炼乳80g
D__熟黑芝麻30g 玄米粒250g
核桃150g 蔓越莓干150g
*蔓越莓干加15g红酒浸渍24小时后备用。

烘焙小笔记

制作流程	搅拌→基础发酵→分割滚圆→中间发酵→第一次擀卷、发酵→第二次擀卷→最后发酵→烘烤
搅拌时间	中种面团：低速4分钟→中速2分钟 本种面团：低速3分钟→中速4分钟→加入材料C→低速3分钟→中速2分钟
基础发酵前面团温度	26℃
发酵温度、湿度	温度30℃，湿度75%
基础发酵	中种面团90分钟，本种面团15分钟
分割滚圆	300g×5/条
中间发酵	30分钟
整型样式	圆柱形二次擀卷
最后发酵	至吐司模九分满
烘烤温度、时间	上火150℃/下火230℃，烘烤50分钟

step 搅拌：中种面团

1

将所有中种材料A放入厨师机搅拌缸中。

2

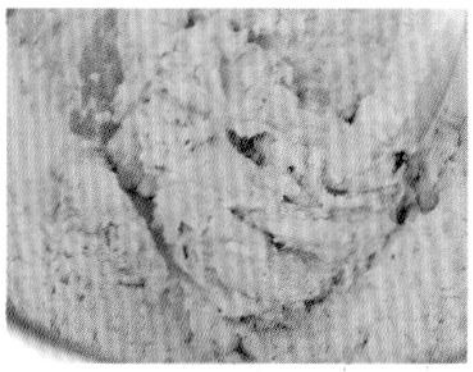

倒入中种材料B的液体，开始以低速搅拌4分钟，后转为中速再搅拌2分钟。

3

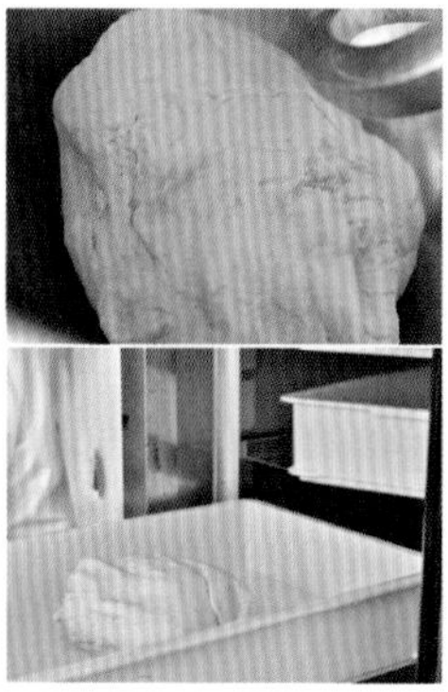

搅拌均匀至酵母消失即成中种面团，将中种面团放进发酵箱中，发酵90分钟。

4

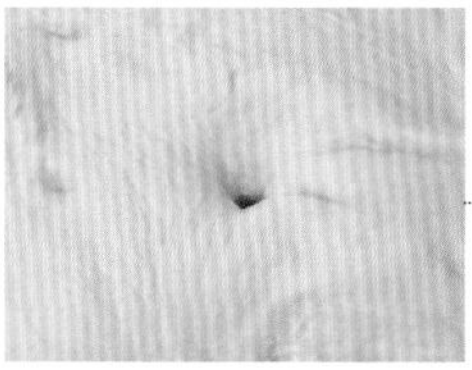

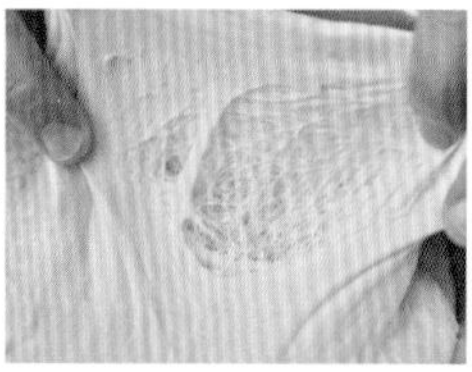

将指头插入面团中，若面团洞口不会收合，拉开内部呈蜘蛛网状，即发酵完成。

step 搅拌：本种面团

5

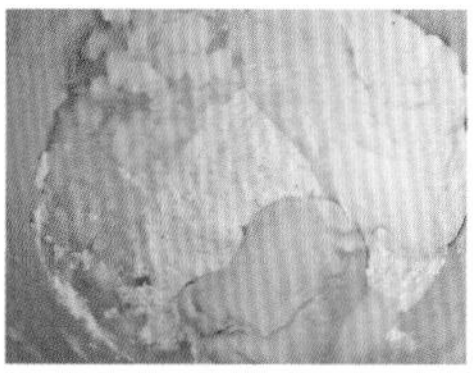

将本种材料A放入厨师机搅拌缸中。

6

倒入本种材料B的液体，稍微搅拌后加入发酵好的中种面团，以低速搅拌3分钟，转为中速再搅拌4分钟。

7

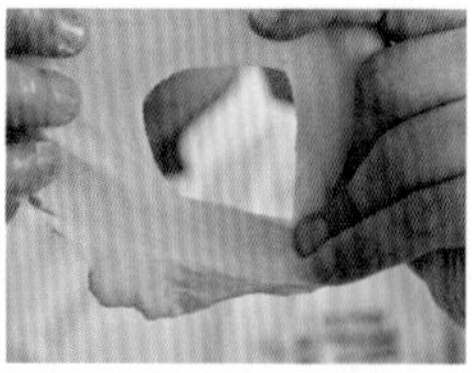

取一点面团拉开，会形成不透光薄膜，且破洞边缘呈锯齿状的扩展状态。

8

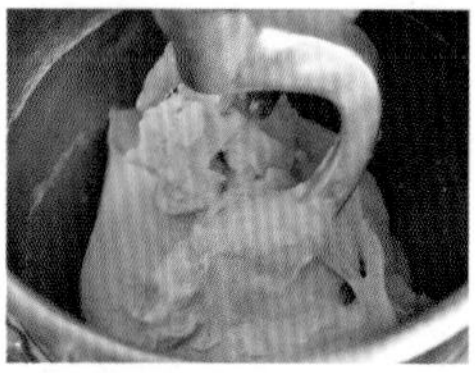

加入本种材料C，先以低速搅打3分钟，后转为中速再搅打2分钟。

9

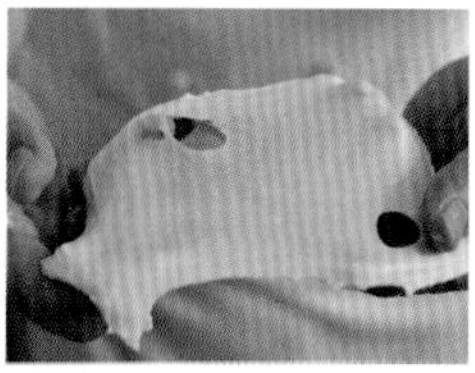

取一点面团拉开，会形成光滑透明有弹性的薄膜，且破洞边缘光滑，即为完全扩展状态。

10

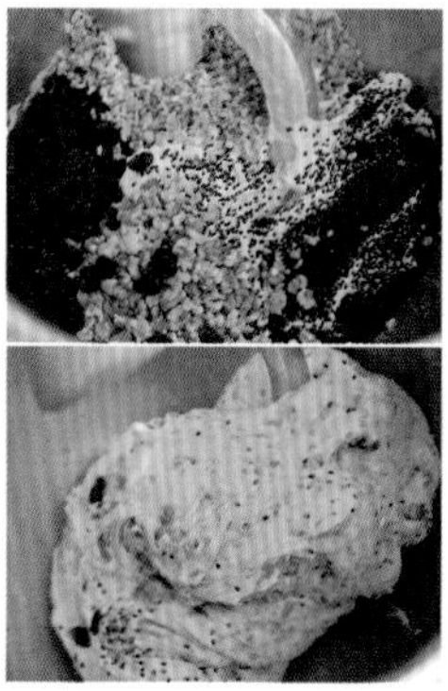

放入本种材料D，以低速搅拌1分钟至材料均匀。

11

将面团从搅拌缸中取出，稍微整型后放入发酵箱中，此时面团中心温度应为26℃。

step 基础发酵

12

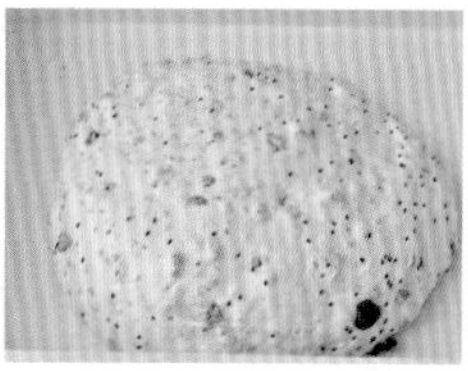

以温度30℃、湿度75%发酵15分钟。

step 分割滚圆

13

工作台上撒高筋面粉防粘，取出面团分割成300g的小面团。

14

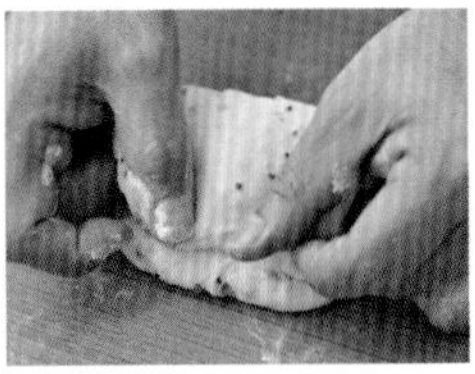

将面团拉起，由下往上卷起，转90度后折口向上，再由下往上卷起。

15

面团光滑面朝上，双手手掌捧住面团边缘，先往前推再往后拉，手掌底部略施力，让面团边缘顺势滚入底部，使面团表面变光滑。

中间发酵

16

整型好的面团彼此间隔一定距离放入发酵箱中，继续发酵30分钟。

第一次擀卷、发酵

17

工作台上撒少许高筋面粉防粘，取出发酵好的面团，稍微压一下，用擀面棍擀成长椭圆形。

18

光滑面朝下，用双手手指对称贴住面团，由上往下卷起，并将最末端压扁些再收口、粘牢。

19

两端稍微滚整一下，将面团放入发酵箱中，以相同温度、湿度发酵30分钟。

第二次擀卷

20

工作台上撒少许高筋面粉防粘，取出面团，用擀面棍擀成长条形。

21

光滑面朝下，用双手手指对称贴住面团，由上往下卷起，并将最末端压扁些再收口、粘牢。

22

每5个面团一组，收口朝下，放入吐司模中。

最后发酵

23

面团发酵至吐司模九分满。

烘烤

24

以上火150℃/下火230℃预热烤箱，将面包坯放进烤箱，烘烤25分钟后取出里外换个方向，再烘烤25分钟。

25 烘烤完成的吐司轻敲一下模具，马上脱模，置于网架上冷却。

健康十谷吐司

Multi-grain Bread Loaf

各式各样的谷物一起加入这松软的吐司中，营养丰富又美味！
热闹的吐司嘉年华，盛大举行中……

种法：中种法
模具：28两吐司模
（37cm×12cm×12.4cm）
数量：2条

材料

中种面团

A__鹰牌高筋面粉700g
高糖酵母12g 麦芽精10g
细砂糖50g

B__冰水250g 六倍奶200g

本种面团

A__鹰牌高筋面粉100g
拿破仑法式面包粉200g 汤种200g
法国老面300g 盐16g

B__冰水200g

C__无盐黄油120g
炼乳80g

D__五谷米300g 紫米50g
红薏仁80g 燕麦粒50g
黑麦粒50g 裸麦粒50g

烘烤后表面装饰

无水奶油适量

烘焙小笔记

制作流程	搅拌→基础发酵→分割滚圆→中间发酵→第一次擀卷、发酵→第二次擀卷→最后发酵→烘烤
搅拌时间	中种面团：低速4分钟→中速2分钟 本种面团：低速3分钟→中速3分钟→加入材料C→低速3分钟→中速2分钟
基础发酵前面团温度	26℃
发酵温度、湿度	温度30℃，湿度75%
基础发酵	中种面团90分钟，本种面团15分钟
分割滚圆	300g×5/条
中间发酵	30分钟
整型样式	圆柱形二次擀卷
最后发酵	至吐司模九分满
烘烤温度、时间	上火150℃/下火230℃，烘烤50分钟

step 搅拌：中种面团

1

将所有中种材料A放入厨师机搅拌缸中。

2

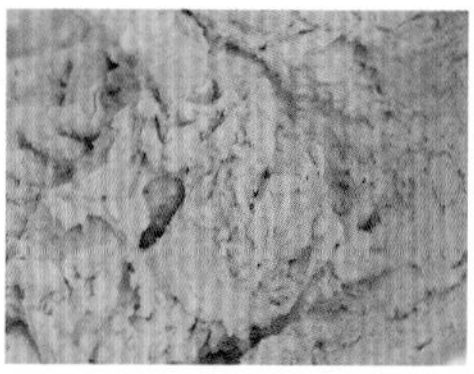

倒入中种材料B的液体，开始以低速搅拌4分钟，后转为中速再搅拌2分钟。

3

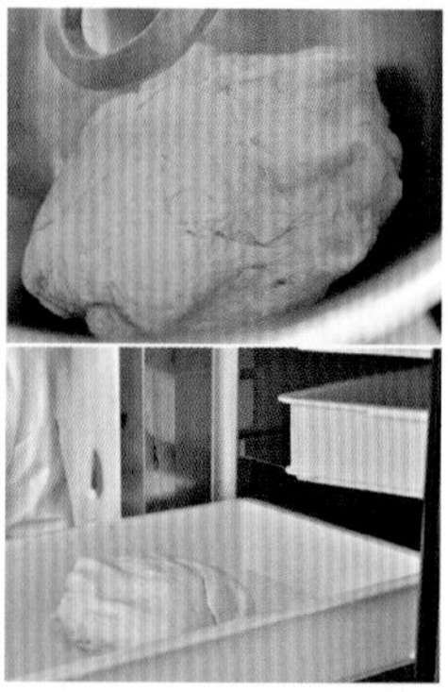

搅拌均匀至酵母消失即成中种面团，将中种面团放进发酵箱中，发酵90分钟。

4

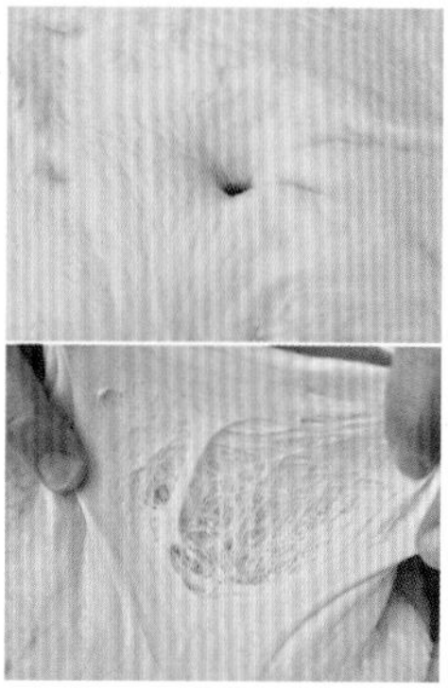

将指头插入面团中，若面团洞口不会收合，拉开内部呈蜘蛛网状，即发酵完成。

step 搅拌：本种面团

5

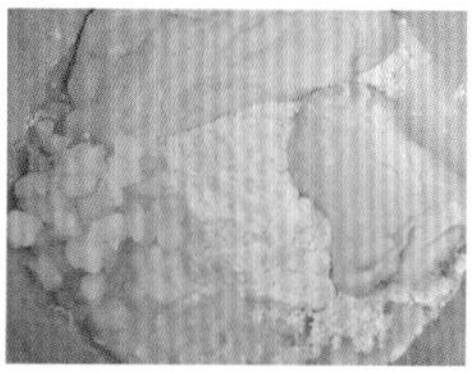

将本种材料A放入厨师机搅拌缸中。

6

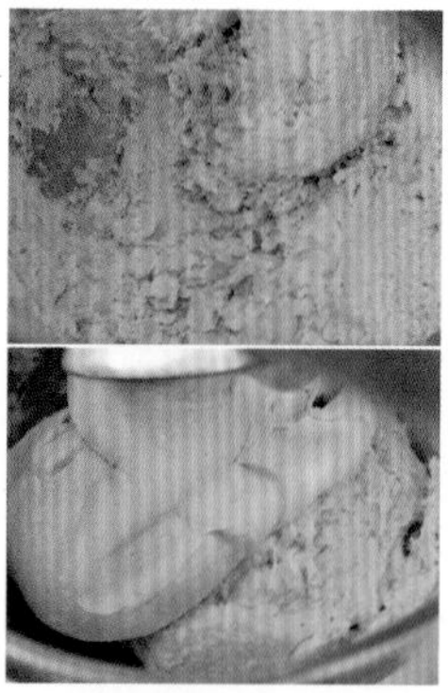

倒入本种材料B的液体，稍微搅拌后，加入发酵好的中种面团，以低速搅拌3分钟，转为中速再搅拌3分钟。

7

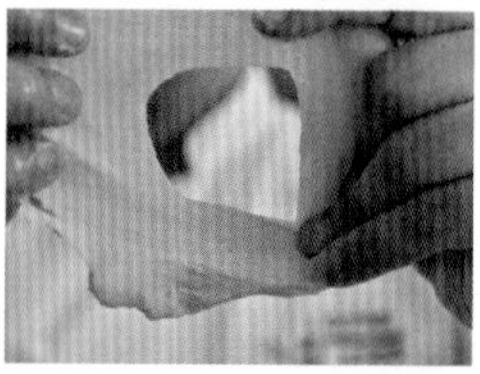

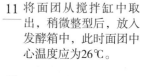

取一点面团拉开，会形成不透光薄膜，且破洞边缘呈锯齿状的扩展状态。

8

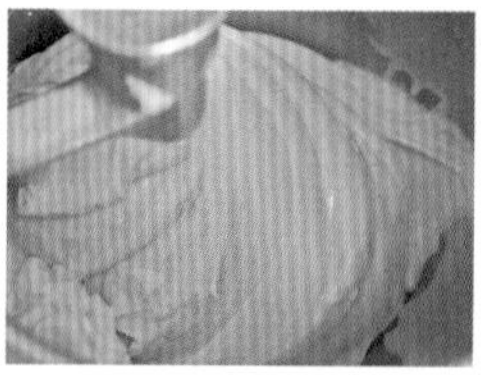

加入材料C，先以低速搅打3分钟，后转为中速再搅打2分钟。

9

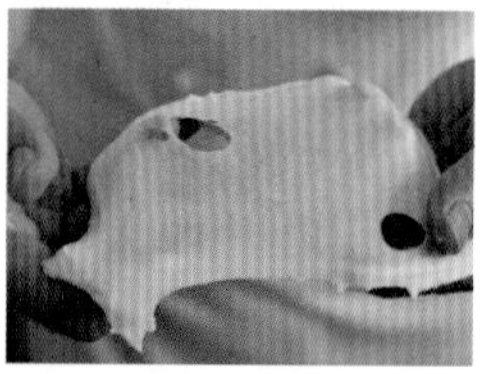

取一点面团拉开，会形成光滑透明有弹性的薄膜，且破洞边缘光滑，即为完全扩展状态。

10

放入本种材料D，以低速搅拌1分钟至材料均匀。

11 将面团从搅拌缸中取出，稍微整型后，放入发酵箱中，此时面团中心温度应为26℃。

step 基础发酵

12

以温度30℃、湿度75%，发酵15分钟。

step 分割滚圆

13

工作台上撒少许高筋面粉防粘，取出发酵好的面团，分割成每个300g的小面团。

14

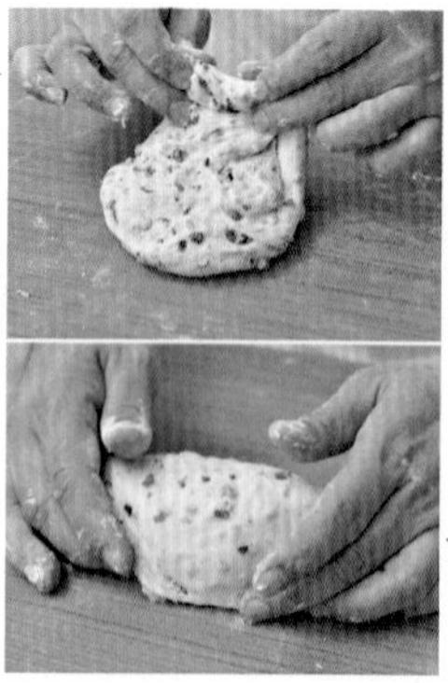

将面团拉起，由下往上卷起，转90度后折口向上，再由下往上卷起。

15

将面团光滑面朝上，用双手手掌捧住面团边缘，往前推往后拉，手掌底部略施力，让面团边缘顺势滚入底部，使面团表面变得光滑。

step 中间发酵

16

整型好的面团彼此间隔一定距离放入发酵箱中，继续发酵30分钟。

step 第一次擀卷、发酵

17

取出发酵好的面团，先用手轻轻拍扁，后以擀面棍擀成长条形。

18

光滑面朝下，用双手手指对称贴住面团，由上往下卷起，并将最末端压扁些再收口、粘牢。

19

两端稍微滚整一下，将面团放入发酵箱中，以相同温度、湿度发酵30分钟。

step 第二次擀卷

20

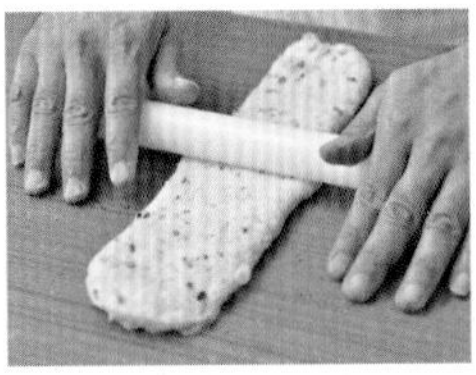

工作台上撒少许高筋面粉防粘，取出面团，用擀面棍擀成长条形。

21

光滑面朝下，用双手手指对称贴住面团，由上往下卷起，并将最末端压扁些再收口、粘牢。

22

每5个面团一组，收口朝下，放入吐司模中。

step 最后发酵

23

将面团发酵至吐司模九分满。

step 烘烤

24

以上火150℃/下火230℃预热烤箱，将面包坯放进烤箱，烘烤25分钟后取出里外转个方向，再烘烤25分钟。

25 烘烤完成的吐司轻敲一下模具，马上脱模，表面刷无水奶油，置于网架上冷却。

国王吐司

Bread Loaf with Cheese

国王不但要有面子，肚子里当然也要很有料，
撕下的每一片吐司，都装满了芝士，而面包又是那么松软。

种法：液种法
模具：8两吐司模
（18cm×9cm×7.7cm）
数量：7条

材料

面团

A__鹰牌高筋面粉700g 汤种100g 液种600g 麦芽精3g
高糖酵母10g 细砂糖120g 盐15g
B__全蛋150g 冰水80g 六倍奶180g
C__无盐黄油120g

内馅

高熔点奶酪丁420g
*将奶酪丁分成每份10g，共42份备用。

烘烤前表面装饰

全蛋液适量 无水奶油适量

烘焙小笔记

制作流程	搅拌→基础发酵→分割滚圆→中间发酵→整型和包馅→最后发酵→烘烤前装饰→烘烤
搅拌时间	低速4分钟→中速3分钟→加入无盐黄油→低速3分钟→中速2分钟
基础发酵前面团温度	26℃
发酵温度、湿度	温度30℃，湿度75%
基础发酵	发酵30分钟后翻面，再发酵30分钟
分割滚圆	45g×6/条
中间发酵	30分钟
整型样式	圆柱形
最后发酵	至吐司模八分满
烘烤温度、时间	上火150℃/下火230℃，烘烤20分钟后降温为上火150℃/下火210℃，再烤10分钟

step 搅拌

1

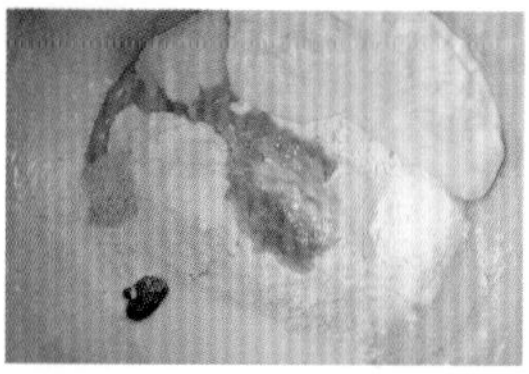

将材料A放入厨师机搅拌缸中，盐与酵母必须分开些摆放。

2

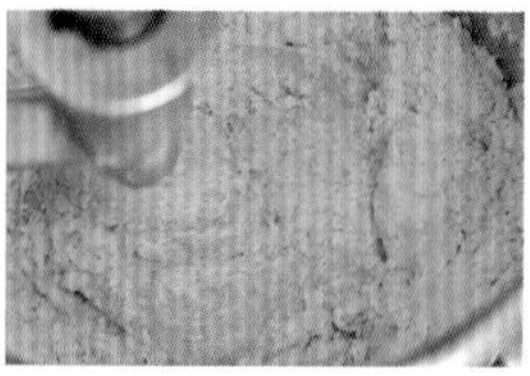

倒入材料B的液体，开始以低速搅拌4分钟，后转为中速再搅拌3分钟。

3

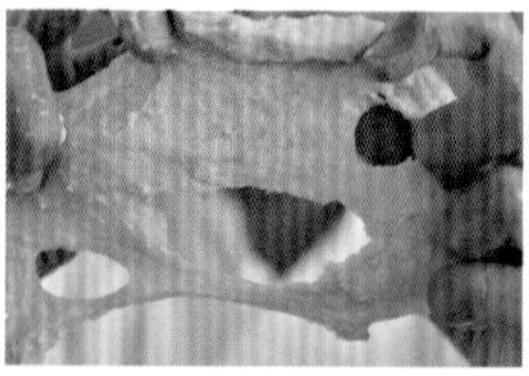

取一点面团拉开，会形成不透光的薄膜，且破洞边缘呈锯齿状的扩展状态。

4

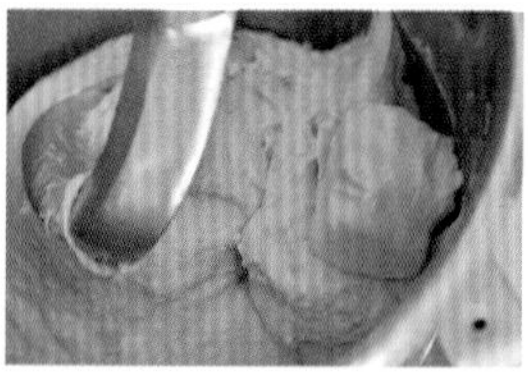

加入材料C的无盐黄油，先以低速搅打3分钟，后转为中速再搅打2分钟。

5

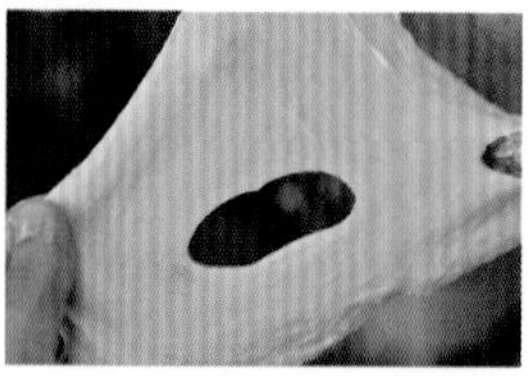

取一点面团拉开，会形成光滑透明有弹性的薄膜，且破洞边缘光滑，即为完全扩展状态。

6

将面团从搅拌缸中取出，放入发酵箱中，此时面团中心温度应为26℃。

step 基础发酵

7

以温度30℃、湿度75%，发酵30分钟。

8

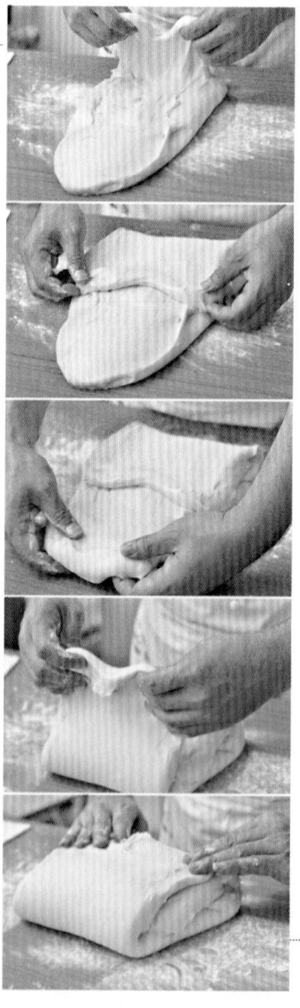

在工作台上撒少许高筋面粉，将面团取出，稍微将表面拍平整后，由下往上折1/3，再由上往下折1/3。

9

接着稍压平整，再由右往左折2折。

10

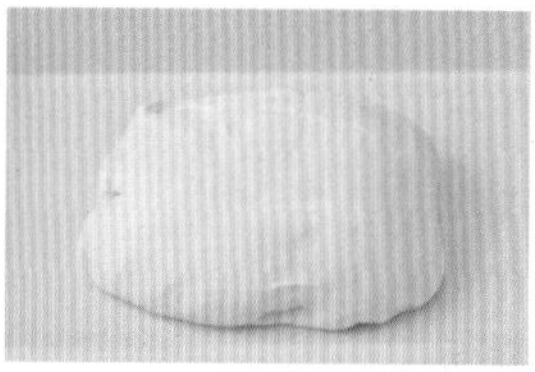

折口朝下放入发酵箱中，继续以相同温度和湿度发酵30分钟。

step 分割滚圆

11

工作台上撒少许高筋面粉防粘，取出发酵好的面团，分割成每个45g的小面团。

12

将面团用拇指与小指框住，一边搓圆，一边施力将面团边缘往底部收拢，将面团整圆。

step 中间发酵

13

整型好的面团彼此间隔一定距离放入发酵箱中，继续发酵30分钟。

step 整型和包馅

14

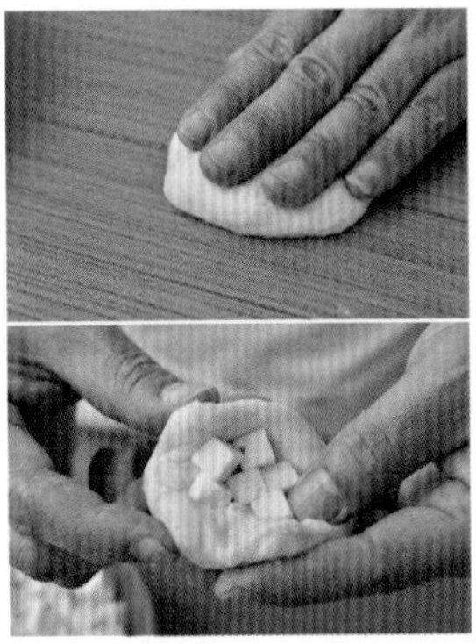

取出发酵好的面团，用手稍微压扁，包入奶酪丁。

15

将面团收拢，捏紧收口，并将收口朝下放入吐司模中，每一个吐司模放入6颗面团。

step 最后发酵

16

待面团发酵至吐司模八分满。

step 烘烤前装饰

17

表面刷上一层全蛋液。

18

接着在面团隙缝间挤上无水奶油。

step 烘烤

19

以上火150℃/下火230℃预热烤箱，将面包坯放进烤箱，烘烤20分钟后降温为上火150℃/下火210℃，再烤10分钟。

20 烘烤完成的吐司轻敲一下模具，马上脱模，置于网架上冷却。

皇后吐司

Bread Loaf

利用二次擀卷技巧，来增加吐司的弹性，营造扎实的口感，
任意搭配甜或咸的配料，都非常好吃！

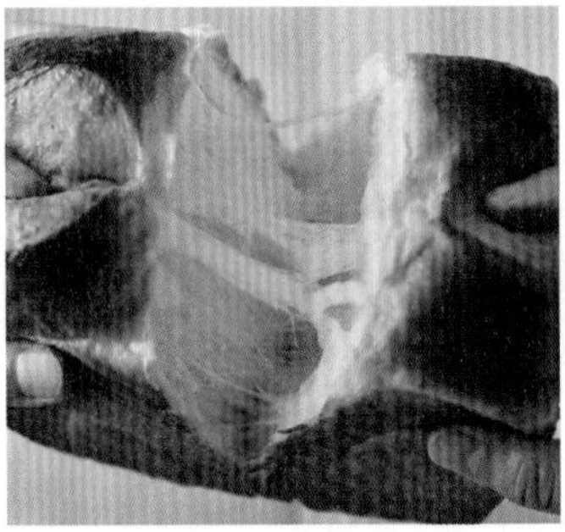

种法：液种法
模具：12两吐司模
（19.7cm×10.6cm×11cm）
数量：4条

材料

面团

A__鹰牌高筋面粉700g 汤种100g 液种600g 麦芽精3g 高糖酵母10g 细砂糖120g 盐15g
B__全蛋150g 冰块80g 六倍奶180g
C__无盐黄油120g

烘烤前表面装饰

全蛋液适量 无水奶油适量

烘焙小笔记

制作流程	搅拌→基础发酵→分割滚圆→中间发酵→第一次擀卷、发酵→第二次擀卷→最后发酵→烘烤前装饰→烘烤
搅拌时间	低速4分钟→中速3分钟→加入无盐黄油→低速3分钟→中速2分钟
基础发酵前面团温度	26℃
发酵温度、湿度	温度30℃，湿度75%
基础发酵	发酵30分钟后翻面，再发酵30分钟
分割滚圆	165g×3/个
中间发酵	30分钟
整型样式	圆柱形二次擀卷
最后发酵	至吐司模八分满
烘烤温度、时间	上火150℃/下火230℃，烘烤20分钟后降温为上火150℃/下火210℃，再烤10分钟

step 搅拌

1

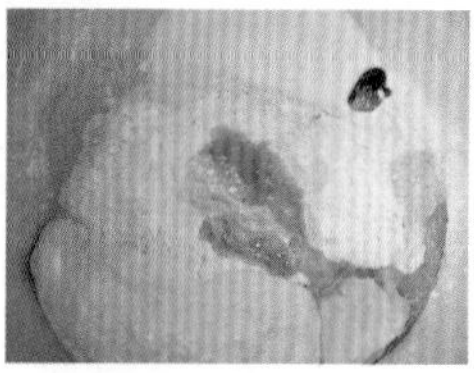

将材料A放入厨师机搅拌缸中，盐与酵母必须分开些摆放。

2

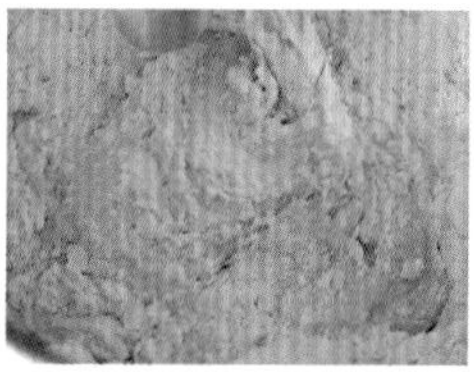

倒入材料B的液体，以低速搅拌4分钟，后转为中速再搅拌3分钟。

3

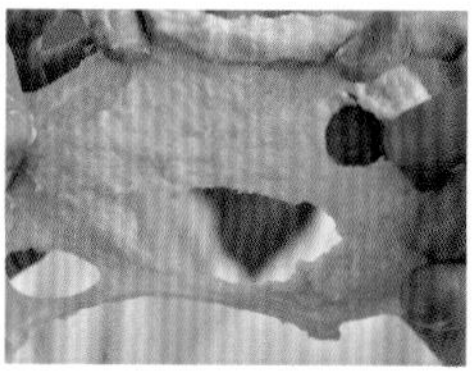

取一点面团拉开，会形成不透光薄膜，且破洞边缘呈锯齿状的扩展状态。

4

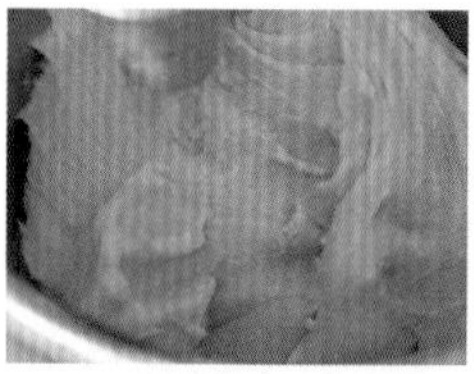

加入材料C的无盐黄油，先以低速搅打3分钟，后转为中速再搅打2分钟。

5

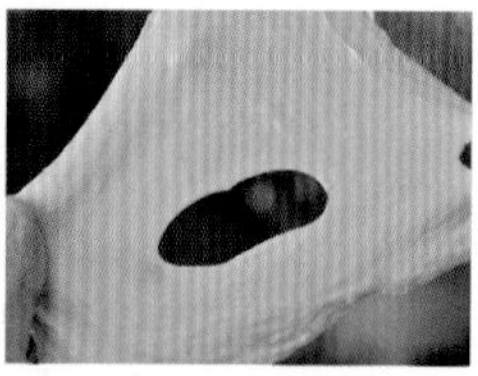

取一点面团拉开，会形成光滑透明有弹性的薄膜，且破洞边缘光滑，即为完全扩展状态。

6

将面团从搅拌缸中取出，放入发酵箱中，此时面团中心温度应为26℃。

step 基础发酵

7

以温度30℃、湿度75%，发酵30分钟。

8

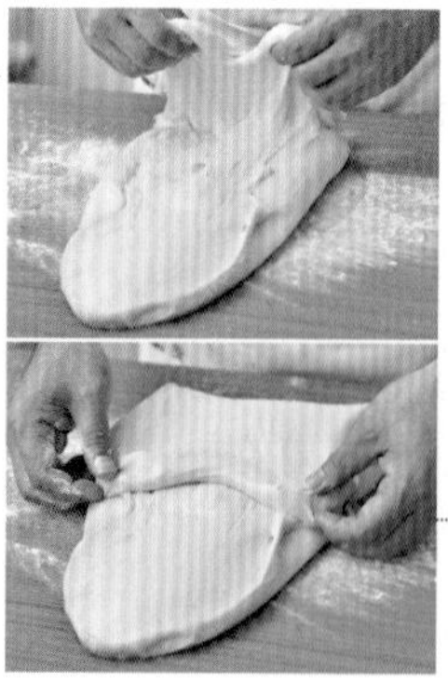

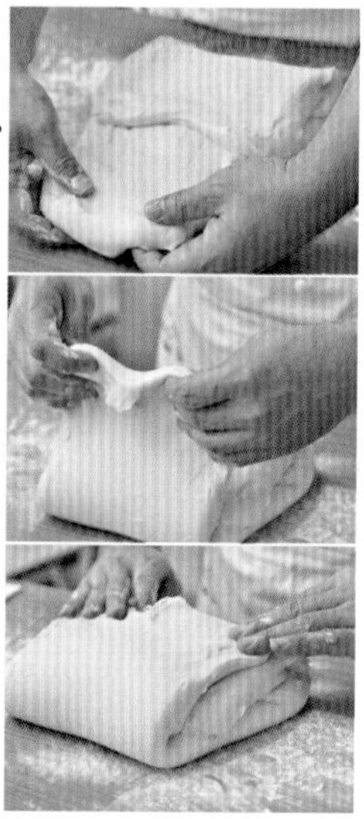

在工作台上撒少许高筋面粉，将面团取出，稍微将表面拍平整，将面团由下往上折1/3，再由上往下折1/3。

9

接着稍压平整，再由右往左折2折。

10

放入发酵箱中，继续以相同温度、湿度发酵30分钟。

step 分割滚圆

11

工作台上撒少许高筋面粉防粘，取出发酵好的面团，分割成每个165g的小面团。

12

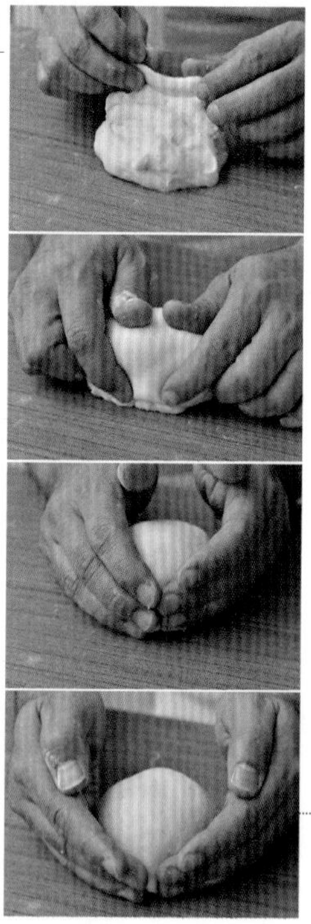

将面团由下往上卷起，用双手捧住面团，往前推然后往后拉，小指侧边则稍微施力，将面团边缘往底部收拢呈表面光滑的圆形。

step 中间发酵

13

整型好的面团彼此间隔一定距离放入发酵箱中，继续发酵30分钟。

step 第一次擀卷、发酵

14

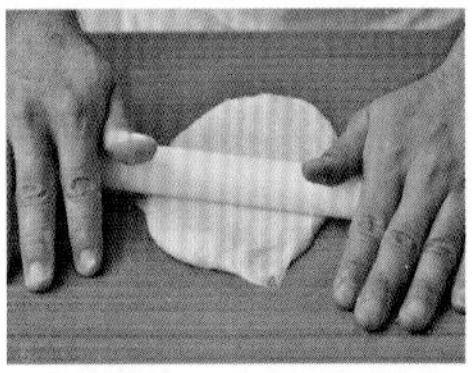

工作台上撒少许高筋面粉防粘，取出发酵好的面团，稍微压一下，再用擀面棍擀成长椭圆形。

15

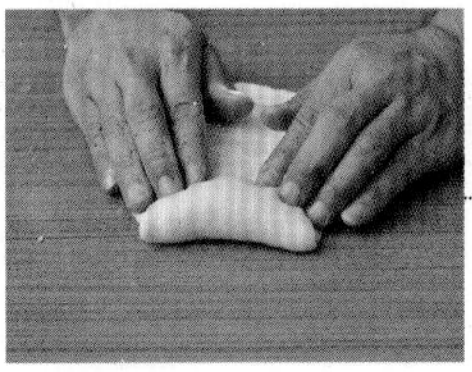

光滑面朝下，由上往下卷成圆柱形。

16

将擀卷好的面团放入发酵箱中，以相同温度和湿度发酵20分钟。

step 第二次擀卷

17

工作台上撒少许高筋面粉防粘，取出面团，用擀面棍擀成长条形。

18

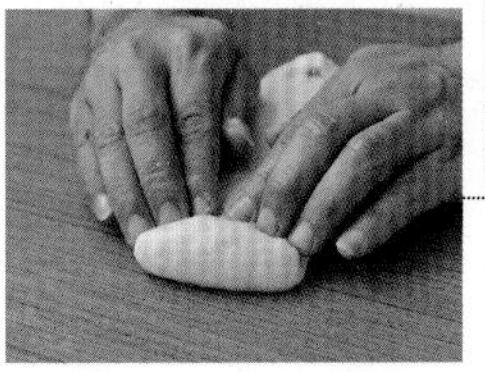

面团由上往下卷起。

19

每3个面团一组，收口朝下放入吐司模中。

step 最后发酵

20

面团发酵至吐司模八分满。

step 烘烤前装饰

21

面团表面刷上全蛋液。

22

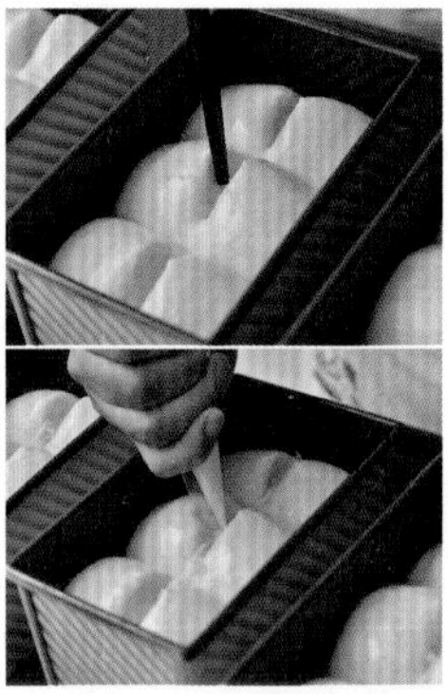

用剪刀将每个面团表面剪一刀，在剪口处挤上无水奶油。

step 烘烤

23

以上火150℃/下火230℃预热烤箱，将面包坯放进烤箱，烘烤20分钟后降温为上火150℃/下火210℃，再烤10分钟。

24 烘烤完成的吐司轻敲一下模具，马上脱模，置于网架上冷却。

元气南瓜吐司

Pumpkin Bread Loaf

由里到外，满满的南瓜风味与营养，
香甜不腻，保证让人元气满满！

种法：直接法
模具：8两吐司模
（18.1cm × 9.1cm × 7.7cm）
数量：8条

材料

面团

A__鹰牌高筋面粉700g 法式面包粉300g 葡萄菌水300g 南瓜粉50g 海藻糖60g 盐14g 南瓜馅300g 高糖酵母10g

B__冰水400g 六倍奶150g

C__无盐黄油60g 炼乳50g

D__南瓜丁250g

烘烤前表面装饰

鲜牛奶适量 南瓜子适量

烘焙小笔记

制作流程	搅拌→基础发酵→分割滚圆→中间发酵→整型→烘烤前装饰→最后发酵→烘烤
搅拌时间	低速3分钟→中速4分钟→加入材料C→低速3分钟→中速2分钟→放入南瓜丁→低速30秒钟
基础发酵前面团温度	26℃
发酵温度、湿度	温度30℃，湿度75%
基础发酵	发酵30分钟后翻面，再发酵30分钟
分割滚圆	330g/条
中间发酵	30分钟
整型样式	圆柱形
最后发酵	至吐司模九分满
烘烤温度、时间	上火150℃/下火230℃，烘烤20分钟后降温为上火150℃/下火210℃，再烤10分钟

step 搅拌

1

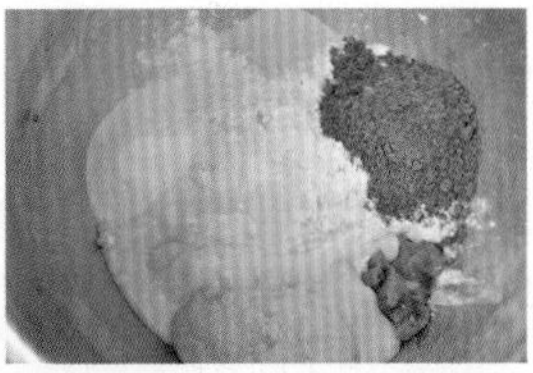

将材料A放入厨师机搅拌缸中，盐与酵母必须分开些摆放。

2

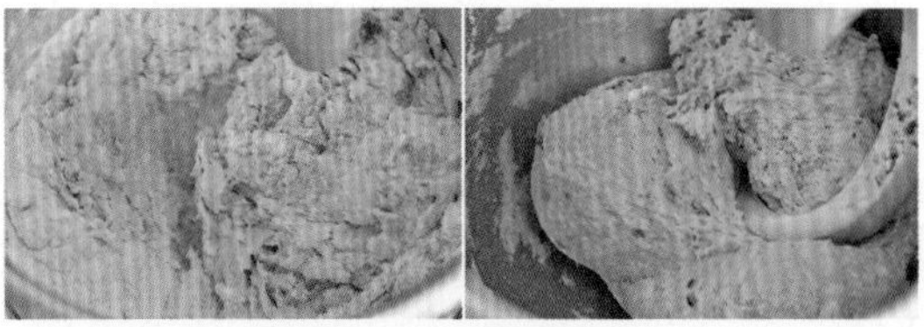

倒入材料B的液体，开始以低速搅拌3分钟，后转为中速再搅拌4分钟。

3

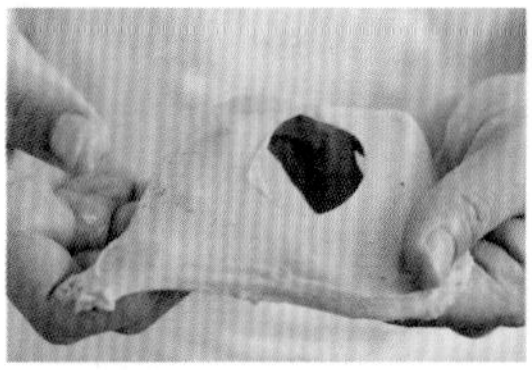

取一点面团拉开，会形成不透光薄膜，且破洞边缘呈锯齿状，为扩展状态。

4

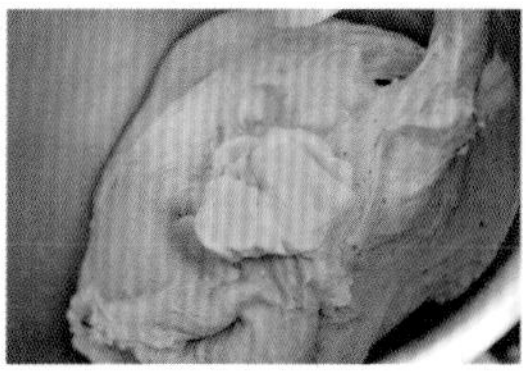

加入材料C的无盐黄油，先以低速搅打3分钟，后转为中速再搅打2分钟。

5 取一点面团拉开，会形成光滑透明有弹性薄膜，且破洞边缘光滑，即为完全扩展状态。

6

接着放入材料D的南瓜丁，以低速搅拌30秒钟至均匀。

7 将面团从搅拌缸中取出，稍微整型后放入发酵箱中，此时面团中心温度应为26℃。

step 基础发酵

8

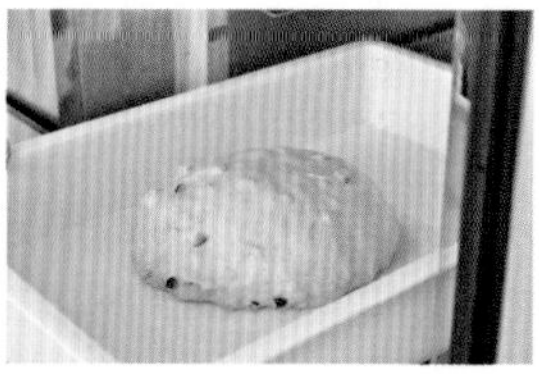

以温度30℃、湿度75%，发酵30分钟。

9

在工作台上撒少许高筋面粉，面团取出，稍微将表面拍平整后，将面团由下往上折1/3，再由上往下折1/3。

10

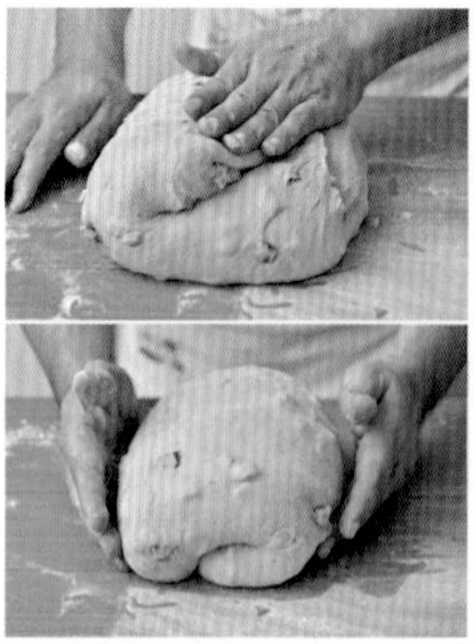

接着稍压平整，再由右往左折2折。

11

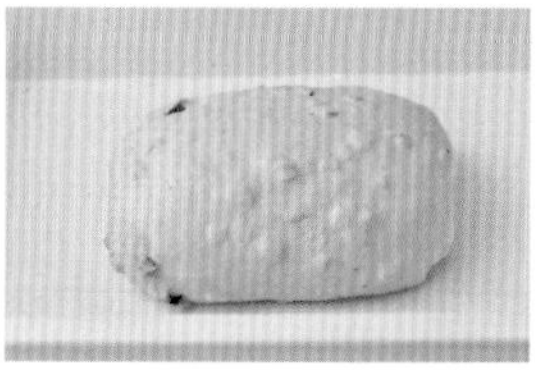

放入发酵箱中，继续以相同温度和湿度发酵30分钟。

step 分割滚圆

12

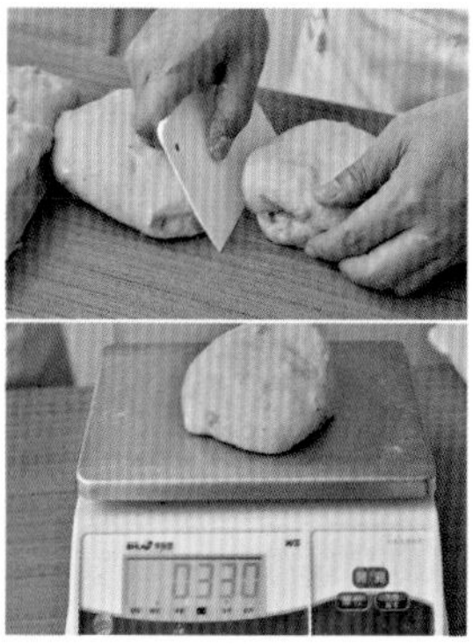

工作台上撒少许高筋面粉防粘，取出发酵好的面团，分割成每个330g的小面团。

13

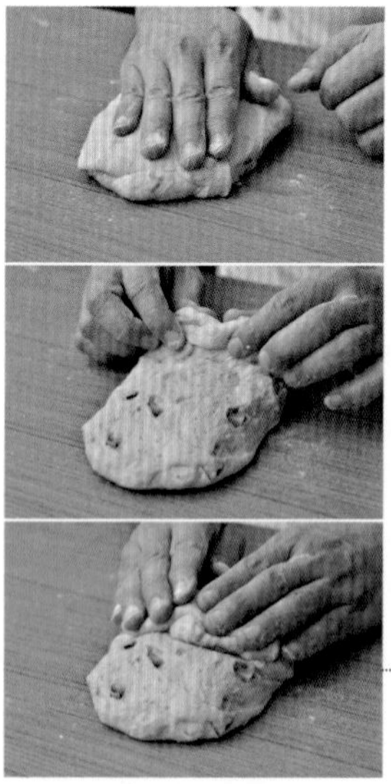

将面团稍微拍扁，光滑面朝下，由下往上卷起。

14

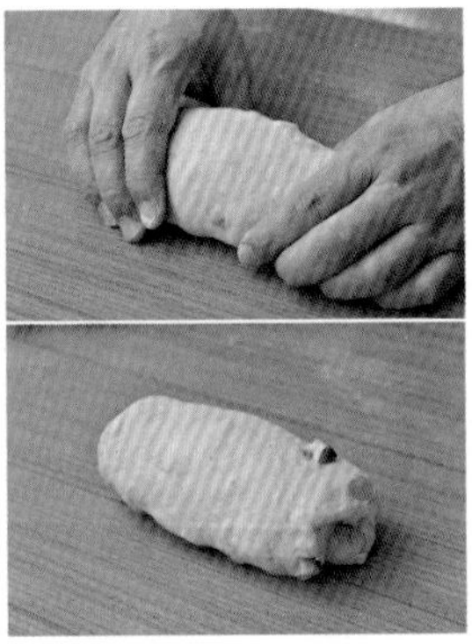

双手手掌捧住面团两侧，稍微滚整成表面光滑的圆柱形。

step 中间发酵

15

整型好的面团彼此间隔一定距离放入发酵箱中，继续发酵30分钟。

step 整型

16

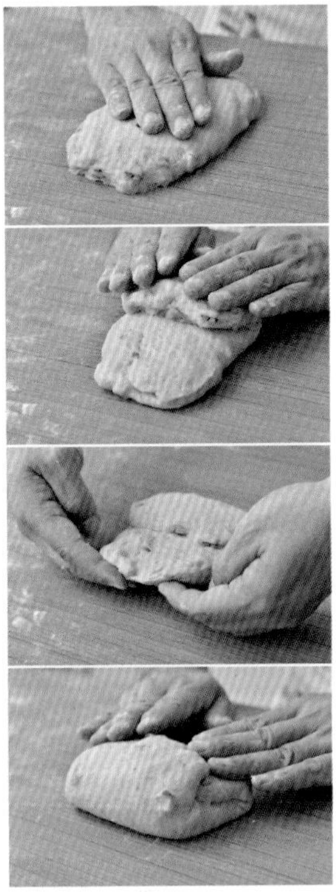

工作台上撒少许高筋面粉防粘，取出发酵好的面团稍微压一下，由下往上折1/3，再由上往下折1/3。

17

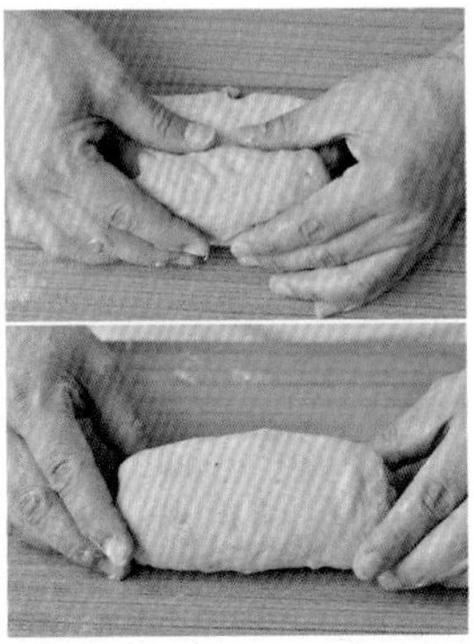

将面团由上往下卷起，稍滚整成圆柱形。

step 烘烤前装饰

18

将面团收口朝下，表面刷上牛奶，在装有南瓜子的盘中滚一下，放入吐司模中。

step 最后发酵

19

待面团发酵至吐司模九分满。

step 烘烤

20 以上火150℃/下火230℃预热烤箱，将面包坯放进烤箱，烘烤20分钟后降温为上火150℃/下火210℃，再烤10分钟。

21

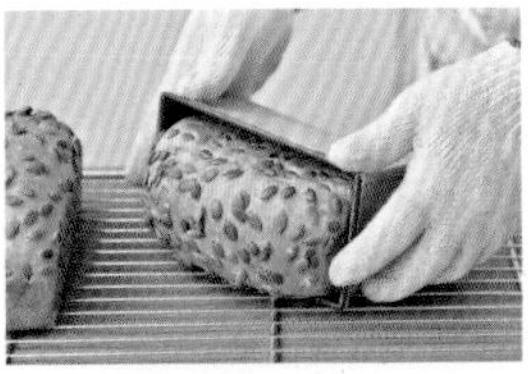

烘烤完成的吐司轻敲一下模具，马上脱模，置于网架上放凉。

山药香芋吐司

Yam Bread Loaf with Taro

紫色山药让吐司呈现天然色泽，
松软的芋头加上脆脆的核桃，在咀嚼间更多了一份口感，
不添加人工香料，
完全真材实料呈现在这美味里！

种法：直接法
模具：长形水果条模
（24cm × 7.7cm × 6.2cm）
数量：6条

材料

面团

A__鹰牌高筋面粉800g 拿破仑法式面包粉200g
细砂糖20g 盐14g 高糖酵母10g
纯山药粉60g 海藻糖30g 炼乳50g
纯山药馅150g

B__冰水450g 六倍奶150g 麦芽精5g

C__无盐黄油80g

D__核桃150g

E__香草芋头丁250g

烘烤前表面装饰

全蛋液适量
杏仁片适量

烘焙小笔记

制作流程	搅拌→基础发酵→分割滚圆→中间发酵→整型→烘烤前装饰→最后发酵→烘烤
搅拌时间	低速3分钟→中速4分钟→加入无盐黄油→低速3分钟→中速2分钟→放入核桃→低速30秒钟
基础发酵前面团温度	26℃
发酵温度、湿度	温度30℃，湿度75%
基础发酵	发酵30分钟后翻面，再发酵30分钟
分割滚圆	200g × 2/条
中间发酵	30分钟
整型样式	麻花形
最后发酵	至水果条模九分满
烘烤温度、时间	上火150℃/下火230℃，烘烤约20分钟；降温为上火150℃/下火210℃，调转方向再烤10分钟

step 搅拌

1

将所有材料A放入厨师机搅拌缸中，盐与酵母必须分开些摆放。

2

倒入材料B的液体，以低速搅拌3分钟，转为中速再搅拌4分钟。

3
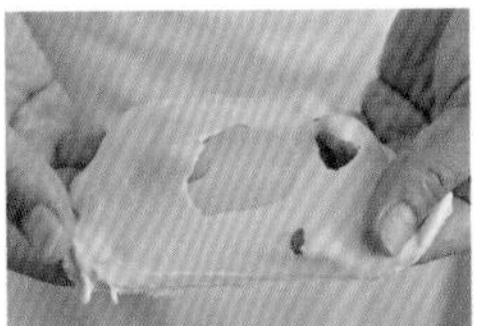
取一点面团拉开，会形成不透光薄膜且破洞边缘呈锯齿状的扩展状态。

4
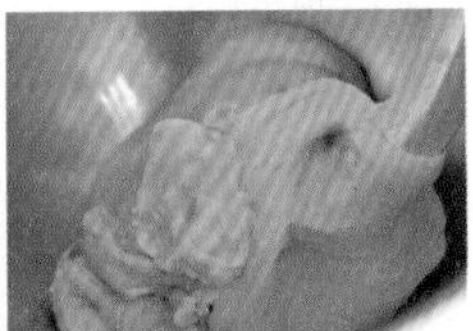
加入材料C的无盐黄油，以低速搅打3分钟，转为中速再搅打2分钟。

5 取一点面团拉开，会形成光滑、透明、有弹性的薄膜，且破洞边缘光滑，此时为完全扩展状态。

6

放入材料D的核桃，低速搅打30秒钟至均匀。

7

从搅拌缸中取出面团，先摊开面团，铺入材料E中1/2的芋头丁，材料由下往上折2折，将面团压扁摊开一些，铺上剩下的芋头丁，再由下往上折2折。

8

用切面刀切开面团以往上堆叠的方式，重复数次，让面团与材料混合均匀，放入发酵箱中，此时面团中心温度应为26℃。

step 基础发酵

9

以温度30℃、湿度75%，发酵30分钟。

10

在工作台上撒少许高筋面粉，将面团取出，稍微将表面拍平整后，由下往上折1/3，再由上往下折1/3。

11

接着稍压平整，再由右往左折2折。

12

收口向下，放入发酵箱中，继续以相同温度和湿度发酵30分钟。

step 分割滚圆

13

工作台上撒少许高筋面粉防粘，取出发酵好的面团，分割成每个200g的小面团。

14

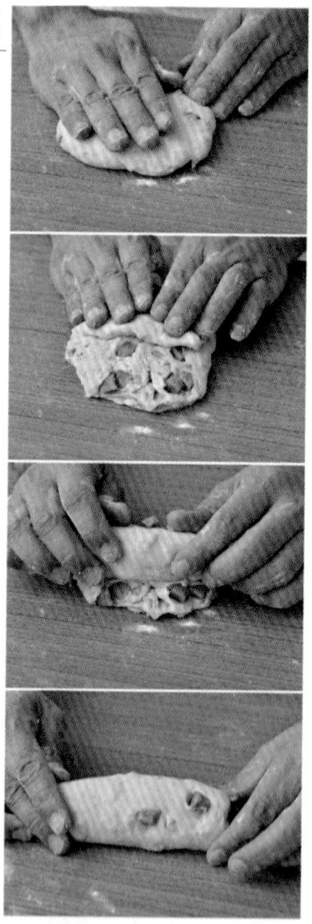

将面团光滑面朝下，由下往上卷起，双手捧住面团，稍微滚整成表面光滑的圆柱形。

step 中间发酵

15

整型好的面团彼此间隔一定距离放入发酵箱中，继续发酵30分钟。

step 整型

16

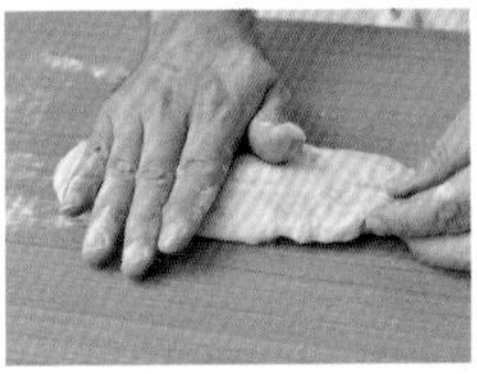

工作台上撒少许高筋面粉防粘，取出发酵好的面团，压整成长椭圆形。

17

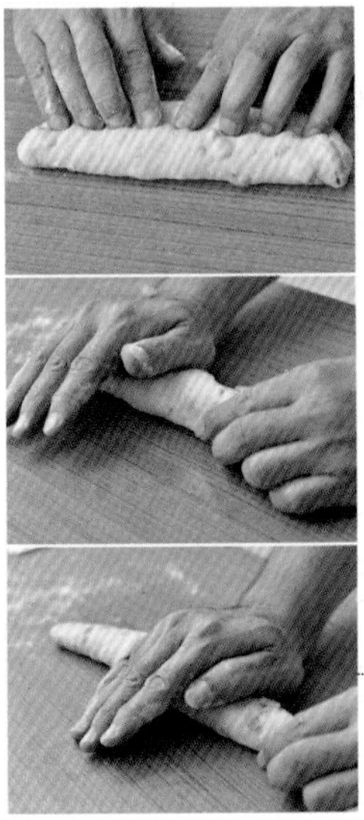

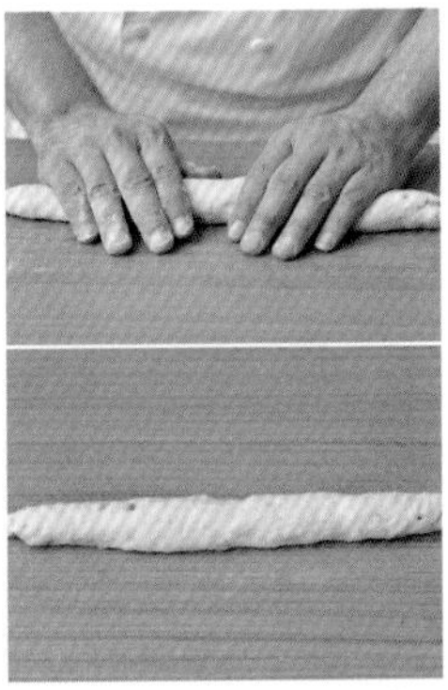

光滑面朝下，从较长边由上往下卷起，并用双手手掌将最末端收口处用力压整，最后滚整成长条形。

18

取2个长条面团，正中间交叠。

19

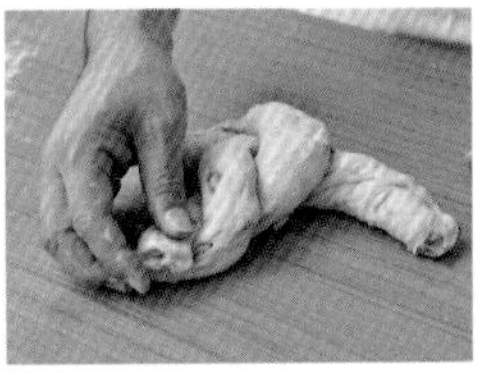

从下方互相交叠至末端捏紧后翻面。

20

再将下方面团互相交叠至末端，捏紧成为麻花形。

step 烘烤前装饰

21

将面团表面刷上蛋液，在装杏仁片的盘中滚一下，让面团沾满杏仁片，放入长形水果条模中。

step 最后发酵

22

面团发酵至吐司模九分满。

step 烘烤

23

以上火150℃/下火230℃预热烤箱，将面包坯放进烤箱，烘烤20分钟后降温为上火150℃/下火210℃，取出内外换个方向再烤10分钟。

24

烘烤完成的吐司轻敲一下模具，马上脱模，置于网架上冷却。

香芋吐司

Taro Bread Loaf

布满芋头丁的吐司，香味从烤箱中弥漫，
刚烤好时趁热撕开，吐司经典的拉丝，就是美味的保证！

种法：中种法
模具：12两吐司模
（19.7cm × 10.6cm × 11cm）
数量：4条

材料

中种面团

A__鹰牌高筋面粉600g
细砂糖50g 高糖酵母10g
B__全蛋150g 冰水210g

本种面团

A__鹰牌高筋面粉300g
拿破仑法式面包粉100g 海藻糖30g
细砂糖100g 盐12g
B__六倍奶150g 冰水130g
C__无盐黄油120g

内馅

香草芋头丁480g
*将芋头丁分成每份40g，共12份备用。

烘烤前表面装饰

全蛋液适量 杏仁颗粒适量

烘焙小笔记

制作流程	搅拌→基础发酵→分割滚圆→中间发酵→第一次擀卷、发酵→第二次擀卷、包馅→最后发酵→烘烤前装饰→烘烤
搅拌时间	中种面团：低速4分钟→中速2分钟 本种面团：低速3分钟→中速3分钟→加入无盐黄油→低速3分钟→中速2分钟
基础发酵前面团温度	26℃
发酵温度、湿度	温度32℃～35℃，湿度75%～80%
基础发酵	中种面团90分钟，本种面团15分钟
分割滚圆	160g×3/条
中间发酵	30分钟
整型样式	圆柱形二次擀卷
最后发酵	至吐司模八分满
烘烤温度、时间	上火150℃/下火230℃，烘烤20分钟后降温至上火150℃/下火210℃，烘烤10分钟

step 搅拌：中种面团

1

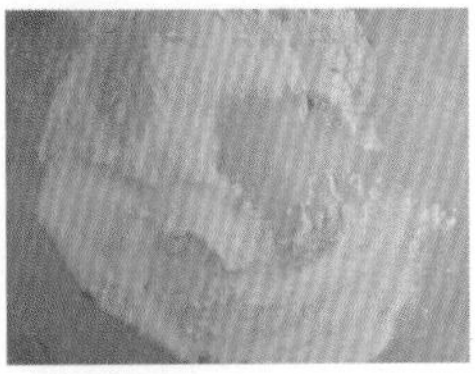

将所有中种材料A放入厨师机搅拌缸中。

2

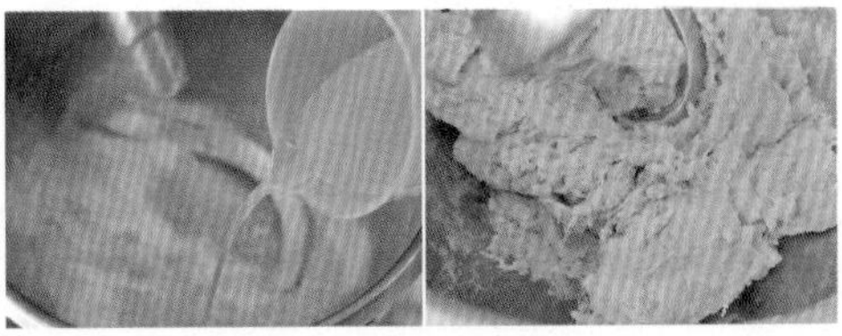

倒入中种材料B的液体，开始以低速搅拌4分钟，后转为中速再搅拌2分钟。

3

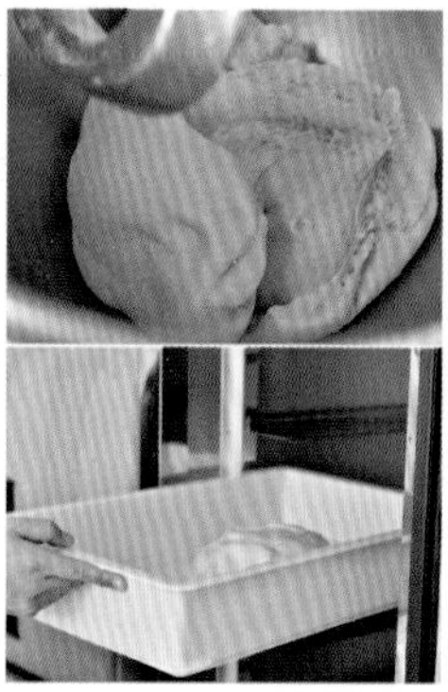

搅拌均匀至干酵母溶解即成中种面团，将中种面团放进发酵箱中，发酵90分钟。

4

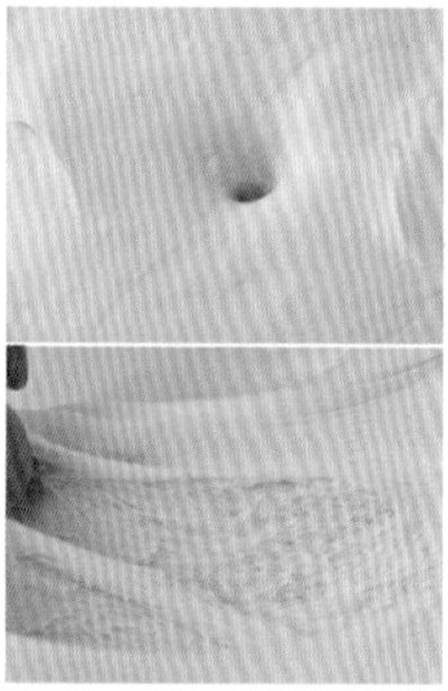

将指头插入面团中，若面团洞口不会收合，拉开内部有蜘蛛网状组织，即发酵完成。

step 搅拌：本种面团

5

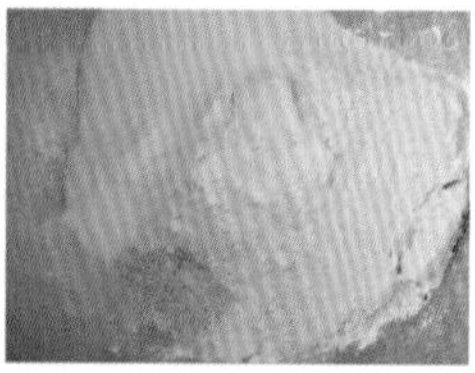

将本种材料A放入厨师机搅拌缸中。

6

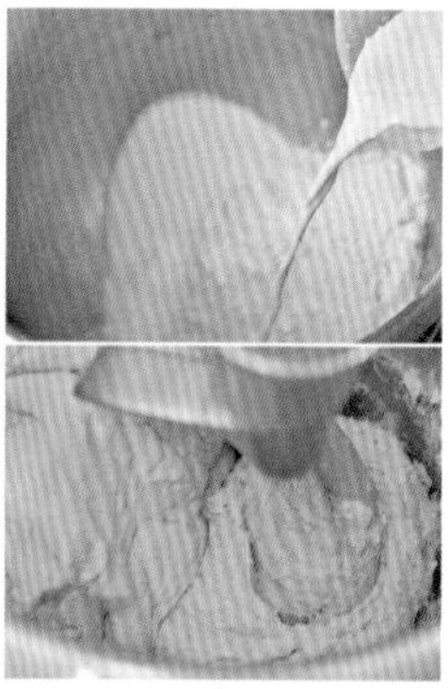

倒入本种材料B的液体，稍微搅拌后加入发酵好的中种面团，以低速搅拌3分钟后转为中速，再搅拌3分钟。

7

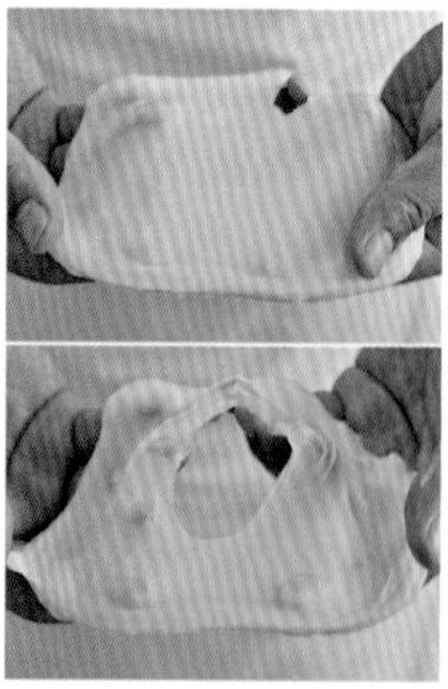

取一点面团拉开，会形成不透光薄膜，且破洞边缘呈锯齿状，为扩展状态。

8

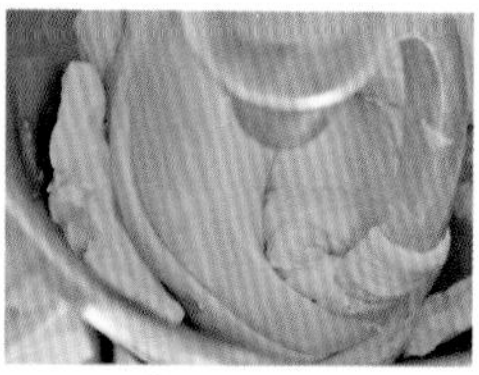

加入材料C的无盐黄油，先以低速搅打3分钟，后转为中速再搅打2分钟。

9

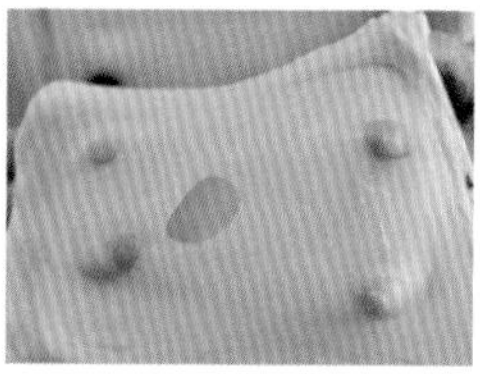

取一点面团拉开，会形成光滑透明有弹性的薄膜，且破洞边缘光滑，即为完全扩展状态。

10

将面团从搅拌缸中取出，稍微整型后放入发酵箱中，此时面团中心温度应为26℃。

step 基础发酵

11

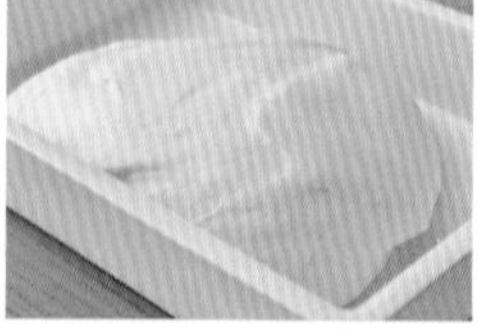

以温度32℃～35℃、湿度75%～80%，发酵15分钟。

step 分割滚圆

12

工作台上撒少许高筋面粉防粘，取出发酵好的面团，分割成每个160g的小面团。

13

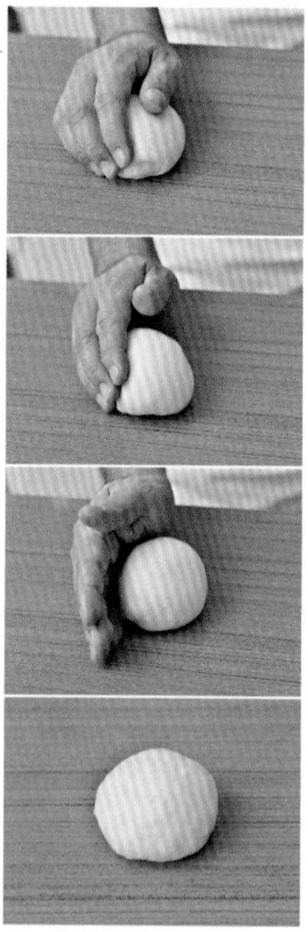

将面团光滑面朝上，用单手手掌捧住面团边缘，先往前推再往后拉，手掌底部略施力，让面团边缘顺势滚入底部，重复数次使面团表面变光滑。

step 中间发酵

14

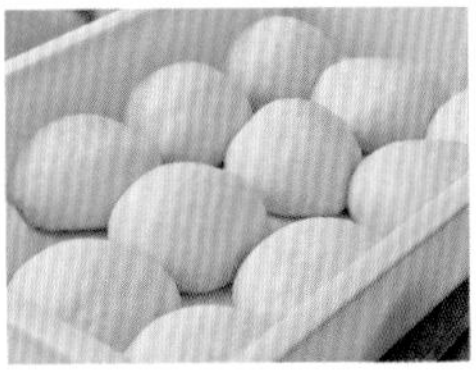

整型好的面团彼此间隔一定距离放入发酵箱中，继续发酵30分钟。

step 第一次擀卷、发酵

15

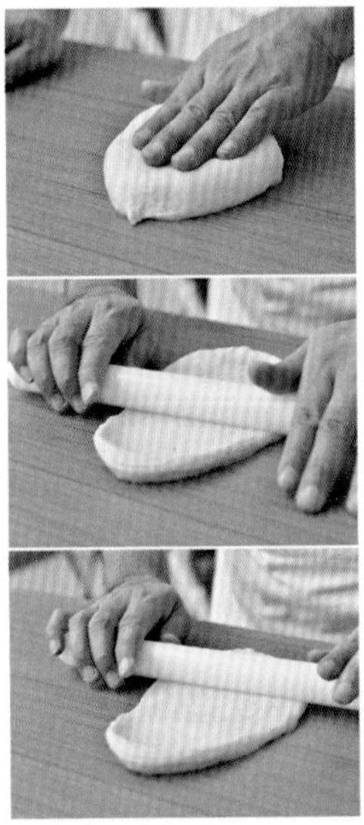

工作台上撒少许高筋面粉防粘，取出发酵好的面团，稍微压一下，用擀面棍擀成长椭圆形。

16

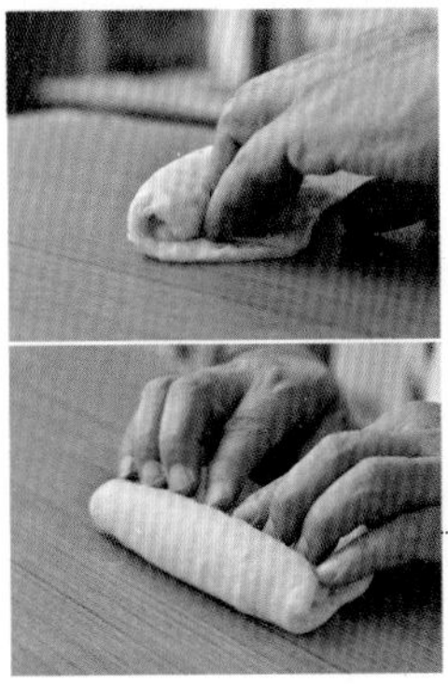

光滑面朝下，用双手手指对称贴住面团，由上往下开始卷起，并将最末端压扁些再收口、粘牢。

17

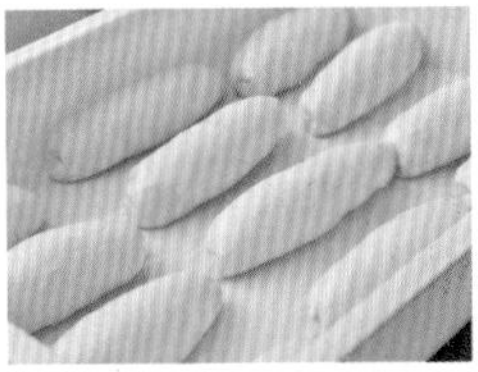

两端稍微滚整一下，将面团放入发酵箱中，以相同温度、湿度发酵20分钟。

step 第二次擀卷、包馅

18

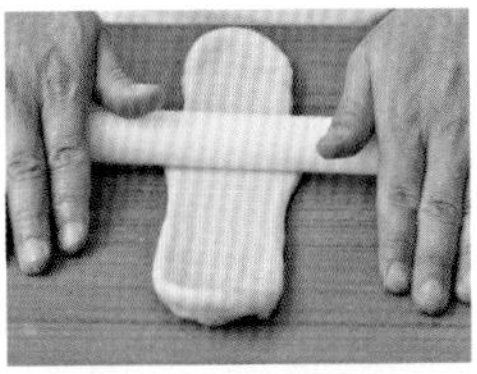

工作台上撒少许高筋面粉防粘，取出面团，用擀面棍擀成长条形。

19

中间放入芋头丁，由上往下卷起，边卷边将两端面团朝里包卷，包紧馅料。

20

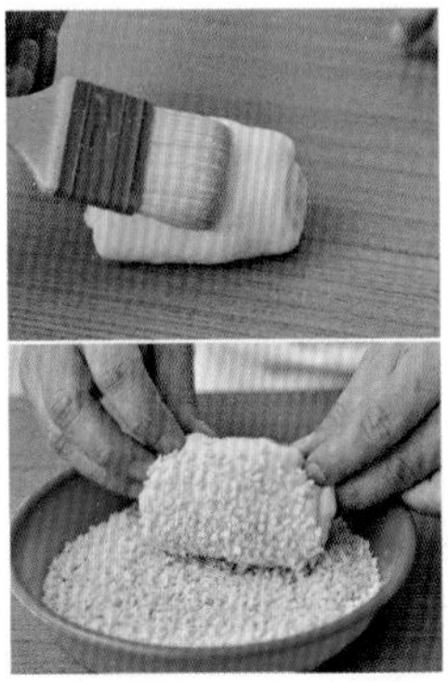

在面团表面刷上全蛋液，沾满杏仁颗粒。

step 最后发酵

21

每3个面团一组，收口朝下放入吐司模中，继续发酵至吐司模八分满。

step 烘烤前装饰

22

用剪刀将面团中间剪一刀。

step 烘烤

23

以上火150℃/下火230℃预热烤箱，将面包坯放进烤箱，烘烤20分钟后降温为上火150℃/下火210℃，再烘烤10分钟。

24

烘烤完成的吐司轻敲一下模具，马上脱模，置于网架上冷却。

红豆吐司

Red Beans Bread Loaf

利用让部分面团先发酵养出足够的酵母，
再加入其他材料搅拌的中种法，
是凸显面粉原香的好方法。

种法：中种法
模具：12两吐司模
（19.7cm × 10.6cm × 11cm）
数量：4条

材料

中种面团

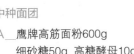

A__鹰牌高筋面粉600g
细砂糖50g 高糖酵母10g

B__全蛋150g 冰水210g

本种面团

A__鹰牌高筋面粉300g
拿破仑法式面包粉100g
海藻糖30g 细砂糖100g 盐12g

B__六倍奶150g 冰水130g

C__无盐黄油120g

内馅

蜜红豆480g

＊将红豆分成每份40g，共12份备用。

烘烤前表面装饰

全蛋液适量 白芝麻适量

烘焙小笔记

制作流程	搅拌→基础发酵→分割滚圆→中间发酵→第一次擀卷、发酵→第二次擀卷、包馅→最后发酵→烘烤前装饰→烘烤
搅拌时间	中种：低速4分钟→中速2分钟 本种：低速3分钟→中速3分钟→加入无盐黄油→低速3分钟→中速2分钟
基础发酵前面团温度	26℃
发酵温度、湿度	温度32℃～35℃，湿度75%～80%
基础发酵	中种面团90分钟，本种面团15分钟
分割滚圆	160g×3/条
中间发酵	30分钟
整型样式	圆柱形二次擀卷
最后发酵	至吐司模八分满
烘烤温度、时间	上火150℃/下火230℃，烘烤20分钟后降温成上火150℃/下火210℃，烘烤10分钟

step 搅拌：中种面团

1

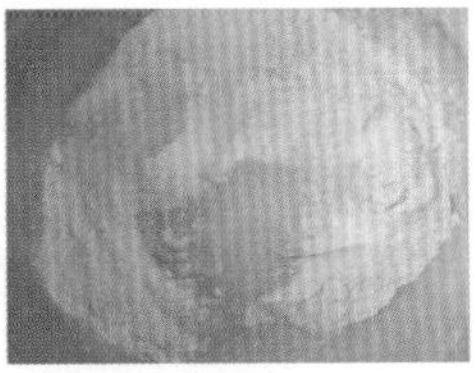

将中中材料A放入厨师机搅拌缸中。

2

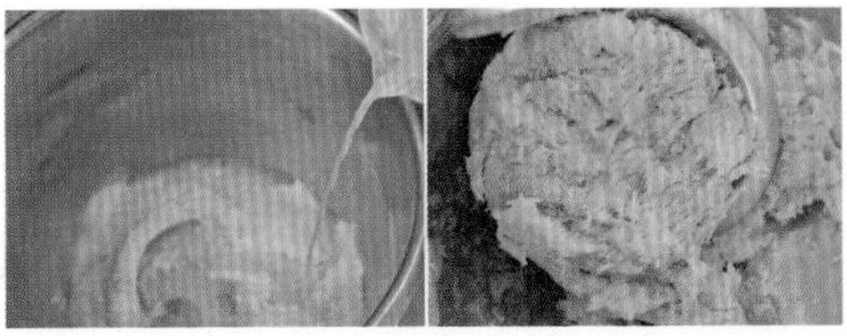

倒入中种材料B的液体，开始以低速搅拌4分钟，后转为中速再搅拌2分钟。

3

搅拌均匀至酵母溶解即成中种面团，将中种面团放进发酵箱中，发酵90分钟。

4

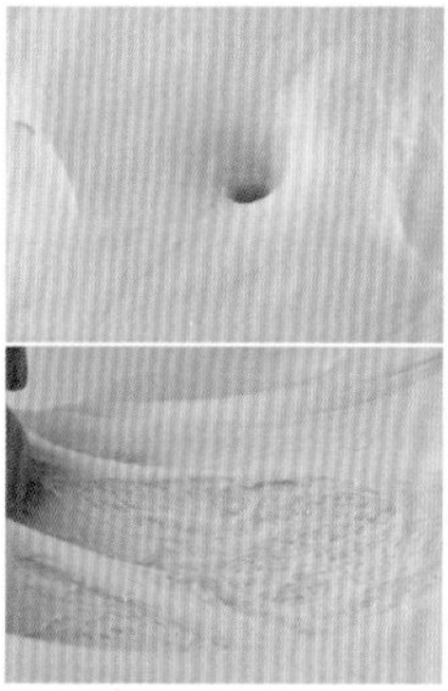

将指头插入面团中，若面团洞口不会收合，拉开内部有蜘蛛网状组织，即发酵完成。

step 搅拌：本种面团

5

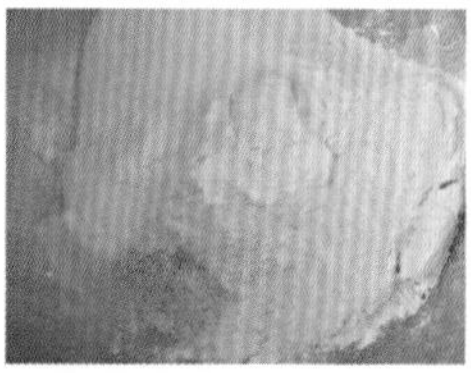

将本种材料A放入厨师机搅拌缸中。

6

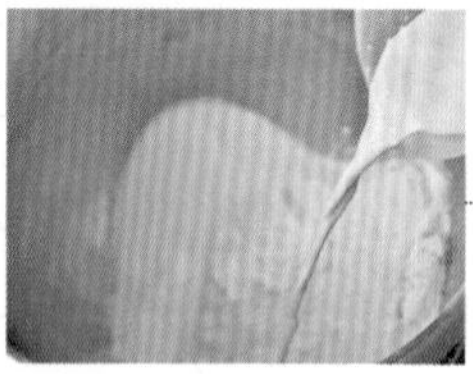

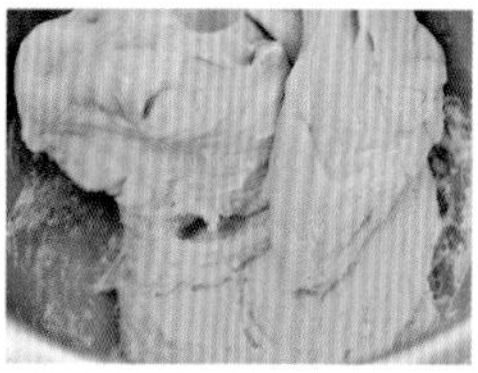

倒入本种材料B的液体，稍微搅拌后加入发酵好的中种面团，以低速搅拌3分钟，转为中速再搅拌3分钟。

7

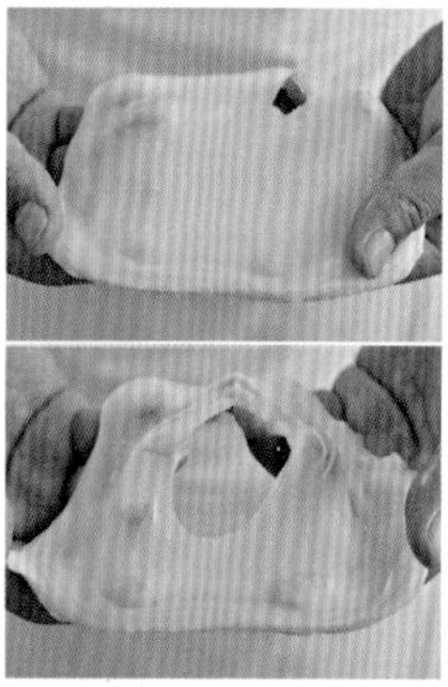

取一点面团拉开，会形成不透光薄膜，且破洞边缘呈锯齿状，此为扩展状态。

8

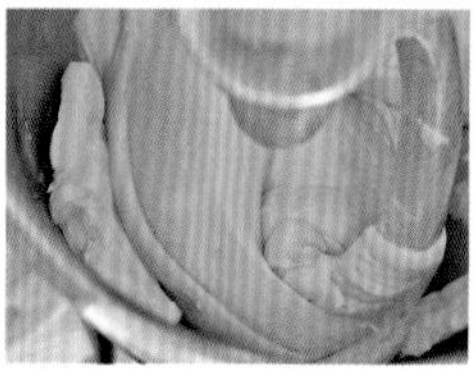

加入本种材料C的无盐黄油，先以低速搅打3分钟，后转为中速再搅打2分钟。

9

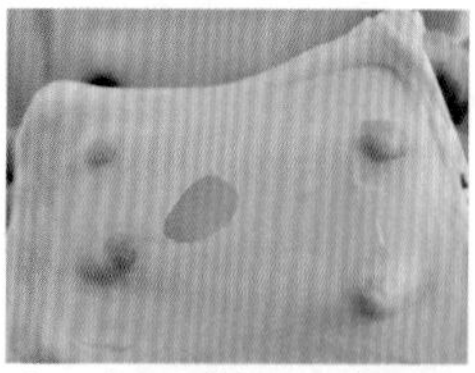

取一点面团拉开，会形成光滑透明有弹性的薄膜，且破洞边缘光滑，即为完全扩展状态。

10

将面团从搅拌缸中取出，稍微整型后放入发酵箱中，此时面团中心温度应为26℃。

step 基础发酵

11

以温度32℃～35℃、湿度75%～80%，发酵15分钟。

step 分割滚圆

12

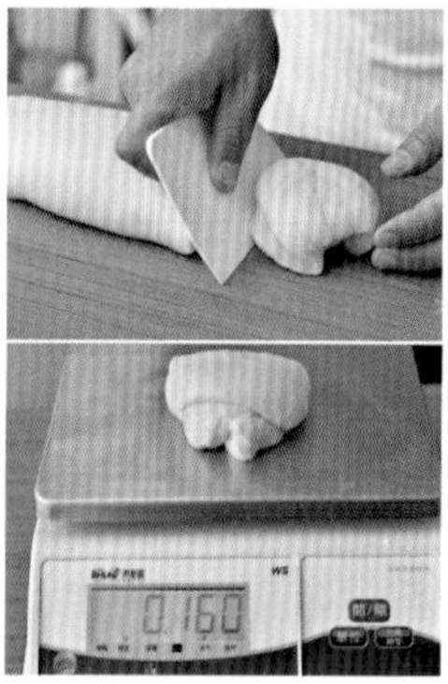

工作台上撒少许高筋面粉防粘，取出发酵好的面团，分割成每个160g的小面团。

13

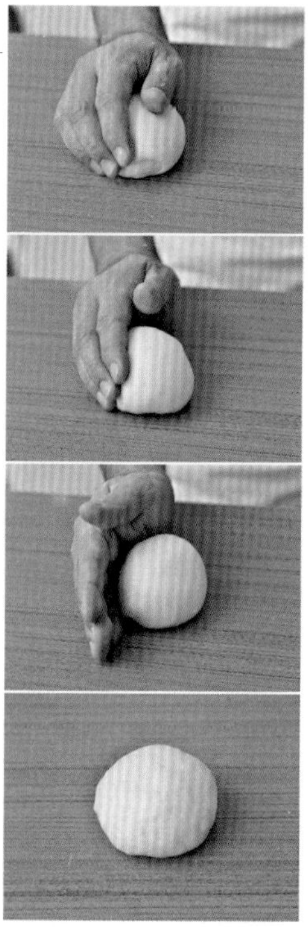

将面团光滑面朝上，用单手手掌捧住面团边缘，先往前推再往后拉，手掌底部略施力，让面团边缘顺势滚入底部，重复数次使面团表面变光滑。

step 中间发酵

14

整型好的面团彼此间隔一定距离放入发酵箱中，继续发酵30分钟。

step 第一次擀卷、发酵

15

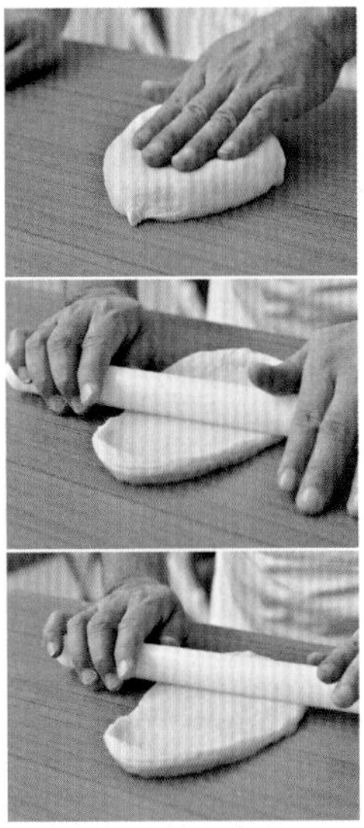

工作台上撒少许高筋面粉防粘，取出发酵好的面团，稍微压一下，用擀面棍擀成长椭圆形。

16

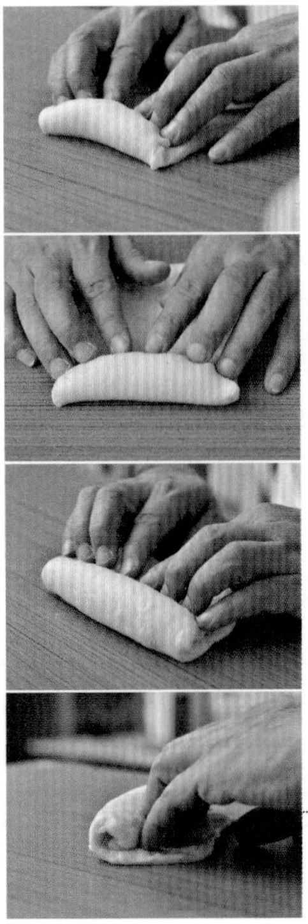

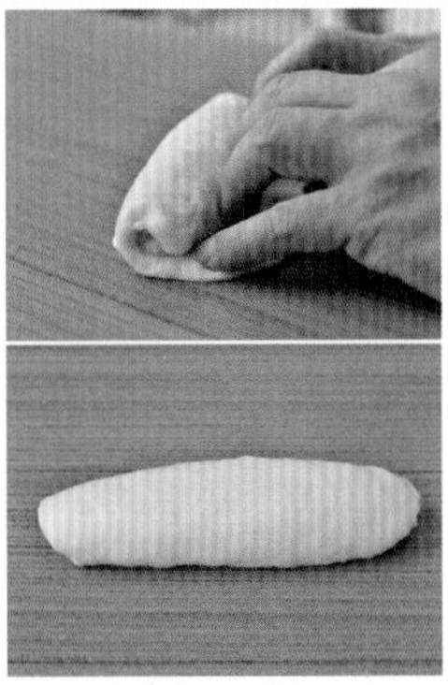

光滑面朝下，用双手手指对称贴住面团，由上往下卷起，将最末端压扁些，再收口、粘牢。

17

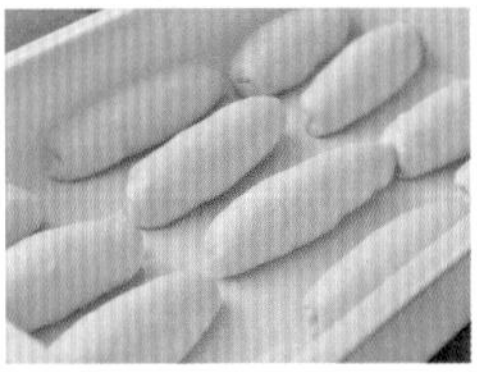

两端稍微滚整一下，将面团放入发酵箱中，以相同温度和湿度发酵20分钟。

step 第二次擀卷、包馅

18

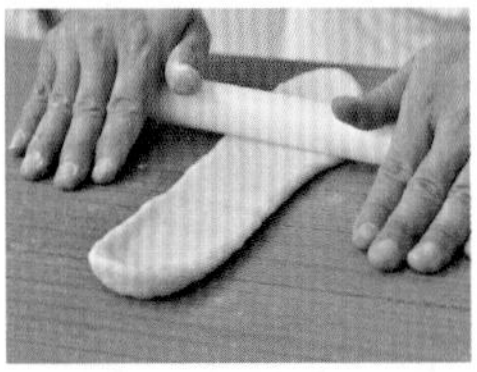

工作台上撒少许高筋面粉防粘，取出面团，用擀面棍擀成长条形。

19

中间放入蜜红豆粒，由上往下卷起，边卷边将面团两端朝里收将馅料卷入。

20

将面团收口朝下，表面刷上全蛋液，沾满白芝麻。

step 最后发酵

21

每3个面团一组，收口朝下，放入吐司模中，继续发酵至吐司模八分满。

step 烘烤前装饰

22

用剪刀将面团剪两刀成三等份。

step 烘烤

23

以上火150℃/下火230℃预热烤箱，将面包坯放进烤箱，烘烤20分钟后降温为上火150℃/下火210℃，烘烤10分钟。

24

烘烤完成的吐司轻敲一下模具，马上脱模，置于网架上冷却。

优质鸡蛋牛奶吐司

Egg Milk Bread Loaf

单纯朴实的蛋奶香，超柔绵的面包体。
适合搭配任何配料或直接单吃，
超级美味！

种法：直接法
模具：12两吐司模
（19.7cm×10.6cm×11cm）
数量：4条

材料

面团

A__鹰牌高筋面粉800g 拿破仑法式面包粉200g
法国老面170g 海藻糖30g 盐14g 高糖酵母10g
麦芽精5g

B__冰水250g 六倍奶150g 蛋黄200g 全蛋100g

C__无盐黄油100g 炼乳100g

烘烤前表面装饰

全蛋液适量

烘焙小笔记

制作流程	搅拌→基础发酵→分割滚圆→中间发酵→第一次擀卷、发酵→第二次擀卷、发酵→最后发酵→烘烤前装饰→烘烤
搅拌时间	低速4分钟→中速4分钟→加入材料C→低速3分钟→中速3分钟
基础发酵前面团温度	26℃
发酵温度、湿度	温度30℃，湿度75%
基础发酵	发酵30分钟后翻面，再发酵30分钟
分割滚圆	170g×3/条
中间发酵	30分钟
整型样式	圆柱形二次擀卷
最后发酵	至吐司模八分满
烘烤温度、时间	上火150℃/下火230℃，烘烤20分钟后降温为上火150℃/下火210℃，再烤10分钟

step 搅拌

1

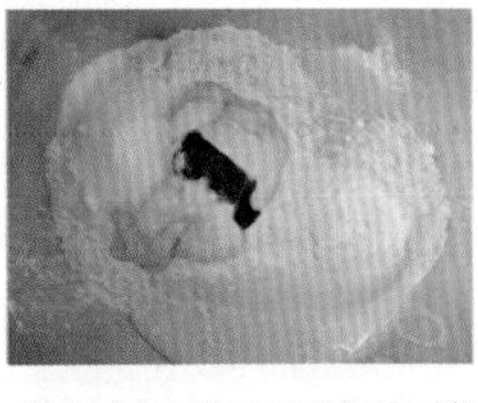

将材料A放入厨师机搅拌缸中，盐与酵母必须分开些摆放。

2

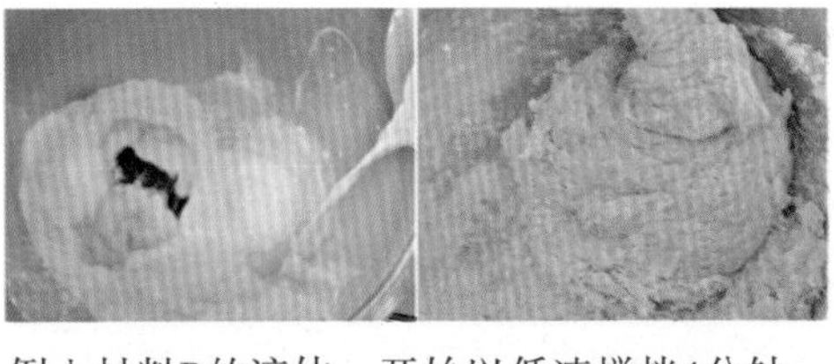

倒入材料B的液体，开始以低速搅拌4分钟，后转为中速再搅拌4分钟。

3

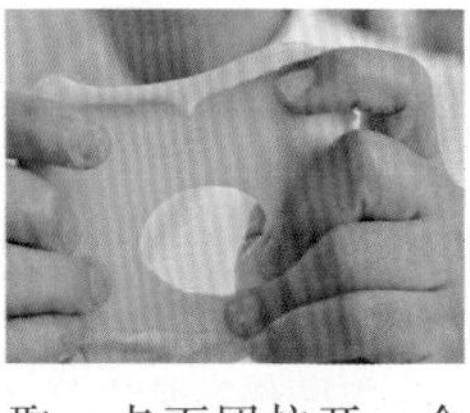

取一点面团拉开，会形成不透光薄膜，且破洞边缘呈锯齿状，即扩展状态。

4
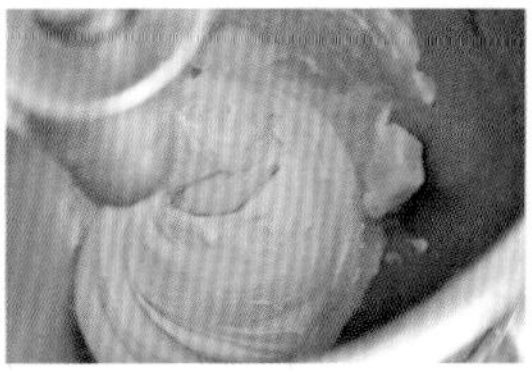
加入材料C，先以低速搅打3分钟，后转为中速再搅打3分钟。

5
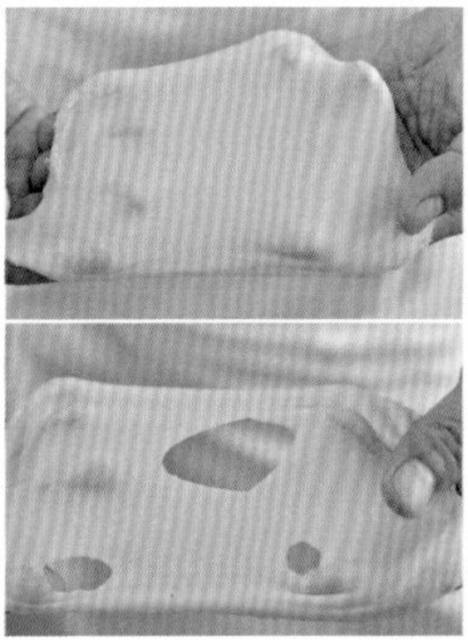
取一点面团拉开，会形成光滑透明有弹性的薄膜，且破洞边缘光滑，即为完全扩展状态。

6 将面团从搅拌缸中取出，稍微整型后放入发酵箱中，此时面团中心温度应为26℃。

step 基础发酵

7

以温度30℃、湿度75%，发酵30分钟。

8
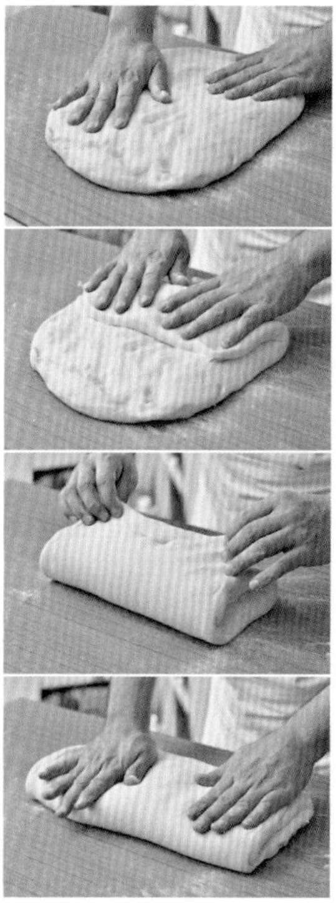
在工作台上撒少许高筋面粉，将面团取出，稍微将表面拍平整，将面团由下往上折1/3，再由上往下折1/3。

9
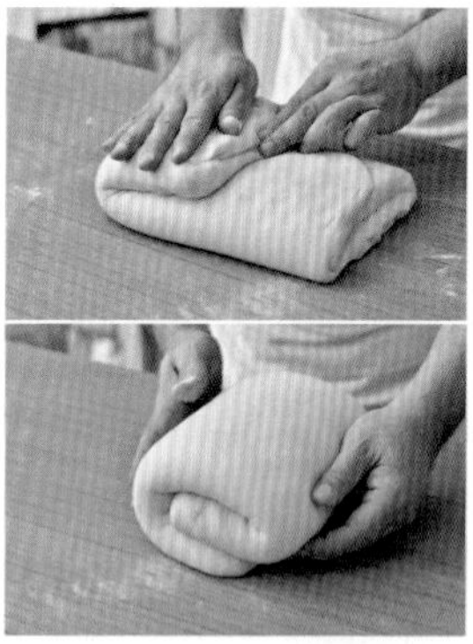
接着，将面团折口朝上转90度，稍压平整，再由右往左折2折。

10 放入发酵箱中，继续以相同温度和湿度发酵30分钟。

step 分割滚圆

11
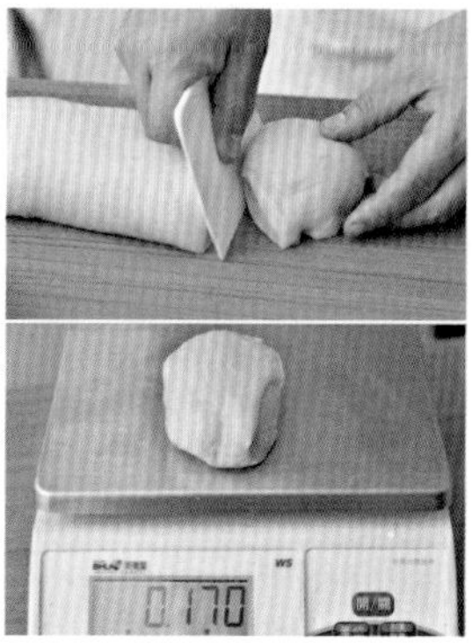
工作台上撒少许高筋面粉防粘，取出发酵好的面团，分割成170g的面团。

12
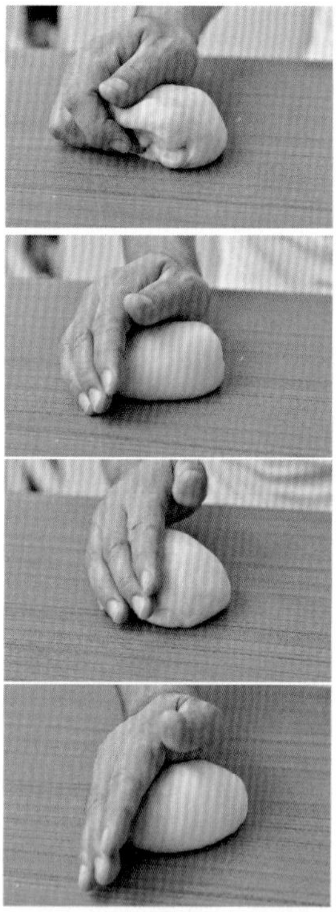
将面团光滑面朝上，用单手手掌捧住面团边缘，先往前推再往后拉，手掌底部略施力，让面团边缘顺势滚入底部，重复数次使面团表面变光滑。

step 中间发酵

13

整型好的面团彼此间隔一定距离放入发酵箱中，继续发酵30分钟。

step 第一次擀卷、发酵

14

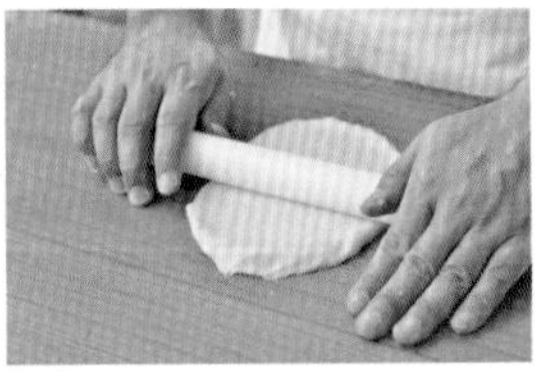

工作台上撒少许高筋面粉防粘，取出发酵好的面团，稍微压一下，再用擀面棍擀成长椭圆形。

15

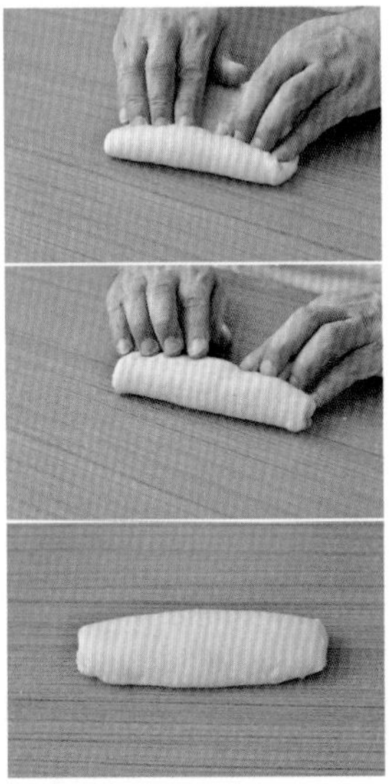

光滑面朝下，由上往下卷起，让面团呈长条形。

16

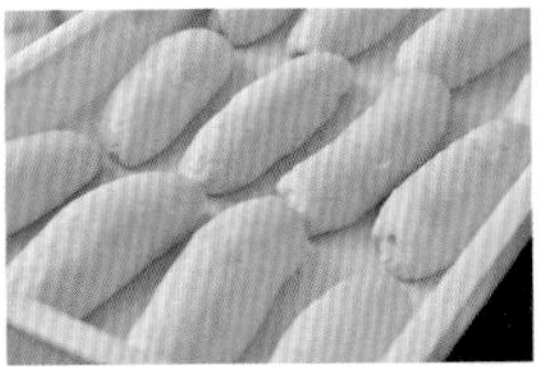

将擀卷好的面团放入发酵箱中，以相同温度和湿度发酵20分钟。

step 第二次擀卷

17

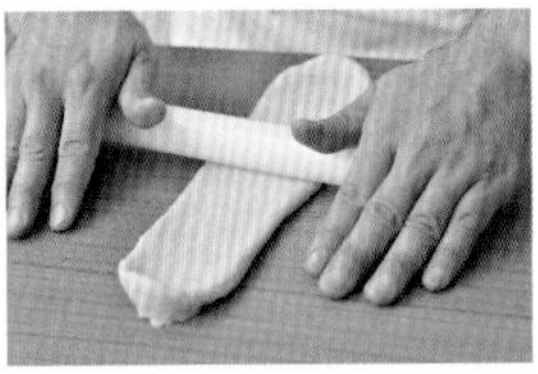

工作台上撒少许高筋面粉防粘，取出面团，用擀面棍擀成长条形。

18

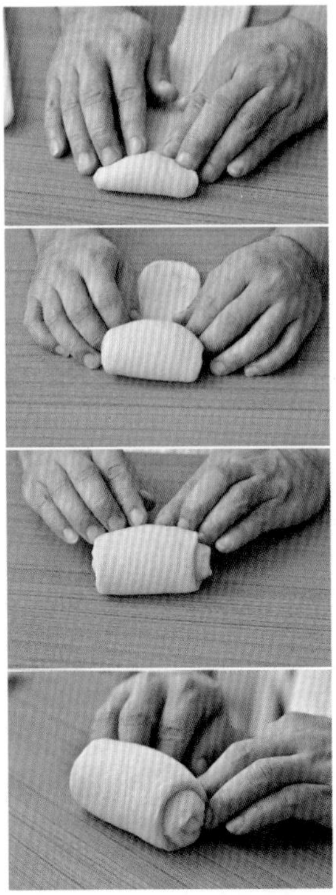

由上往下卷起，边卷边把面团两端朝里收。

step 最后发酵

19

每3个面团一组，收口朝下，放入吐司模中，继续发酵至吐司模八分满。

step 烘烤前装饰

20

将吐司表面刷上全蛋液。

step 烘烤

21

以上火150℃/下火230℃预热烤箱，将面包坯放进烤箱，烘烤20分钟后降温为上火150℃/下火210℃，再烤10分钟。

22

烘烤完成的吐司轻敲一下模具，马上脱模，置于网架上冷却。

果香黑森林吐司

Chocolate Bread Loaf with Tropical Fruits

巧克力一直是烘焙界的“大魔王”，因为其吸水性差、操作难度高，
经过精密的配方调整，加上使用自制的可可油，
就可以克服这个难题，
制作松软又风味十足的巧克力吐司，一点都不难！

种法：液种法
模具：8两吐司模
（18.1cm × 9.1cm × 7.7cm）
数量：8条

材料

面团

A__鹰牌高筋面粉700g 液种600g 汤种150g
细砂糖120g 海藻糖40g 盐12g 高糖酵母12g

B__六倍奶150g 冰水300g

C__可可油120g

*可可油制作方法请参考p.23

内馅

热带水果馅384g

*将馅料分成每份8g，共48份备用。

烘烤前表面装饰

全蛋液适量 无水奶油适量

*将无水奶油放入挤花袋中备用。

烘焙小笔记

制作流程	搅拌→基础发酵→分割滚圆→中间发酵→整型和包馅→最后发酵→烘烤前装饰→烘烤
搅拌时间	低速4分钟→中速3分钟→加入可可油→低速3分钟→中速3分钟
基础发酵前面团温度	26℃
发酵温度、湿度	温度30℃，湿度75%
基础发酵	发酵30分钟后翻面，再发酵30分钟
分割滚圆	46g × 6/条
中间发酵	30分钟
整型样式	球形
最后发酵	至吐司模八分满
烘烤温度、时间	上火170℃/下火230℃，烘烤20～25分钟

step 搅拌

1

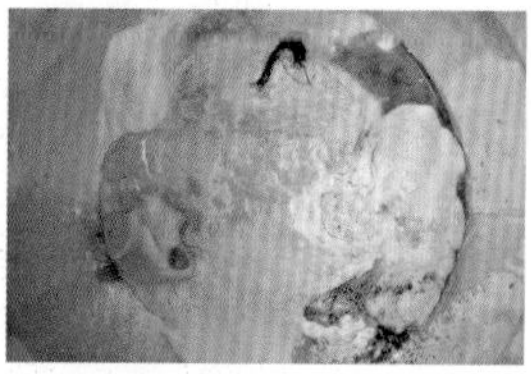

将材料A放入厨师机搅拌缸中，盐与酵母必须分开些摆放。

2

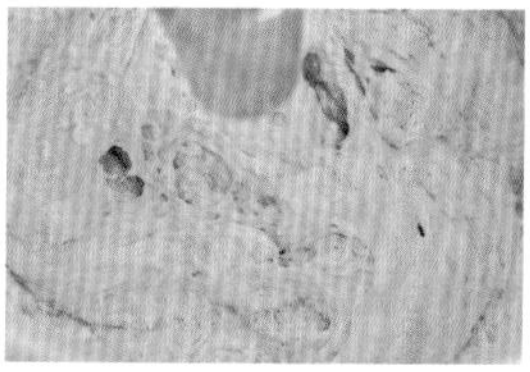

倒入材料B的液体，开始以低速搅拌4分钟，后转为中速再搅拌3分钟。

3

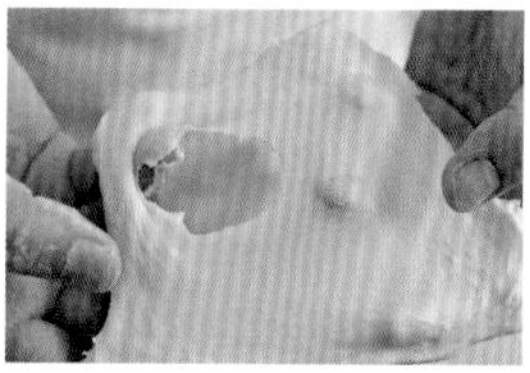

取一点面团拉开，会形成不透光薄膜，且破洞边缘呈锯齿状，此为扩展状态。

4

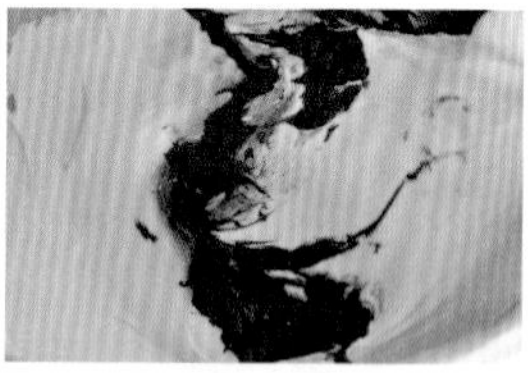

加入材料C的可可油，先以低速搅打3分钟，后转为中速再搅打3分钟。

5

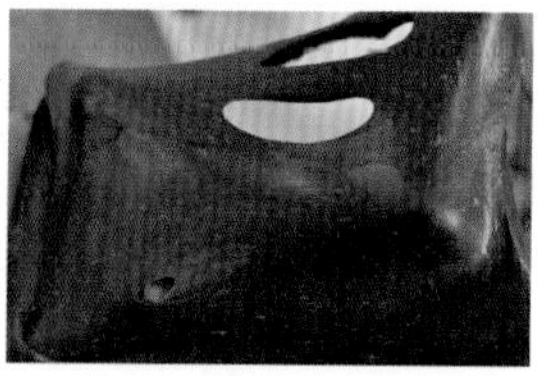

取一点面团拉开，会形成光滑透明有弹性的薄膜，且破洞边缘光滑，即为完全扩展状态。

6

将面团从搅拌缸中取出，放入发酵箱中，此时面团中心温度应为26℃。

step 基础发酵

7

以温度30℃、湿度75%，发酵30分钟。

8

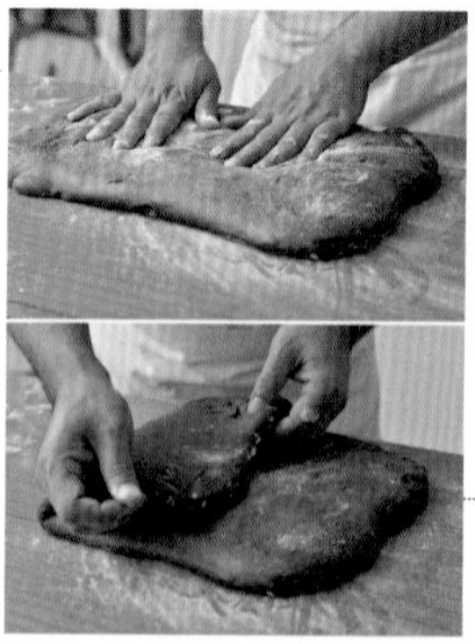

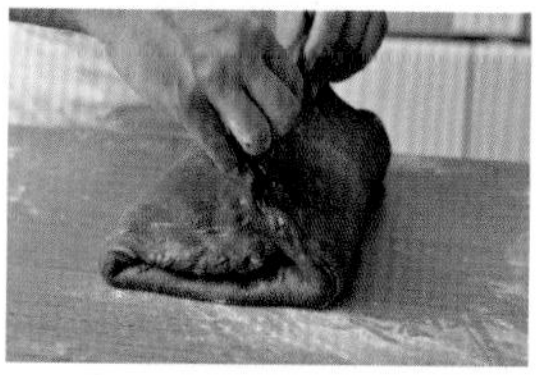

在工作台上撒少许高筋面粉，将面团取出，稍微将表面拍平整，由右往左折1/3，再由左往右折1/3。

9

接着稍压平整，再由下往上折2折。

10

放入发酵箱中，继续以相同温度、湿度发酵30分钟。

step 分割滚圆

11

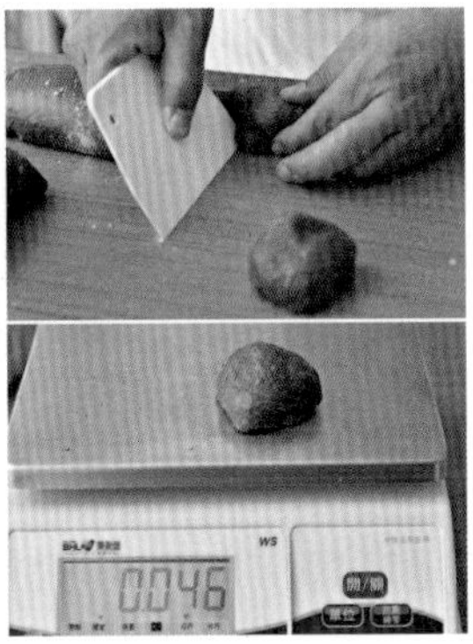

工作台上撒少许高筋面粉防粘，取出发酵好的面团，分割成每个46g的小面团。

12

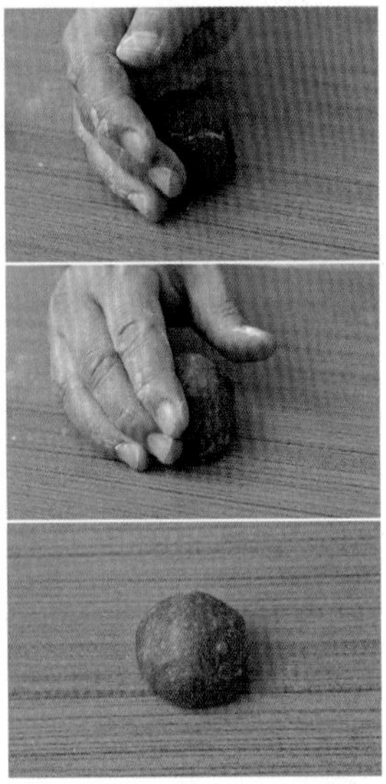

面团光滑面朝上，用单手手掌捧住面团边缘，先往前推再往后拉，手掌底部略施力，让面团边缘顺势滚入底部，重复数次使表面变光滑。

step 中间发酵

13

整型好的面团彼此间隔一定距离，放入发酵箱中，继续发酵30分钟。

step 整型和包馅

14

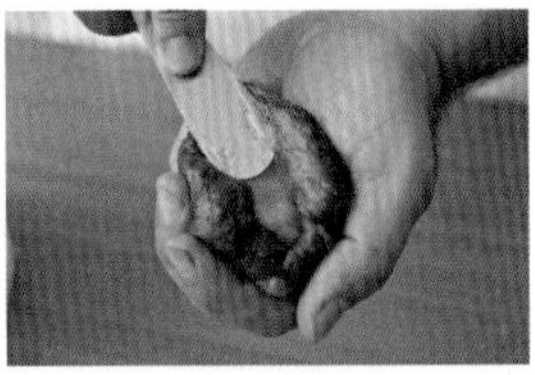

工作台上撒少许高筋面粉防粘，取出发酵好的面团，稍微压平，中间填入8g热带水果馅。

15

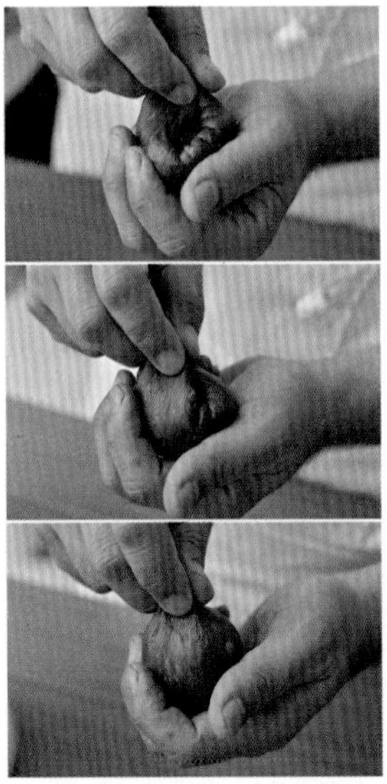

将收口捏紧。

step 最后发酵

16

每6个面团一组，收口朝下，放入吐司模中，发酵至吐司模八分满。

step 烘烤前装饰

17

将面团表面刷上全蛋液。

18

面团隙缝间挤上少许无水奶油。

step 烘烤

19

以上火170℃/下火230℃预热烤箱，将面包坯放进烤箱，烘烤20～25分钟。

20

烘烤完成的吐司轻敲一下模具，马上脱模，置于网架上冷却。

黑美人芭娜娜吐司

Chocolate Bread Loaf with Banana

香蕉干与
巧克力搭档，
将是一场完美的演出！

种法：液种法
模具：长形水果条模
（24.cm×7.7cm×6.2cm）
数量：5条

材料

面团

A__鹰牌高筋面粉700g 液种600g 汤种150g 细砂糖120g 海藻糖40g 盐12g 高糖酵母12g

B__六倍奶150g 冰水300g

C__可可油120g

＊可可油制作方法请参考p.23

内馅

奶油奶酪250g 糖粉50g

水滴形巧克力50g 香蕉干125g

＊将奶油奶酪与糖粉混合均匀；将水滴形巧克力分成每份10g，共5份；香蕉干分成每份25g，共5份备用。

烘烤前表面装饰

全蛋液适量

珍珠糖适量

烘焙小笔记

制作流程	搅拌→基础发酵→分割滚圆→中间发酵→整型和包馅→最后发酵→烘烤前装饰→烘烤
搅拌时间	低速4分钟→中速3分钟→加入可可油→低速3分钟→中速3分钟
基础发酵前面团温度	26℃
发酵温度、湿度	温度30℃，湿度75%
基础发酵	发酵30分钟后翻面，再发酵30分钟
分割滚圆	380g/条
中间发酵	30分钟
整型样式	圆柱形
最后发酵	至吐司模八分满
烘烤温度、时间	上火160℃/下火230℃，烘烤23～25分钟

step 搅拌

1

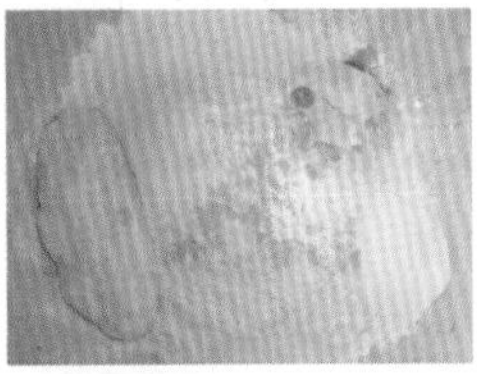

将材料A放入厨师机搅拌机中，盐与酵母必须分开些摆放。

2

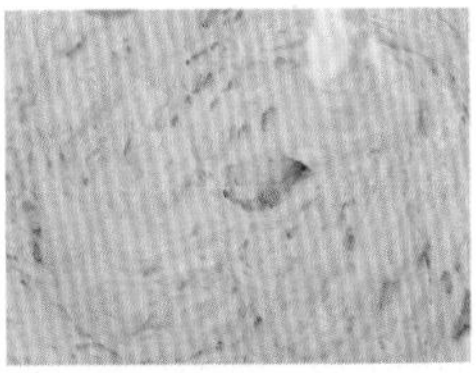

倒入材料B的液体，开始以低速搅拌4分钟，后转为中速再搅拌3分钟。

3

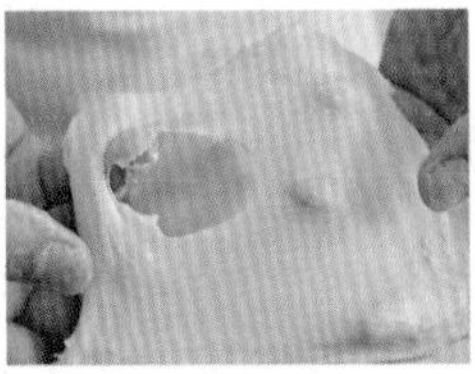

取一点面团拉开，会形成不透光的薄膜，且破洞边缘呈锯齿状，即为扩展状态。

4

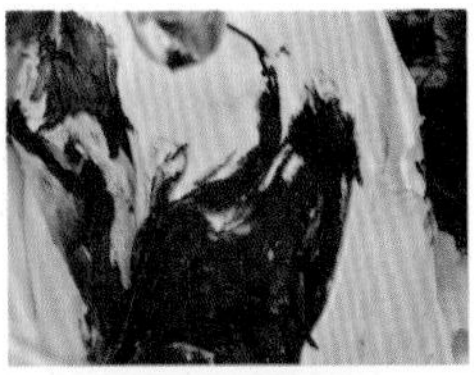

加入材料C的可可油，以低速搅打3分钟，转为中速再搅打3分钟。

5

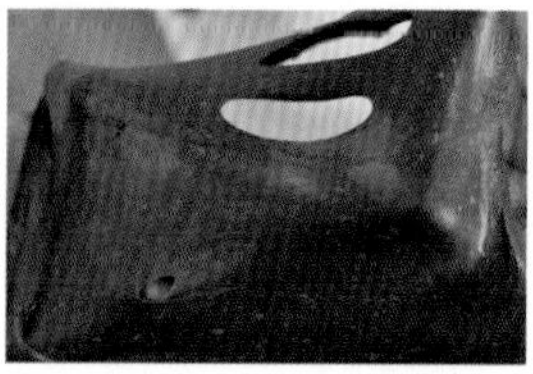

取一点面团拉开，会形成光滑透明有弹性的薄膜，且破洞边缘光滑，即为完全扩展状态。

6

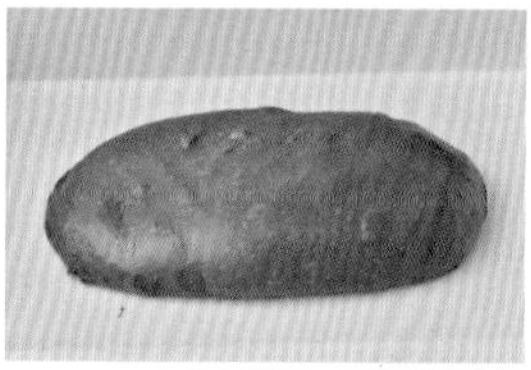

将面团从搅拌缸中取出，放入发酵箱中，此时面团中心温度应为26℃。

step 基础发酵

7

以温度30℃、湿度75%，发酵30分钟。

8

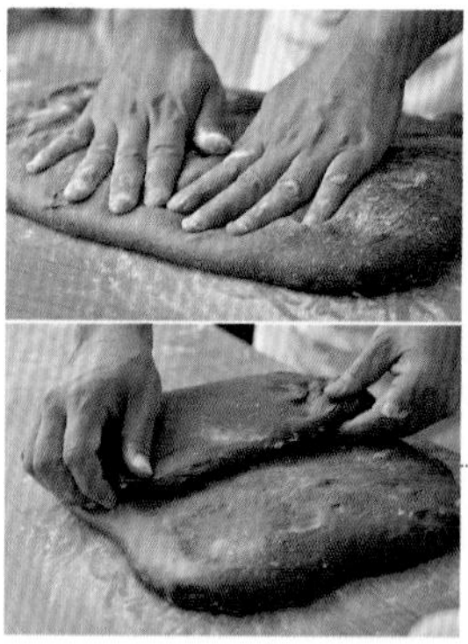

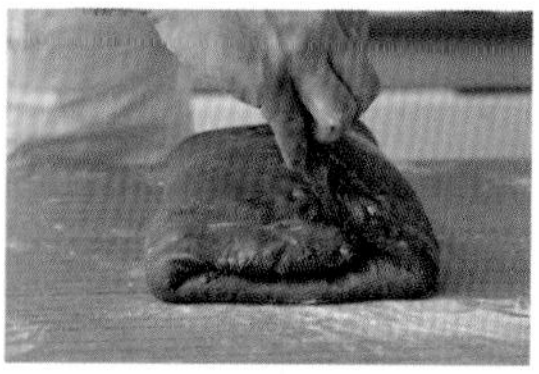

在工作台上撒少许高筋面粉，将面团取出，稍微将表面拍平整，由右往左折1/3，再由左往右折1/3。

9

接着稍压平整，再由下往上折2折。

10

放入发酵箱中，继续以相同温度、湿度发酵30分钟。

step 分割滚圆

11

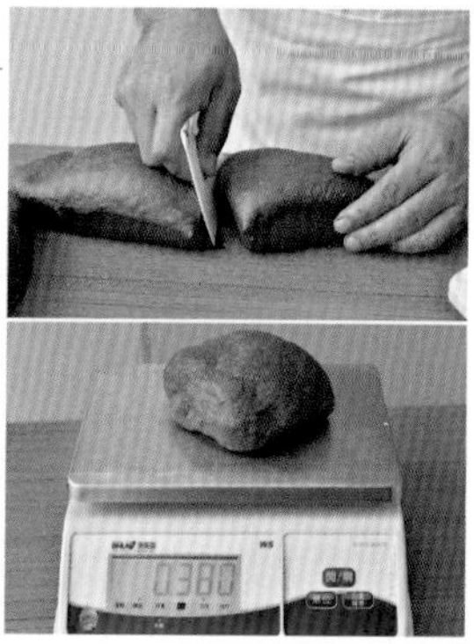

工作台上撒少许高筋面粉防粘，取出发酵好的面团，分割成每个380g的小面团。

12

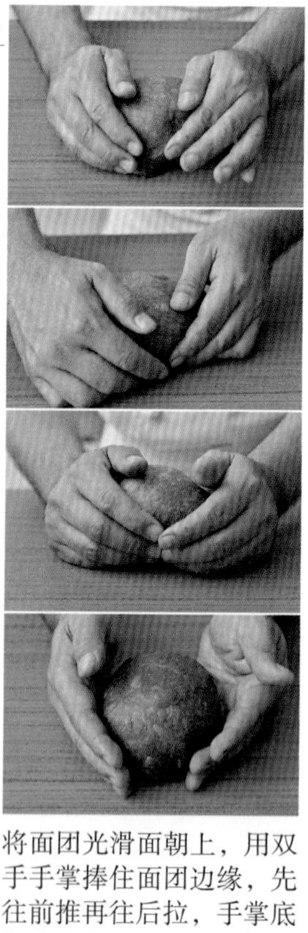

将面团光滑面朝上，用双手手掌捧住面团边缘，先往前推再往后拉，手掌底部略施力，让面团边缘顺势滚入底部，重复数次使面团表面变光滑。

step 中间发酵

13

整型好的面团彼此间隔一定距离放入发酵箱中，继续发酵30分钟。

step 整型和包馅

14

工作台上撒少许高筋面粉防粘，取出发酵好的面团，用擀面棍将面团擀成长椭圆形。

15

先铺上50g奶油奶酪馅，再铺上10g水滴形巧克力与25g香蕉干。

16

由上往下卷起，边卷边将面团两端卷入，包住馅料。

17

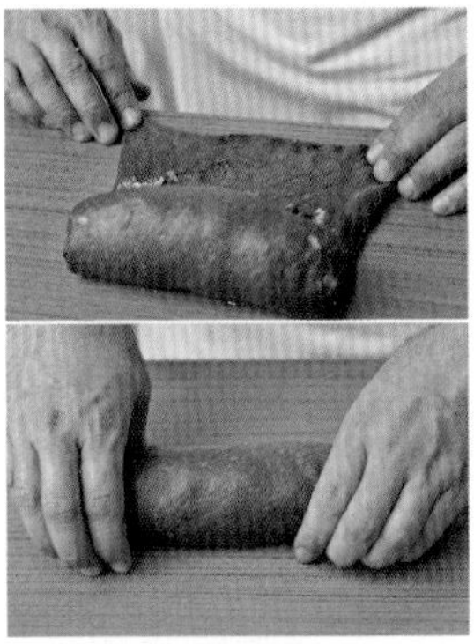

将面团尾端搓薄后，卷完粘牢，接着两手轻握面团，滚整均匀成长柱状。

18

收口朝下，用小刀将表面划上等距离的数刀后，放入吐司模中。

step 最后发酵

19

面团发酵至吐司模八分满。

step 烘烤前装饰

20

将面团表面刷上全蛋液，撒上珍珠糖。

step 烘烤

21

以上火160℃/下火230℃预热烤箱，将面团放进烤箱，烘烤23～25分钟。

22

烘烤完成的吐司轻敲一下模具，马上脱模，置于网架上冷却。

红酒葡萄吐司

Red Wine Bread Loaf with Raisins

多了淡淡的酒香，有种隽永怡人的气味，
不但让吐司增添贵气的紫色，也让风味更迷人！

种法：中种法
模具：12两吐司模
（19.7cm × 10.6cm × 11cm）
数量：4条

材料

中种面团

A__鹰牌高筋面粉600g
高糖酵母10g
B__红酒150g 葡萄汁150g
冰水60g

本种面团

A__鹰牌高筋面粉400g
细砂糖50g 盐12g 蜂蜜100g
B__六倍奶100g 冰水150g
C__无盐黄油80g

内馅

葡萄干480g
*将葡萄干分成每份40g，共12份备用。
*果干处理方法请参考p.23

烘焙小笔记

制作流程	搅拌→基础发酵→分割滚圆→中间发酵→第一次擀卷、发酵→第二次擀卷、包馅→最后发酵→烘烤
搅拌时间	中种面团：低速4分钟→中速2分钟 本种面团：低速3分钟→中速3分钟→加入无盐黄油→低速3分钟→中速2分钟
基础发酵前面团温度	26℃
发酵温度、湿度	温度32℃～35℃，湿度75%～80%
基础发酵	中种面团90分钟，本种面团15分钟
分割滚圆	150g×3/条
中间发酵	30分钟
整型样式	圆柱形二次擀卷
最后发酵	至吐司模八分满
烘烤温度、时间	上火170℃/下火220℃，烘烤30分钟

step 搅拌：中种面团

1

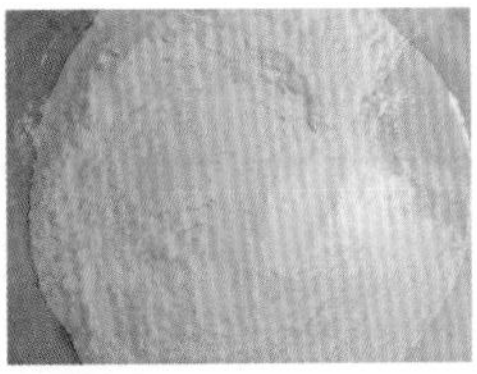

将中种材料A放入厨师机搅拌缸中。

2

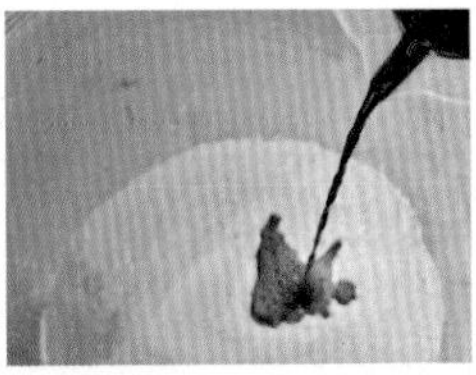

倒入中种材料B的液体，开始以低速搅拌4分钟，后转为中速再搅拌2分钟。

3

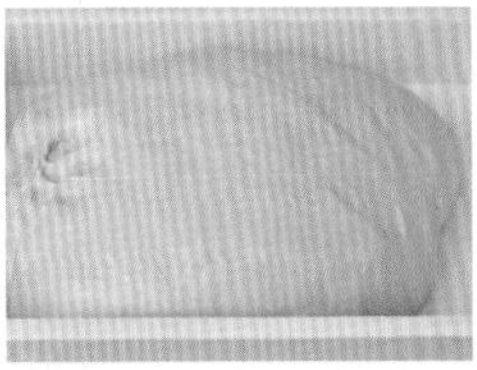

搅拌均匀至酵母消失，将中种面团放进发酵箱中，发酵90分钟。

4

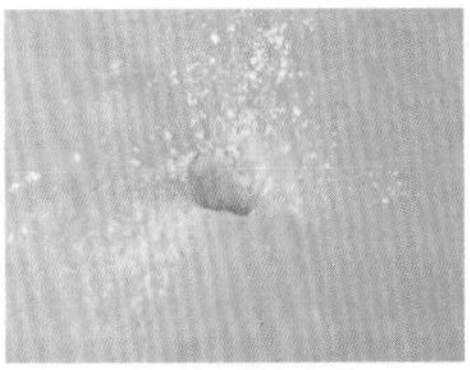

将指头插入面团中，若面团洞口不会收合，拉开内部有蜘蛛网状组织，即发酵完成。

step 搅拌：本种面团

5

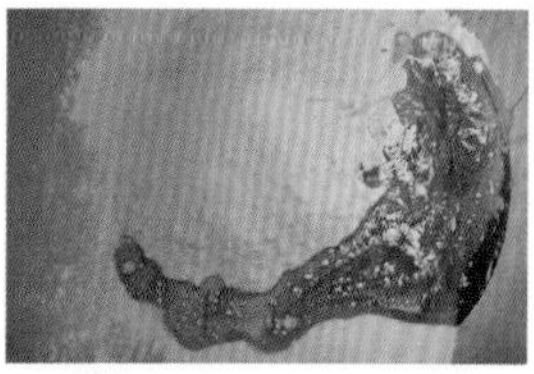

将本种材料A放入厨师机搅拌缸中。

6

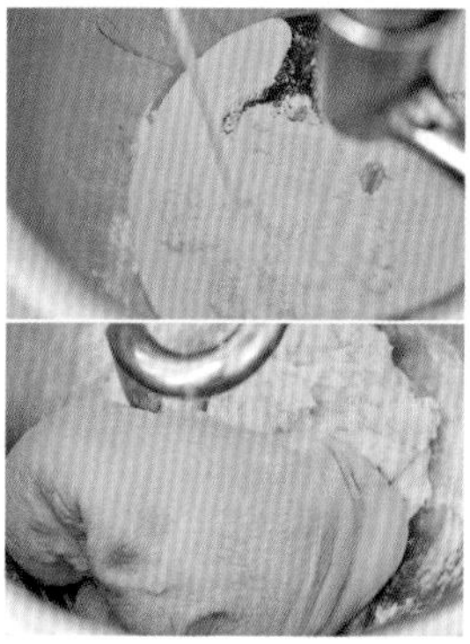

倒入本种材料B的液体，稍微搅拌后加入发酵好的中种面团，并以低速搅拌3分钟，后转为中速再搅拌3分钟。

7

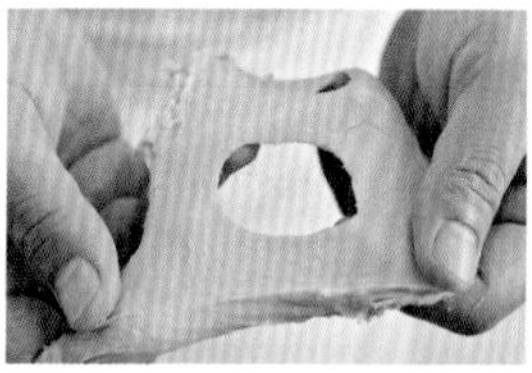

取一点面团拉开，会形成不透光的薄膜，且破洞边缘呈锯齿状，此为扩展状态。

8

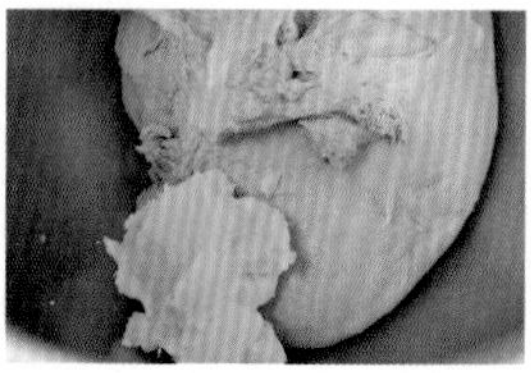

加入本种材料C的无盐黄油，先以低速搅打3分钟，后转为中速再搅打2分钟。

9

取一点面团拉开，会形成光滑透明有弹性的薄膜，且破洞边缘光滑，即为完全扩展状态。

10

将面团从搅拌缸中取出，稍微整形后放入发酵箱中，此时面团中心温度应为26℃。

step 基础发酵

11

以温度32℃～35℃、湿度75%～80%，发酵15分钟。

step 分割滚圆

12

工作台上撒少许高筋面粉防粘，取出发酵好的面团，分割成每个150g的小面团。

13

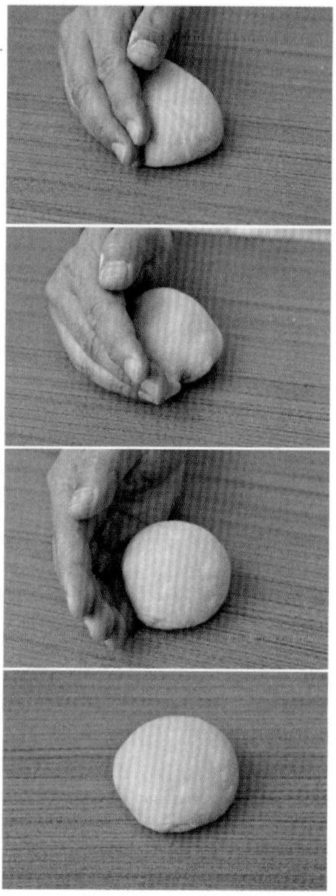

将面团光滑面朝上，用单手手掌捧住面团边缘，先往前推再往后拉，手掌底部略施力，让面团边缘顺势滚入底部，重复数次使面团表面变光滑。

step 中间发酵

14

整型好的面团彼此间隔一定距离放入发酵箱中，继续发酵30分钟。

step 第一次擀卷、发酵

15

工作台上撒少许高筋面粉防粘，取出发酵好的面团，稍微压一下，用擀面棍擀成长椭圆形。

16

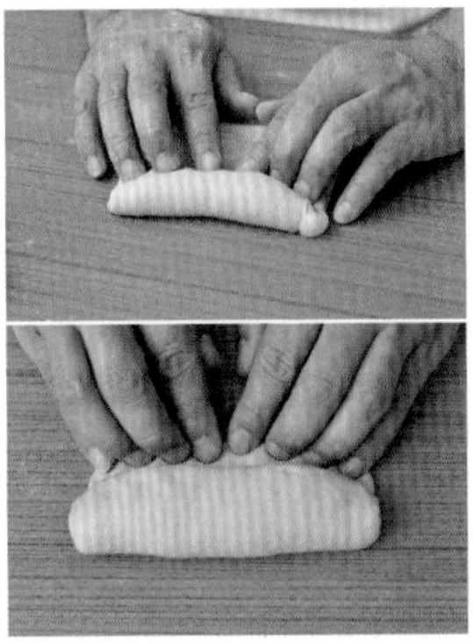

光滑面朝下，由上往下卷起，并将最末端压扁些再收口。

17

两端稍微滚整一下，将面团放入发酵箱中，以相同温度、湿度发酵20分钟。

step 第二次擀卷、包馅、发酵

18

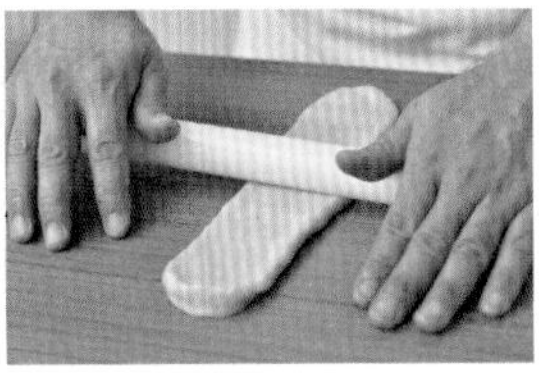

工作台上撒少许高筋面粉防粘，取出面团，用擀面棍擀成长条形。

19

中间放入葡萄干，由上往下卷起，边卷边将面团两端往里收，将馅料卷入成为圆柱形。

20

每3个面团一组，收口朝下放入吐司模中。

step 最后发酵

21

待面团发酵至吐司模八分满。

step 烘烤

22

以上火170℃/下火220℃预热烤箱，将面包坯放进烤箱，烘烤30分钟。

23

烘烤完成的吐司轻敲一下模具，马上脱模，置于网架上冷却。

红酒杏桃吐司

Red Wine Bread Loaf with Apricot

使用中种法做吐司，让吐司口感更柔软又弹牙，
加入含酒精的液体，更要注意酵母的使用技巧。

种法：中种法
模具：8两吐司模
（18.1cm × 9.1cm × 7.7cm）
数量：6条

材料

中种面团

A__鹰牌高筋面粉600g
高糖酵母10g
B__红酒150g 葡萄汁150g
冰水60g

本种面团

A__鹰牌高筋面粉400g
细砂糖50g 盐12g 蜂蜜100g
B__冰水150g 六倍奶100g
C__无盐黄油80g

内馅

杏干420g
＊将杏干分成每份70g，共6份备用。

烘烤前表面装饰

牛奶适量 珍珠糖适量 杏仁片适量

烘焙小笔记

制作流程	搅拌→基础发酵→分割滚圆→中间发酵→整型和包馅→最后发酵→烘烤前装饰→烘烤
搅拌时间	中种面团：低速4分钟→中速2分钟 本种面团：低速3分钟→中速3分钟→加入无盐黄油→低速3分钟→中速2分钟
基础发酵前面团温度	26℃
发酵温度、湿度	温度32℃～35℃，湿度75%～80%
基础发酵	中种面团90分钟，本种面团15分钟
分割滚圆	280g/条
中间发酵	30分钟
整型样式	圆柱变化形
最后发酵	至吐司模八分满
烘烤温度、时间	上火170℃/下火220℃，烘烤20分钟后降温至170℃/下火200℃，再烤5分钟。

step 搅拌：中种面团

1

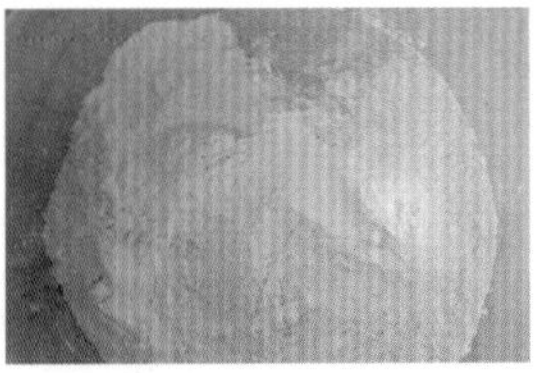

将中种材料A放入厨师机搅拌缸中。

2

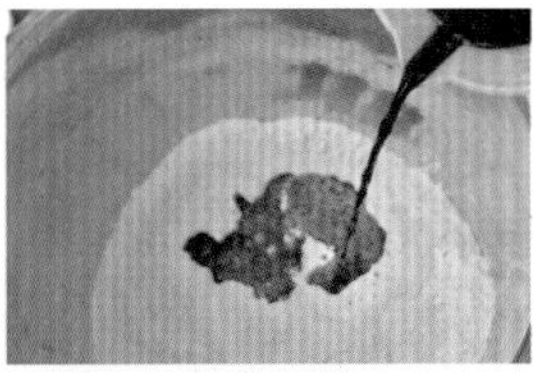

倒入中种材料B的液体，以低速搅拌4分钟，后转为中速再搅拌2分钟。

3

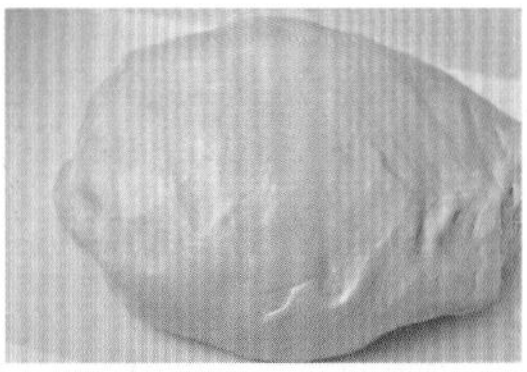

搅拌均匀至酵母溶解即成中种面团，将中种面团放进发酵箱中，发酵90分钟。

4

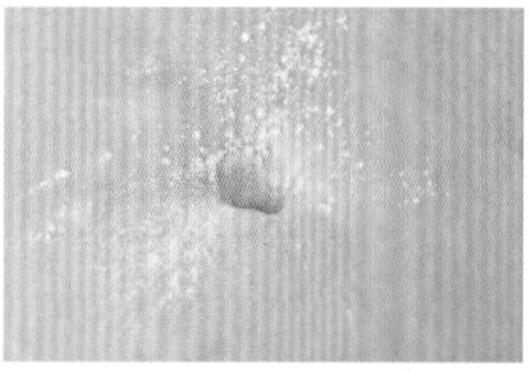

将手指头插入面团中，若面团洞口不会收合，拉开内部有蜘蛛网状组织，即发酵完成。

step 搅拌：本种面团

5

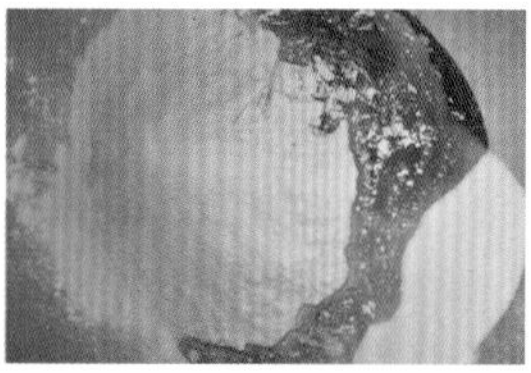

将本种材料A放入厨师机搅拌缸中。

6

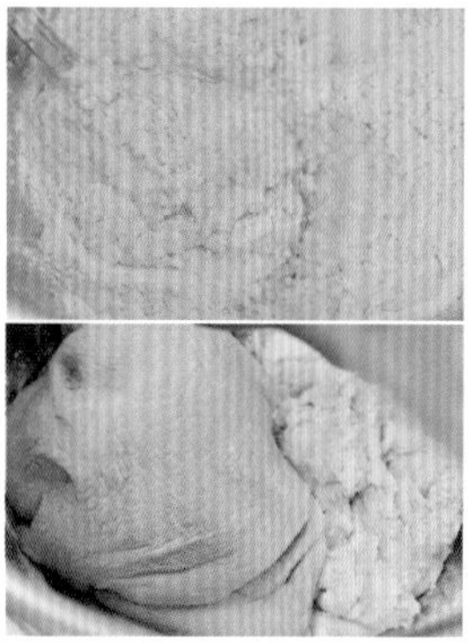

倒入本种材料B的液体，稍微搅拌后加入发酵好的中种面团，以低速搅拌3分钟，转为中速再搅拌3分钟。

7

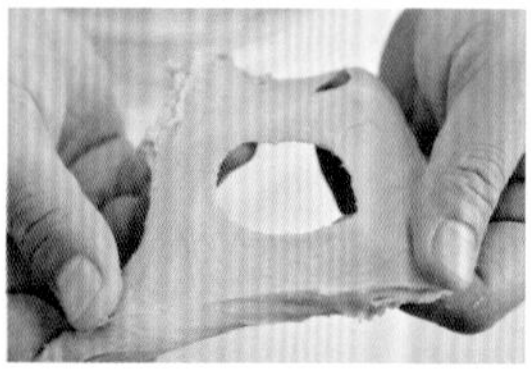

取一点面团拉开，会形成不透光薄膜，且破洞边缘呈锯齿状，此为扩展状态。

8

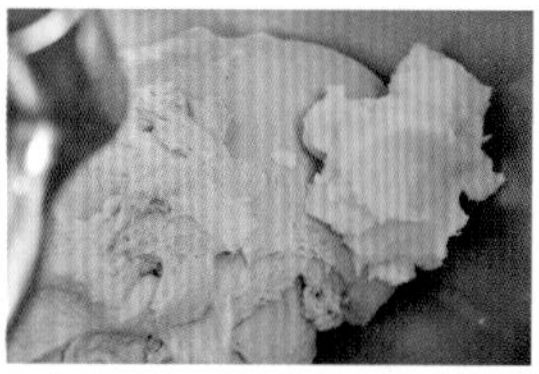

加入本种材料C的无盐黄油，先以低速搅打3分钟，后转为中速再搅打2分钟。

9

取一点面团拉开，会形成光滑透明有弹性的薄膜，且破洞边缘光滑，即为完全扩展状态。

10

将面团从搅拌缸中取出，稍微整型后放入发酵箱中，此时面团中心温度应为26℃。

step 基础发酵

11

以温度32℃～35℃、湿度75%～80%，发酵15分钟。

step 分割滚圆

12

工作台上撒少许高筋面粉防粘，取出发酵好的面团，分割成每个280g的小面团。

13

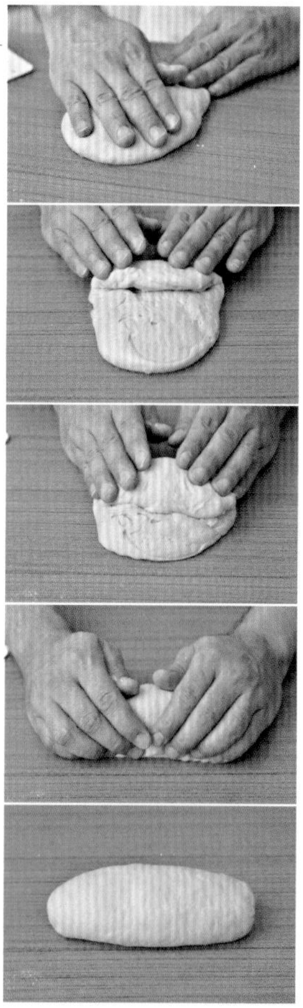

将面团稍微拍平整，由近端向远端卷起后，双手从下方小指处施力，将面团往身体方向拉回，将面团整成光滑圆柱形。

step 中间发酵

14
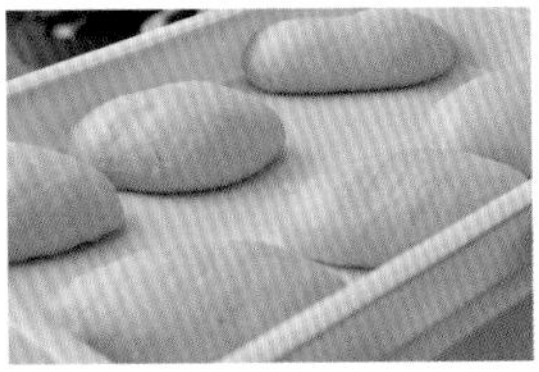

整型好的面团彼此间隔一定距离放入发酵箱中，继续发酵30分钟。

step 整型和包馅

15

取出发酵好的面团，用手轻轻拍扁，用擀面棍擀成长条形。

16
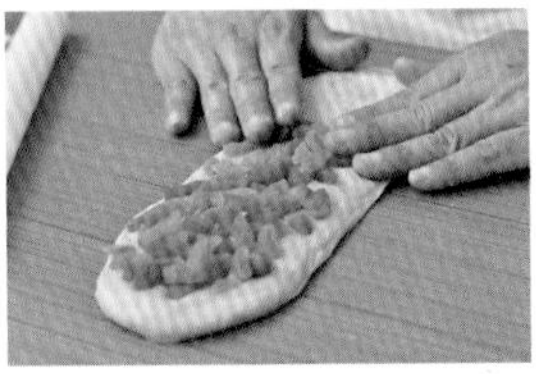

光滑面朝下，中心前2/3处均匀铺上70g杏干。

17

将剩余1/3的面团用五轮切割器切开。

18

由远端面团边缘往近端卷起。

step 最后发酵

19

将面团收口朝下，放入吐司模中，发酵至吐司模八分满。

step 烘烤前装饰

20

刷上牛奶，撒上杏仁片与珍珠糖。

step 烘烤

21

以上火170℃/下火220℃预热烤箱，将面包坯放进烤箱，烘烤20分钟后降温为上火170℃/下火200℃，再烤5分钟。

22

烘烤完成的吐司轻敲一下模具，马上脱模，置于网架上冷却。

红酒无花果吐司

Red Wine Bread Loaf with Fig

果干先用酒腌渍，可以变得更柔软，滋味也更丰富，
搭配红酒口味，更相得益彰！

种法：中种法
模具：8两吐司模
（18.1cm × 9.1cm × 7.7cm）
数量：6条

材料

中种面团

A__鹰牌高筋面粉600g
高糖酵母10g

B__红酒150g 葡萄汁150g
冰水60g

本种面团

A__鹰牌高筋面粉400g
细砂糖50g 盐12g 蜂蜜100g

B__冰水150g 六倍奶100g

C__无盐黄油80g

内馅

无花果干420g

＊将无花果干分成每份70g，共6份备用。

烘烤前表面装饰

牛奶适量 南瓜子适量
杏仁片适量 玉米粒适量

烘焙小笔记

制作流程	搅拌→基础发酵→分割滚圆→中间发酵→整型和包馅→最后发酵→烘烤前装饰→烘烤
搅拌时间	中种面团：低速4分钟→中速2分钟 本种面团：低速3分钟→中速3分钟→加入无盐黄油→低速3分钟→中速2分钟
基础发酵前面团温度	26℃
发酵温度、湿度	温度32℃～35℃，湿度75%～80%
基础发酵	中种面团90分钟，本种面团15分钟
分割滚圆	280g/条
中间发酵	30分钟
整型样式	圆柱变化形
最后发酵	至吐司模八分满
烘烤温度、时间	上火170℃/下火220℃，烘烤20分钟后降温至170℃/下火200℃，再烤5分钟

step 搅拌：中种面团

1

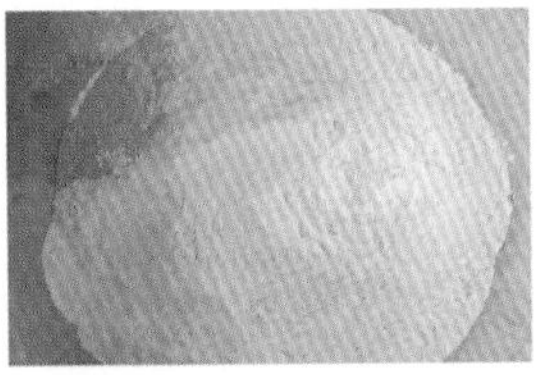

将中种材料A放入厨师机搅拌缸中，盐与酵母必须分开些摆放。

2

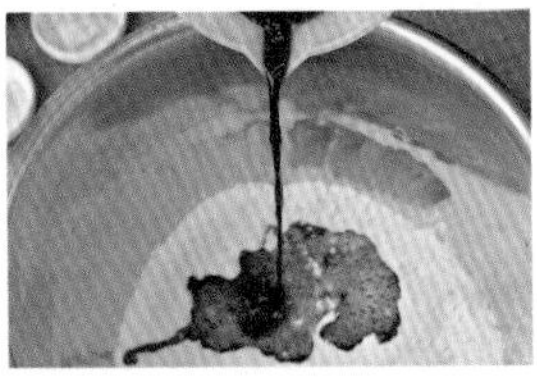

倒入中种材料B的液体，以低速搅拌4分钟，后转为中速再搅拌2分钟。

3

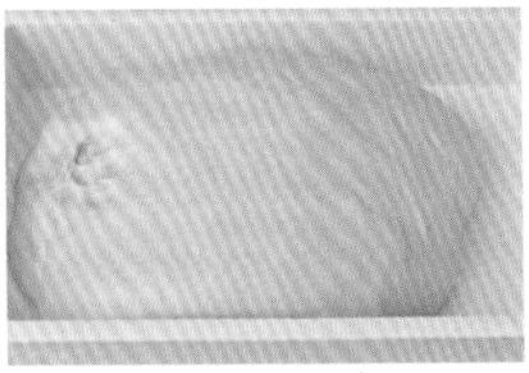

搅拌均匀至酵母溶解即成中种面团，将中种面团放进发酵箱中发酵90分钟。

4

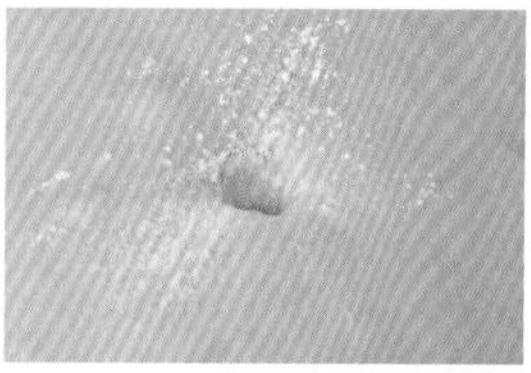

将指头插入面团中，若面团洞口不会收合，拉开内部有蜘蛛网状组织，即发酵完成。

step 搅拌：本种面团

5

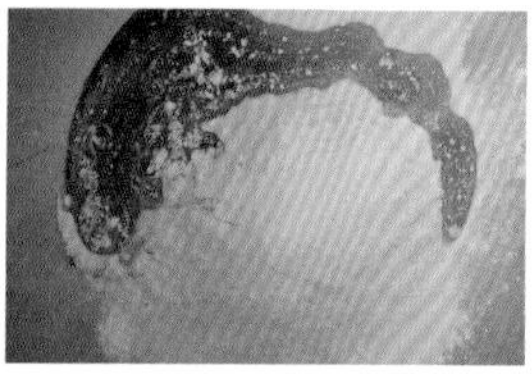

将本种材料A放入厨师机搅拌缸中。

6

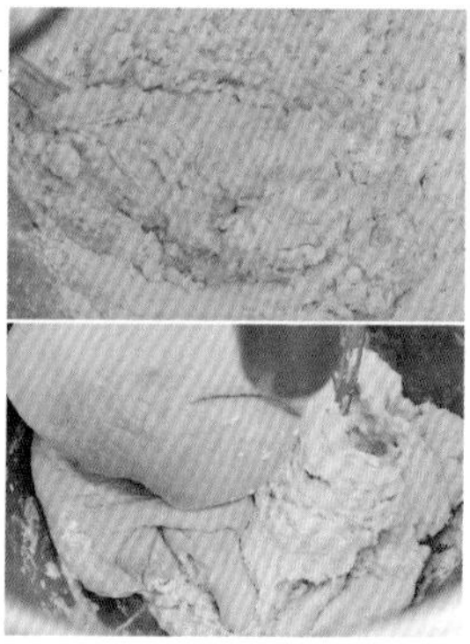

倒入本种材料B的液体，稍微搅拌后加入发酵好的中种面团，以低速搅拌3分钟，转为中速再搅拌3分钟。

7

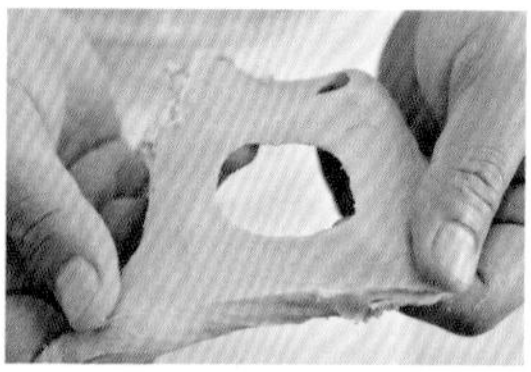

取一点面团拉开，会形成不透光薄膜，且破洞边缘呈锯齿状，此为扩展状态。

8

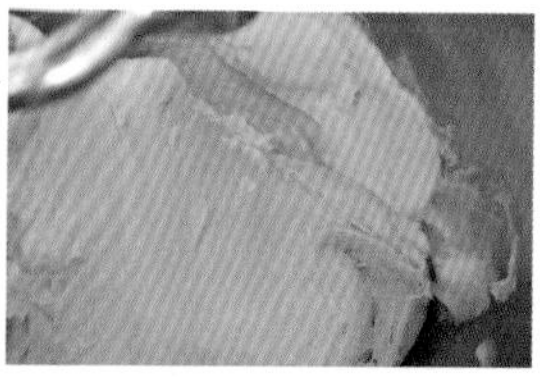

加入材料C的无盐黄油，先以低速搅打3分钟，后转为中速再搅打2分钟。

9

取一点面团拉开，会形成光滑透明有弹性的薄膜，且破洞边缘光滑，即为完全扩展状态。

10

将面团从搅拌缸中取出，稍微整型后放入发酵箱中，此时面团中心温度应为26℃。

step 基础发酵

11

以温度32℃～35℃、湿度75%～80%发酵15分钟。

step 分割滚圆

12

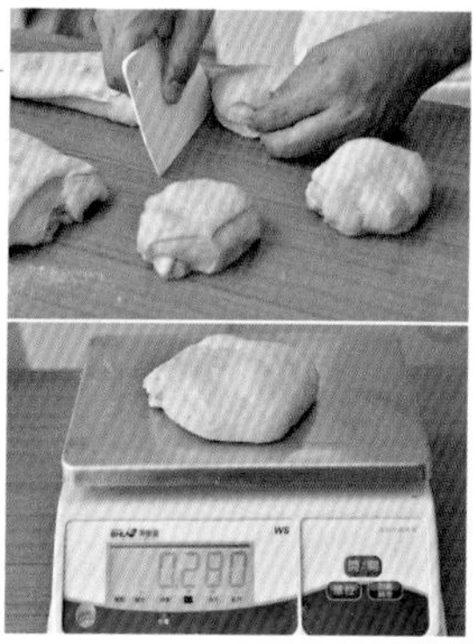

工作台上撒少许高筋面粉防粘，取出发酵好的面团，分割成每个280g的小面团。

13

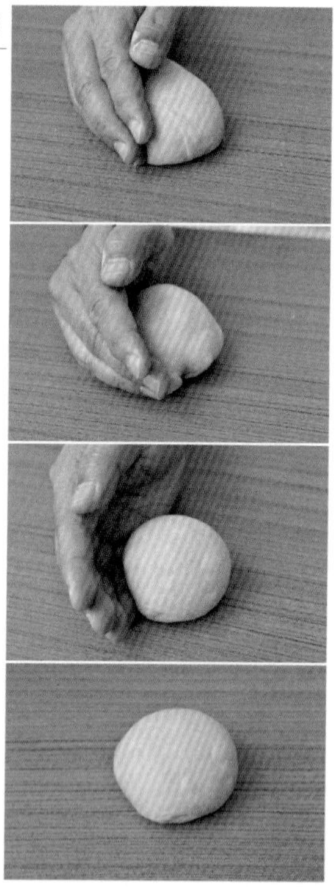

将面团光滑面朝上，用单手手掌捧住面团边缘，先往前推再往后拉，手掌底部略施力，让面团边缘顺势滚入底部，重复数次使面团表面变光滑。

step 中间发酵

14

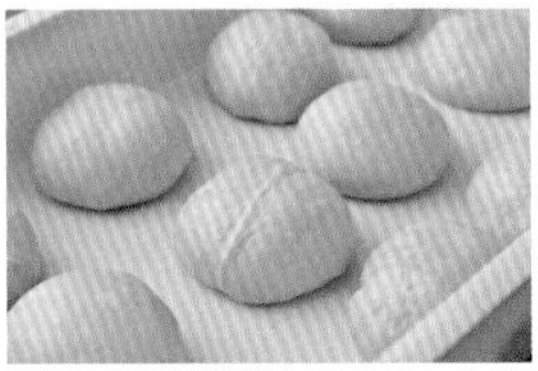

整型好的面团彼此间隔一定距离放入发酵箱中，继续发酵30分钟。

step 整型和包馅

15

取出发酵好的面团，用手轻轻拍扁，用擀面棍擀成长椭圆形。

16

中间放入70g葡萄干，由上往下卷起，边卷边将面团两端包入，馅料卷入。

17

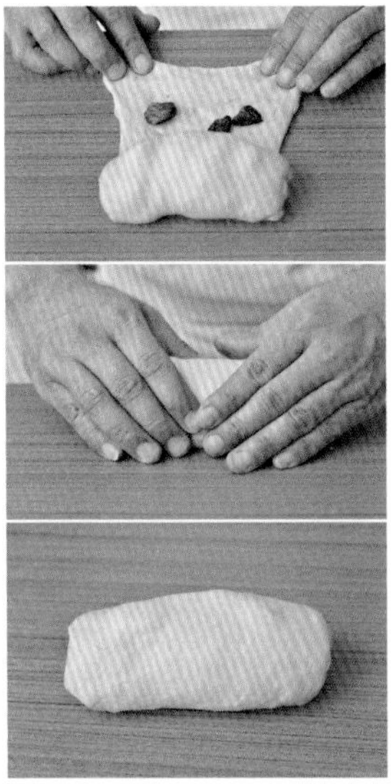

将面团尾端拉薄，卷起收口并粘牢，用双手握住两端整形成圆柱状。

18

用切面刀将面团切成均匀的3份，面团切口朝上，放入吐司模中。

step 最后发酵

19

待面团发酵至吐司模八分满。

step 烘烤前装饰

20

刷上牛奶，撒上南瓜子、杏仁片，最后撒上装饰玉米粒。

step 烘烤

21

以上火170℃/下火220℃预热烤箱，将面包坯放进烤箱，烘烤20分钟后降温为上火170℃/下火200℃，再烤5分钟。

22

烘烤完成的吐司轻敲一下模具，马上脱模，置于网架上冷却。

青酱杏鲍菇吐司

Pesto Bread Loaf with Mushroom

杏鲍菇口感特别，一定要先炒制，才能凸显香味，
加上日式山葵沙拉酱，让吐司多了一份惊喜与刺激！

种法：直接法
模具：8两吐司模
（18.1cm×9.1cm×7.7cm）
数量：8条

材料

面团

A__鹰牌高筋面粉700g
拿破仑法式面包粉300g
法国老面340g 海藻糖36g 细砂糖60g
盐12g 高糖酵母12g
B__冰水420g 全蛋120g 六倍奶120g
C__青酱150g

内馅

色拉油25g 杏鲍菇500g 黑胡椒1g
无水奶油25g 日式山葵沙拉酱170g
吉士粉30g

*取一平底锅，放油烧热，加入杏鲍菇炒熟，再加入黑胡椒、无水奶油搅拌，关火，拌入日式山葵沙拉酱与吉士粉，拌匀后放凉，分成每份90g，共8份。

烘烤前表面装饰

日式山葵沙拉酱少许
黄金米芝士少许

烘焙小笔记

制作流程	搅拌→基础发酵→分割滚圆→中间发酵→整型和包馅→最后发酵→烘烤前装饰→烘烤
搅拌时间	低速4分钟→中速3分钟→加入青酱→低速3分钟→中速3分钟
基础发酵前面团温度	26℃
发酵温度、湿度	温度30℃，湿度75%
基础发酵	发酵30分钟后翻面，再发酵30分钟
分割滚圆	270g/条
中间发酵	30分钟
整型样式	圆柱形
最后发酵	至吐司模八分满
烘烤温度、时间	上火170℃/下火230℃，烘烤20～22分钟

step 搅拌

1

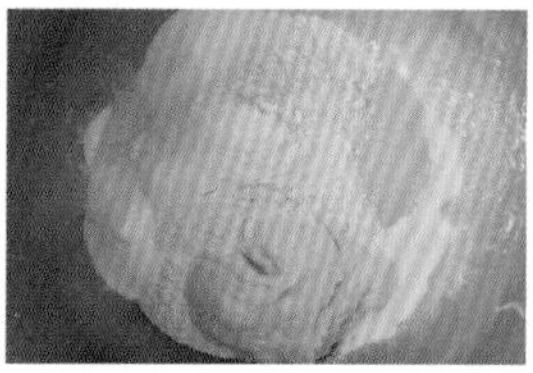

将材料A放入厨师机搅拌缸中，盐与酵母必须分开些摆放。

2

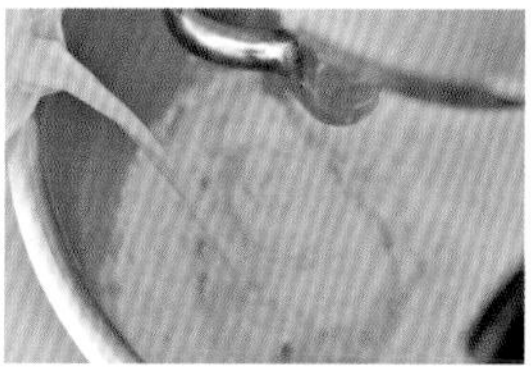

倒入材料B的液体，开始以低速搅拌4分钟后，转为中速再搅拌3分钟。

3

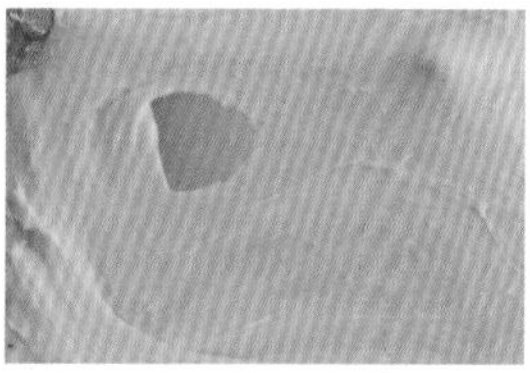

取一点面团拉开，会形成不透光薄膜且破洞边缘呈锯齿状，此为扩展状态。

4

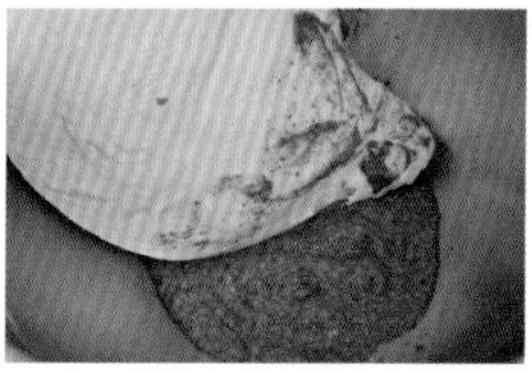

加入材料C的青酱，先以低速搅打3分钟，后转为中速再搅打3分钟。

5

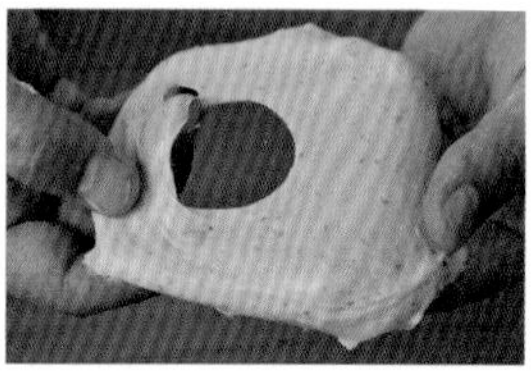

取一点面团拉开，会形成光滑透明有弹性的薄膜，且破洞边缘光滑，即为完全扩展状态。

6

将面团从搅拌缸中取出，稍微整型后放入发酵箱中，此时面团中心温度应为26℃。

step 基础发酵

7

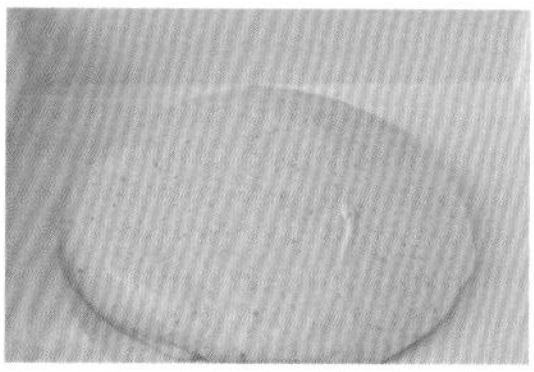

以温度30℃、湿度75%，发酵30分钟。

8

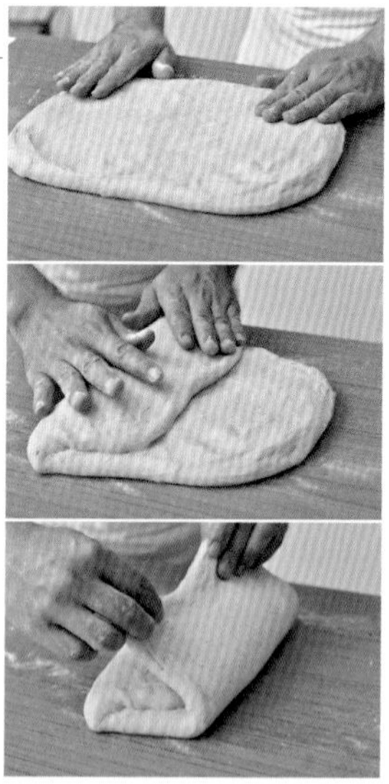

先在工作台上撒少许高筋面粉，将面团取出，稍微将表面拍平整，由右往左折1/3，再由左往右折1/3。

9

接着将面团折口朝上转90度，稍压平整，再由右往左折2折。

10

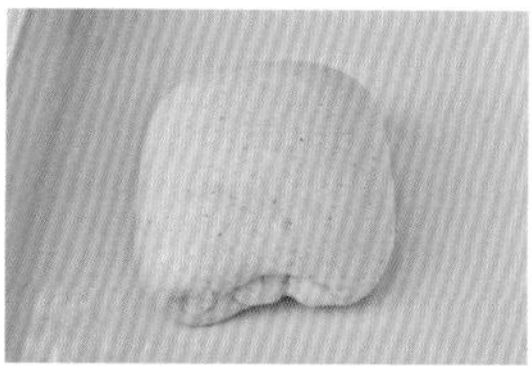

放入发酵箱中，继续以相同温度和湿度发酵30分钟。

step 分割滚圆

11

工作台上撒少许高筋面粉防粘，取出发酵好的面团，分割成每个270g的小面团。

12

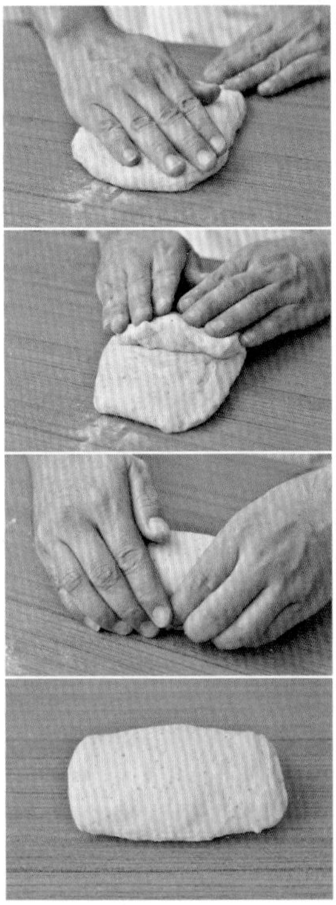

将面团稍微拍平整，由下往上卷起，双手从下方小指处施力，将面团往身体方向拉回，将面团整成光滑圆柱形。

中间发酵

13

整型好的面团彼此间隔一定距离放入发酵箱中，继续发酵30分钟。

整型和包馅

14

工作台上撒少许高筋面粉防粘，取出面团，用擀面棍擀成长椭圆形。

15

将90g的杏鲍菇馅置于面团中央。

16

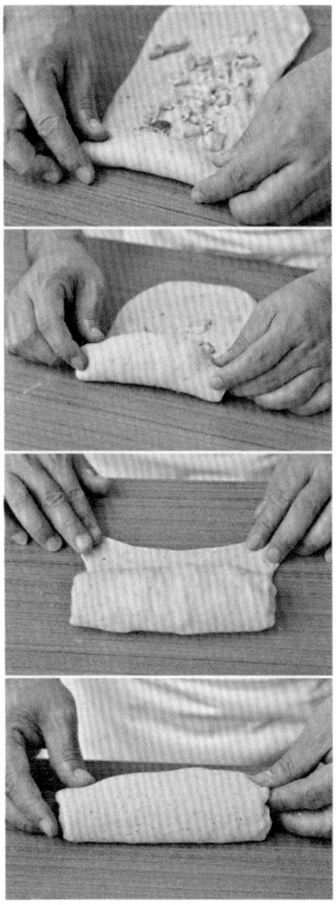

由上往下卷起，边卷边将面团两端卷入，将尾端两侧拉薄并收口成为圆柱形。

17

面团收口朝下放入吐司模中，继续发酵。

最后发酵

18

待面团发酵至吐司模八分满。

烘烤前装饰

19

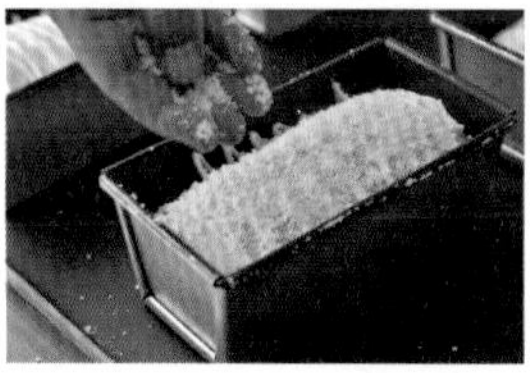

表面挤上日式山葵沙拉酱后，撒上黄金米芝士。

烘烤

20

以上火170℃/下火230℃预热烤箱，将面包坯放进烤箱，烘烤20～22分钟。

21

烘烤完成的吐司轻敲一下模具，马上脱模，置于网架上放凉。

青酱素火腿芝士吐司

Pesto Bread Loaf with Soy Ham Cheese

火腿配芝士，是经典的早餐上品，
即使吃素，也能吃到这样美味的吐司！

种法：直接法
模具：8两吐司模
（18.1cm×9.1cm×7.7cm）
数量：8条

材料

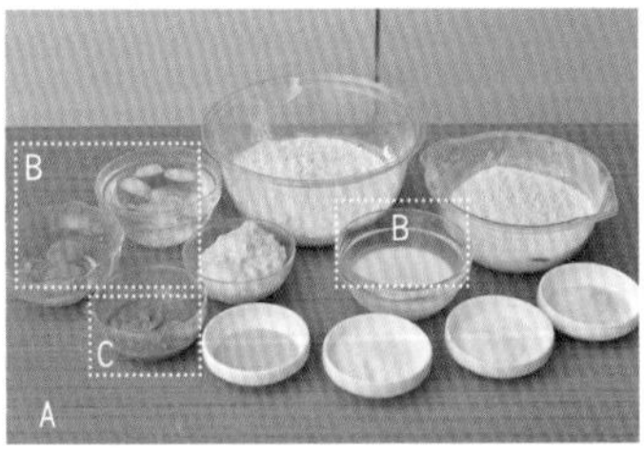

面团

A__鹰牌高筋面粉700g
拿破仑法式面包粉300g 法国老面340g
海藻糖36g 细砂糖60g 盐12g 高糖酵母12g
B__冰水420g 六倍奶120g 全蛋120g
C__青酱150g

内馅

素火腿24片 芝士片24片

烘烤前表面装饰

沙拉酱少许 马苏里拉芝士丝少许

烘焙小笔记

制作流程	搅拌→基础发酵→分割滚圆→中间发酵→整型和包馅→最后发酵→烘烤前装饰→烘烤
搅拌时间	低速4分钟→中速3分钟→加入青酱→低速3分钟→中速3分钟
基础发酵前面团温度	26℃
发酵温度、湿度	温度30℃，湿度75%
基础发酵	发酵30分钟后翻面，再发酵30分钟
分割滚圆	90g×3/条
中间发酵	30分钟
整型样式	圆柱形
最后发酵	至吐司模八分满
烘烤温度、时间	上火170℃/下火230℃，烘烤20～22分钟

搅拌

1

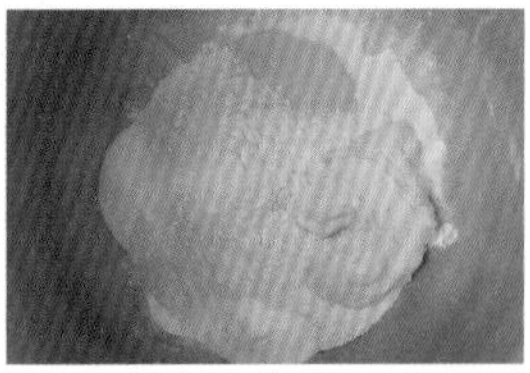

将材料A放入厨师机搅拌缸中，盐与酵母必须分开些摆放。

2

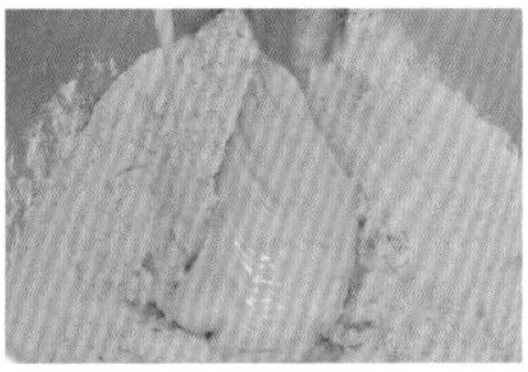

倒入材料B的液体，开始以低速搅拌4分钟，后转为中速再搅拌3分钟。

3

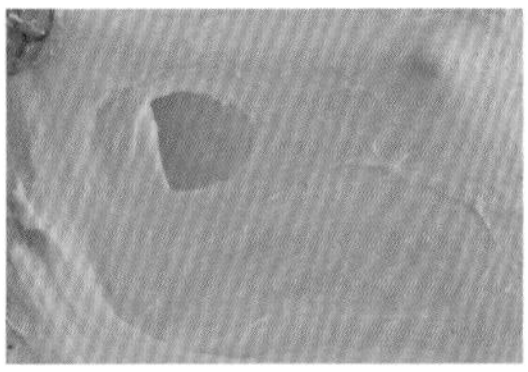

取一点面团拉开，会形成不透光薄膜，且破洞边缘呈锯齿状，此为扩展状态。

4

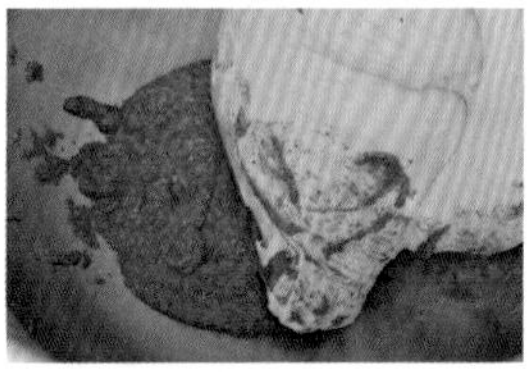

加入材料C的青酱，先以低速搅打3分钟，后转为中速再搅打3分钟。

5

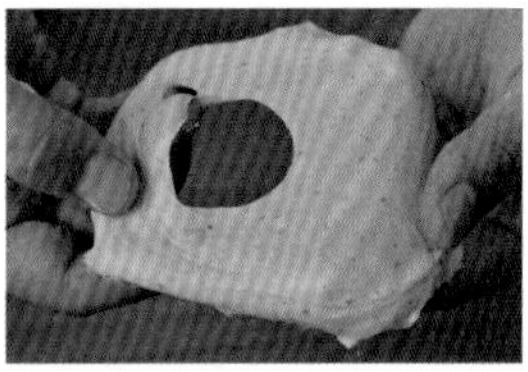

取一点面团拉开，会形成光滑透明有弹性的薄膜，且破洞边缘光滑，即为完全扩展状态。

6

将面团从搅拌缸中取出，稍微整型后放入发酵箱中，此时面团中心温度应为26℃。

基础发酵

7

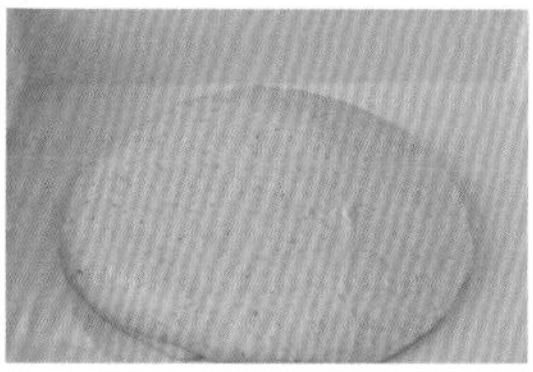

以温度30℃、湿度75%，发酵30分钟。

8

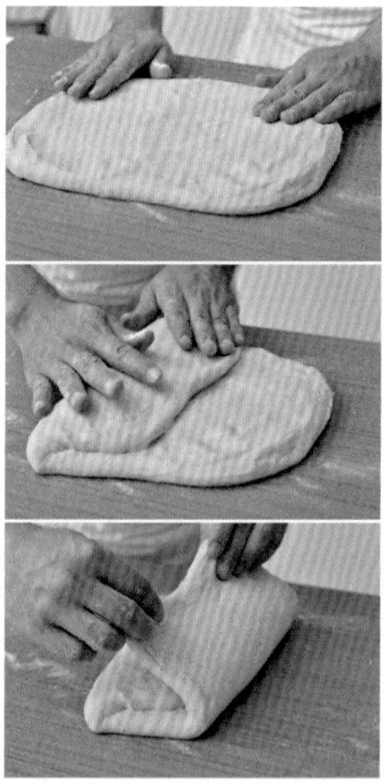

在工作台上撒少许高筋面粉，将面团取出，稍微将表面拍平整，由右往左折1/3，再由左往右折1/3。

9

接着将面团折口朝上转90度，稍压平整，再由右往左折2折。

10

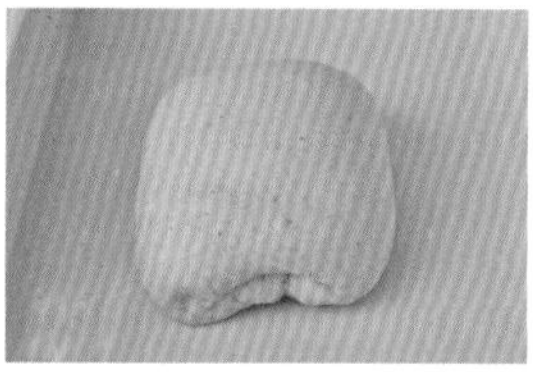

放入发酵箱中，继续以相同温度和湿度发酵30分钟。

分割滚圆

11

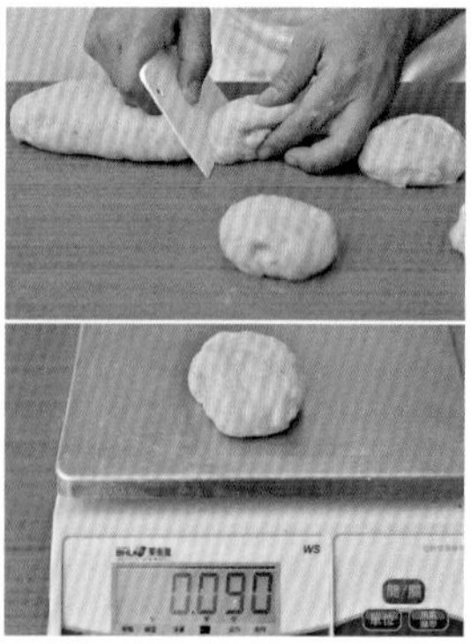

工作台上撒少许高筋面粉防粘，取出发酵好的面团，分割成每个90g的小面团。

12

面团光滑面朝上，用单手手掌捧住面团边缘，先往前推再往后拉，手掌底部略施力，让面团边缘顺势滚入底部，重复数次使面团表面变光滑。

13

整型好的面团彼此间隔一定距离放入发酵箱中，继续发酵30分钟。

step 整型和包馅

14

工作台上撒少许高筋面粉防粘，取出面团，用擀面棍擀成长形。

15

将一片芝士片与素火腿依次置于面团上方。

16

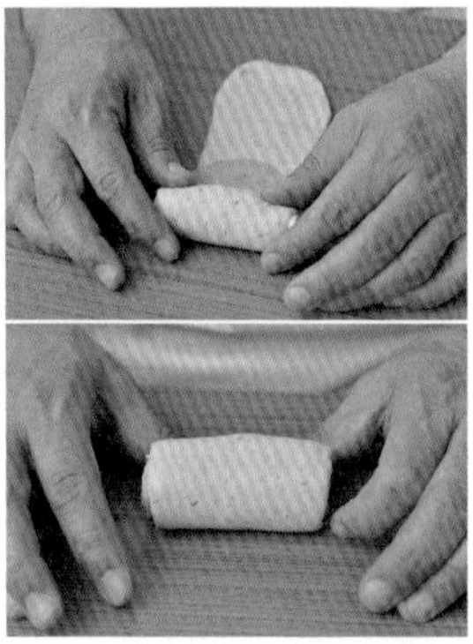

由上往下卷起，边卷边将面团两边朝内收将馅料卷入。

17

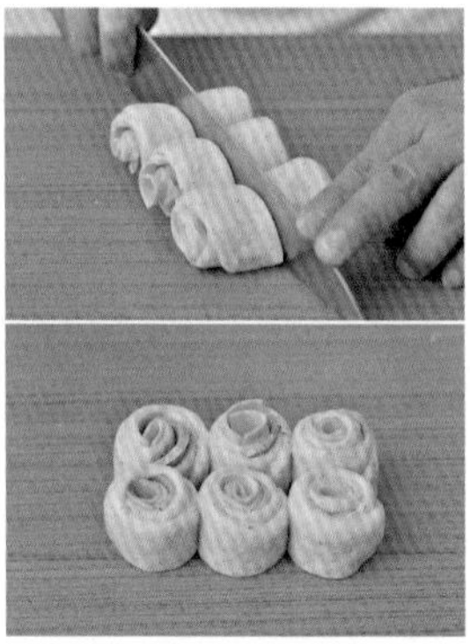

包好馅料的面团3个一组并排整齐，用刀子从中间对切。

18

将切好的面团切口朝下，放入吐司模中继续发酵。

step 最后发酵

19

待面团发酵至吐司模八分满。

step 烘烤前装饰

20

在吐司表面挤上沙拉酱，撒上马苏里拉芝士丝。

step 烘烤

21

以上火170℃/下火230℃预热烤箱，将面包坯放进烤箱，烘烤20~22分钟。

22

烘烤完成的吐司轻敲一下模具，马上脱模，置于网架上放凉。

宇治蔓越莓吐司

Green Tea Bread Loaf with Cranberry

使用天然抹茶粉，面包中透着淡淡的抹茶香，
再搭配酸酸的蔓越莓，即使单吃，也能让人百吃不腻！

种法：直接法
模具：12两吐司模
（19.7cm×10.6cm×11cm）
数量：5条

材料

面团

A＿鹰牌高筋面粉800g 拿破仑法式面包粉200g
法国老面300g 海藻糖30g 细砂糖100g 盐12g
抹茶粉20g 高糖酵母12g

B＿冰水400g 六倍奶200g 全蛋100g

C＿无盐黄油60g 炼乳60g

内馅

蔓越莓450g

＊将蔓越莓分成每份30g，共15份备用。

烘烤前表面装饰

全蛋液适量

烘焙小笔记

制作流程	搅拌→基础发酵→分割滚圆→中间发酵→第一次擀卷、发酵→第二次擀卷、包馅→最后发酵→烘烤前装饰→烘烤
搅拌时间	低速4分钟→中速3分钟→加入材料C→低速3分钟→中速3分钟
基础发酵前面团温度	26℃
发酵温度、湿度	温度30℃，湿度75%
基础发酵	发酵30分钟后翻面，再发酵30分钟
分割滚圆	150g×3/条
中间发酵	30分钟
整型样式	圆柱形二次擀卷
最后发酵	至吐司模八点五分满
烘烤温度、时间	上火150℃/下火230℃，烘烤20分钟后降温为上火150℃/下火210℃，再烤10分钟

step 搅拌

1

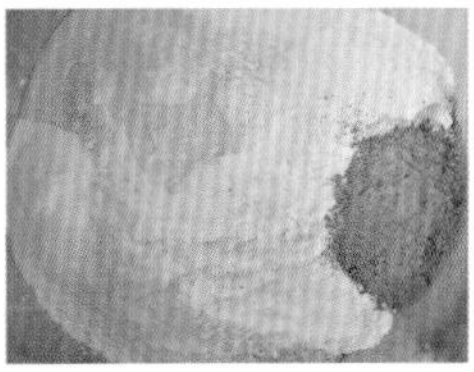

将材料A放入厨师机搅拌缸中，盐与酵母必须分开些摆放。

2

倒入材料B的液体，以低速搅拌4分钟，后转为中速再搅拌3分钟。

3

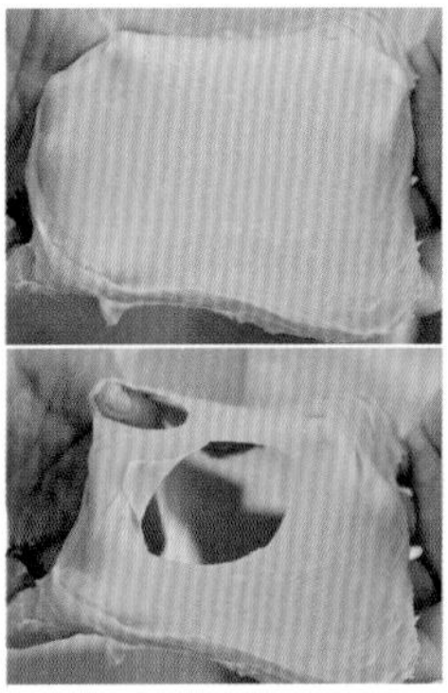

取一点面团拉开，会形成不透光薄膜，且破洞边缘呈锯齿状，此为扩展状态。

4

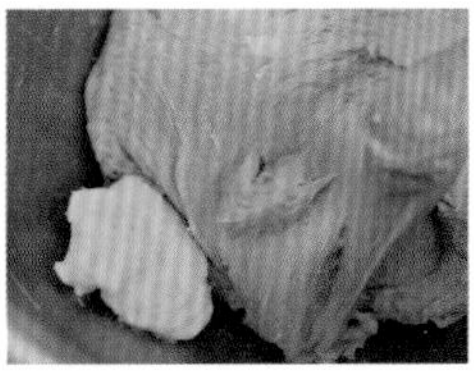

加入材料C，先以低速搅打3分钟，后转为中速再搅打3分钟。

5

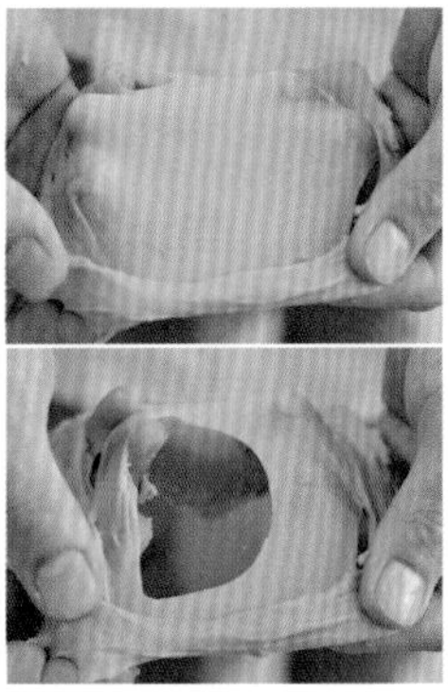

取一点面团拉开，会形成光滑透明有弹性的薄膜，且破洞边缘光滑，即为完全扩展状态。

6

将面团从搅拌缸中取出，稍微整型后放入发酵箱中，此时面团中心温度应为26℃。

step 基础发酵

7

以温度30℃、湿度75%，发酵30分钟。

8

在工作台上撒少许高筋面粉，将面团取出，稍微将表面拍平整，由右往左折1/3，再由左往右折1/3。

9

接着将面团折口朝上转90度，稍压平整，再由右往左折2折。

10

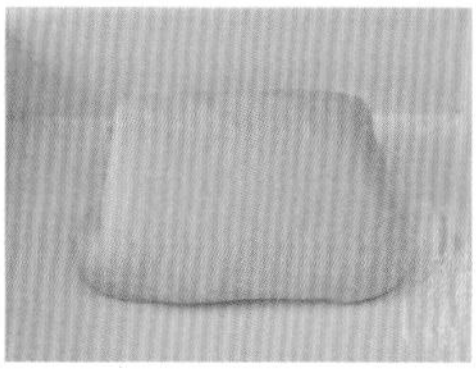

放入发酵箱中，继续以相同温度和湿度发酵30分钟。

step 分割滚圆

11

工作台上撒少许高筋面粉防粘，取出发酵好的面团，分割成每个150g的小面团。

12

面团光滑面朝上，用单手手掌捧住面团边缘，先往前推再往后拉，手掌底部略施力，让面团边缘顺势滚入底部，重复数次使面团表面变光滑。

step 中间发酵

13

整型好的面团彼此间隔一定距离放入发酵箱中，继续发酵30分钟。

step 第一次擀卷、发酵

14

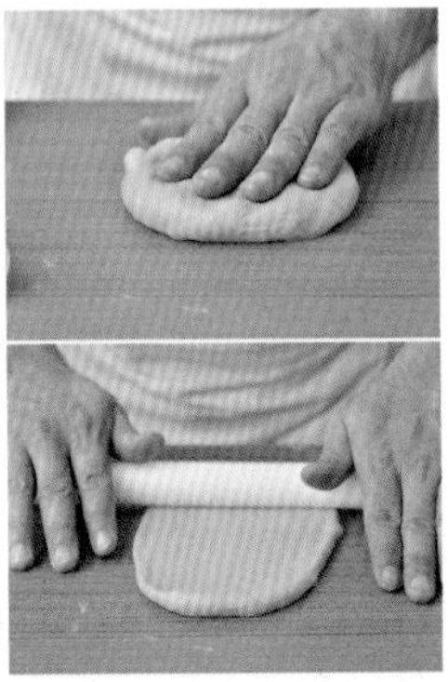

工作台上撒少许高筋面粉防粘，取出发酵好的面团稍微压一下，再用擀面棍擀成长椭圆形。

15

光滑面朝下，由上往下卷起成长条形。

16

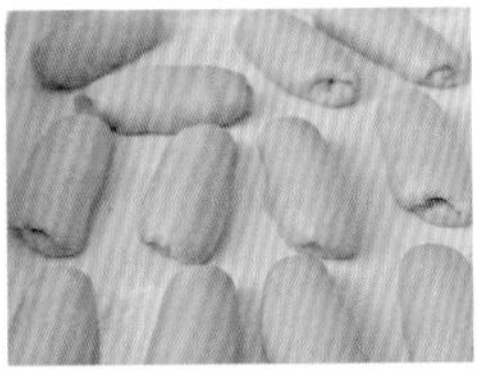

将擀卷好的面团放入发酵箱中，以相同温度和湿度发酵20分钟。

step 第二次擀卷、包馅

17

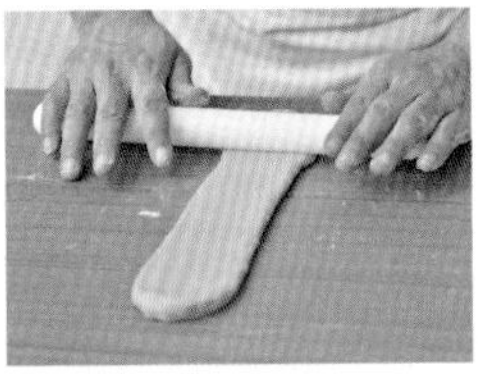

工作台上撒少许高筋面粉防粘，取出面团，用擀面棍擀成长条形。

18

将30g的蔓越莓馅置于面团中央。

19

由上往下卷起，边卷边将面团两边朝里收将馅料卷入，卷成圆柱形。

20

每3个面团一组，收口朝下放入吐司模中。

step 最后发酵

21

待面团发酵至吐司模八点五分满。

step 烘烤前装饰

22

将吐司表面刷上全蛋液。

step 烘烤

23

以上火150℃/下火230℃预热烤箱，将面包坯放进烤箱，烘烤20分钟后降温为上火150℃/下火210℃，再烤10分钟。

24

烘烤完成的吐司轻敲一下模具，马上脱模，置于网架上冷却。

抹茶蜜豆吐司

Green Tea Bread Loaf with Kidney Beans

将面团编织成麻花，紧紧裹住甜蜜的花豆，
每一口松软，都藏着意想不到的契合！

种法：直接法
模具：12两吐司模
（19.7cm×10.6cm×11cm）
数量：5条

材料

面团

A__鹰牌高筋面粉800g 拿破仑法式面包粉200g
法国老面300g 海藻糖30g 细砂糖100g 盐12g
抹茶粉20g 高糖酵母12g

B__冰水400g 六倍奶200g 全蛋100g

C__无盐黄油60g 炼乳60g

内馅

蜜豆450g

＊将蜜豆分成每份30g，共15份备用。

烘烤前表面装饰

玉米粉适量

烘焙小笔记

制作流程	搅拌→基础发酵→分割滚圆→中间发酵→整型和包馅→烘烤前装饰→最后发酵→烘烤
搅拌时间	低速4分钟→中速3分钟→加入材料C→低速3分钟→中速3分钟
基础发酵前面团温度	26℃
发酵温度、湿度	温度30℃，湿度75%
基础发酵	发酵30分钟后翻面，再发酵30分钟
分割滚圆	150g×3/条
中间发酵	30分钟
整型样式	辫子形
最后发酵	至吐司模八点五分满
烘烤温度、时间	上火150℃/下火230℃，烘烤20分钟后降温为上火150℃/下火210℃，再烤10分钟

step 搅拌

1

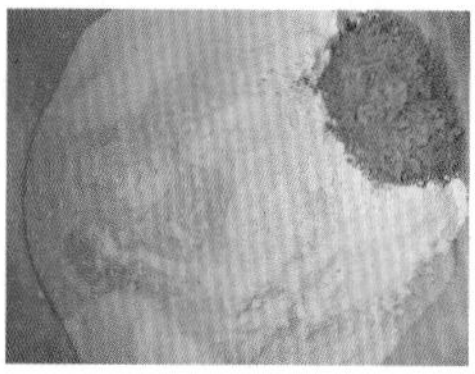

将材料A放入厨师机搅拌缸中，盐与酵母必须分开些摆放。

2

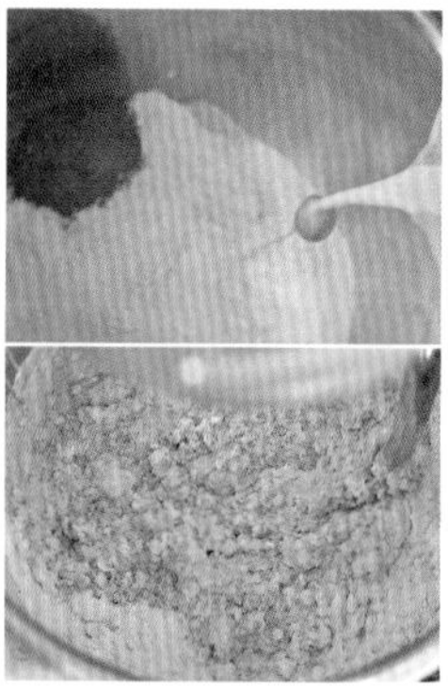

倒入材料B的液体，开始以低速搅拌4分钟，后转为中速再搅拌3分钟。

3

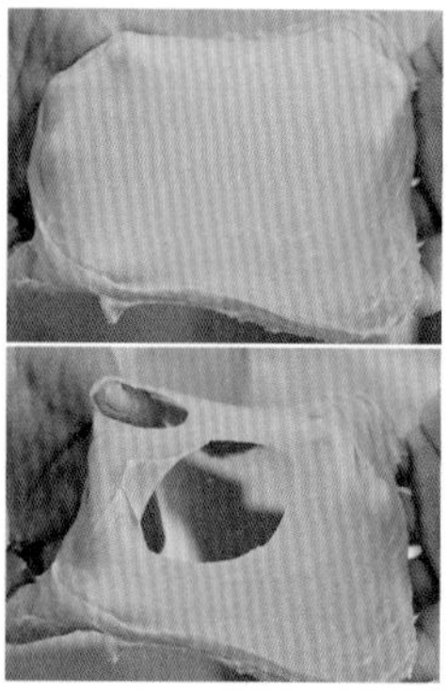

取一点面团拉开，会形成不透光薄膜，且破洞边缘呈锯齿状，此为扩展状态。

4

加入材料C，先以低速搅打3分钟，后转为中速再搅打3分钟。

5

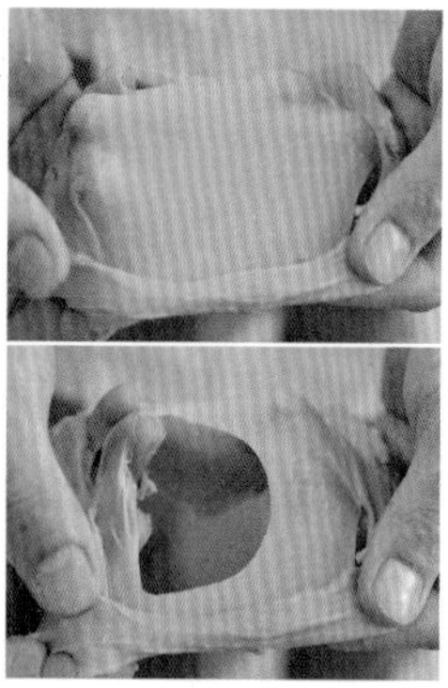

取一点面团拉开，会形成光滑透明有弹性的薄膜，且破洞边缘光滑，即为完全扩展状态。

6

将面团从搅拌缸中取出，稍微整型后放入发酵箱中，此时面团中心温度应为26℃。

step 基础发酵

7

以温度30℃、湿度75%，发酵30分钟。

8

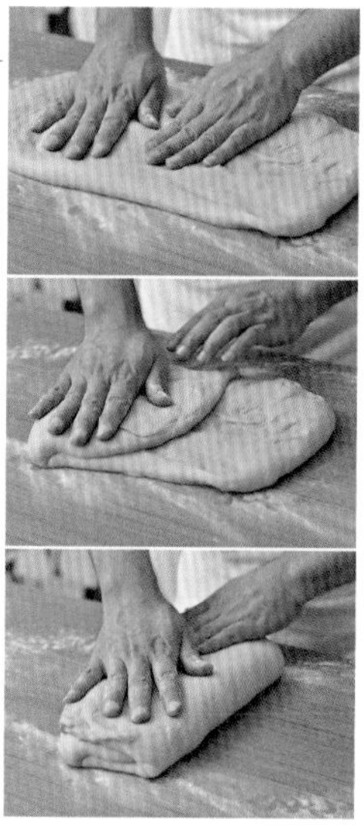

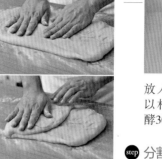

在工作台上撒少许高筋面粉，将面团取出，稍微将表面拍平整，由右往左折1/3，再由左往右折1/3。

9

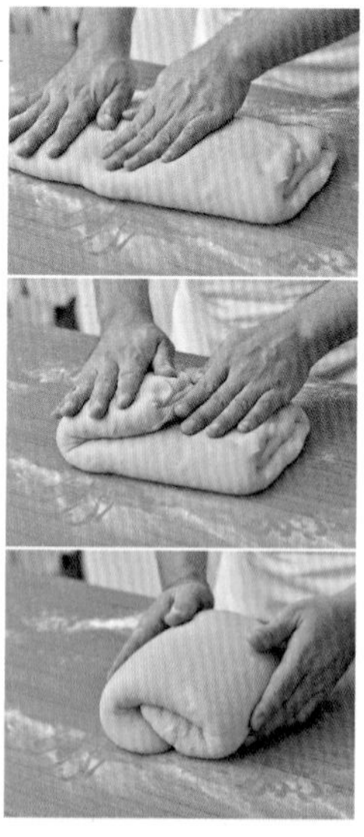

接着将面团折口朝上转90度，稍压平整，再由右往左折2折。

10

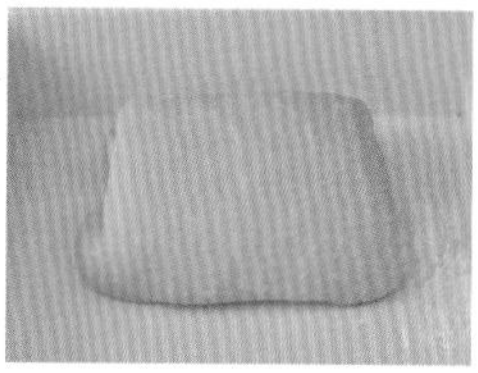

放入发酵箱中，继续以相同温度、湿度发酵30分钟。

step 分割滚圆

11

工作台上撒少许高筋面粉防粘，取出发酵好的面团，分割成每个150g的小面团。

12

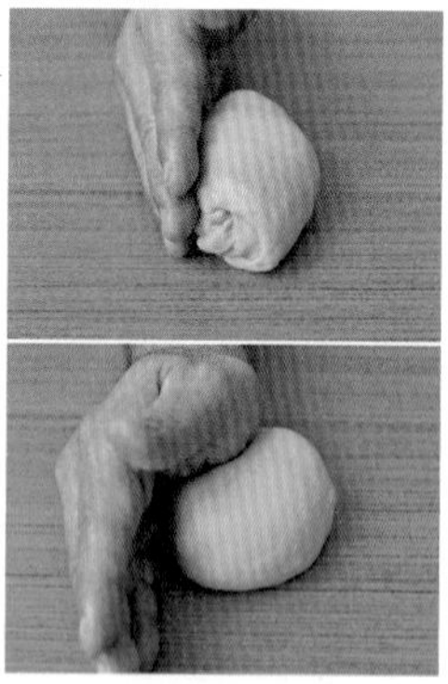

面团光滑面朝上，用单手手掌捧住面团边缘，先往前推再往后拉，手掌底部略施力，让面团边缘顺势滚入底部，重复数次使面团表面变光滑。

step 中间发酵

13

整型好的面团彼此间隔一定距离放入发酵箱中，继续发酵30分钟。

step 整型和包馅

14

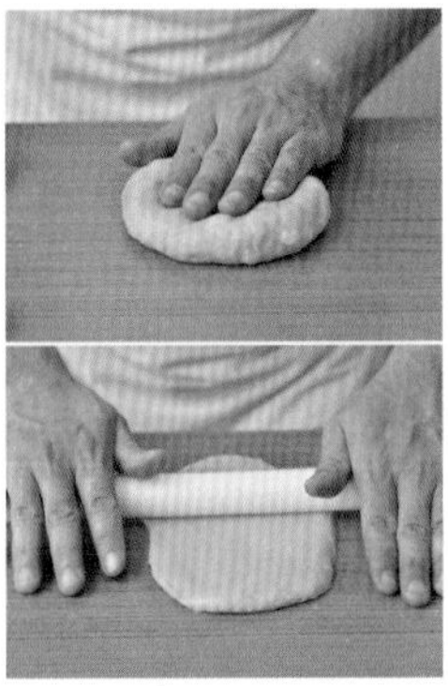

工作台上撒少许高筋面粉防粘，取出发酵好的面团，稍微压一下，再用擀面棍擀成长椭圆形。

15

将30g蜜豆馅置于面团中央。

16

由上往下卷起，边卷边将面团两边朝里收，将馅料卷入。

17

稍微将面团搓长，每三个一组交叉堆叠。

18

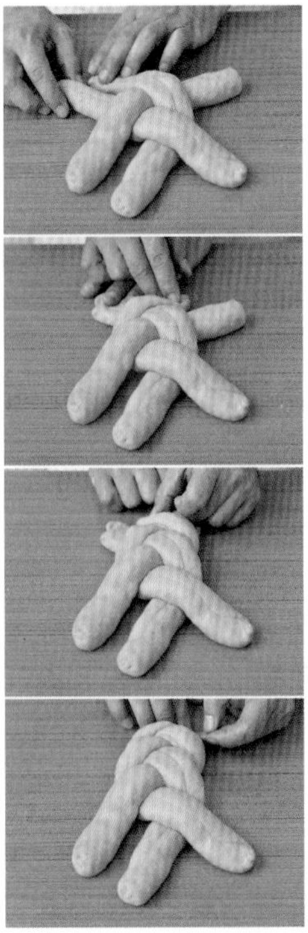

由下方开始以编麻花辫的手法交叉堆叠至尾端，捏紧面团。

19

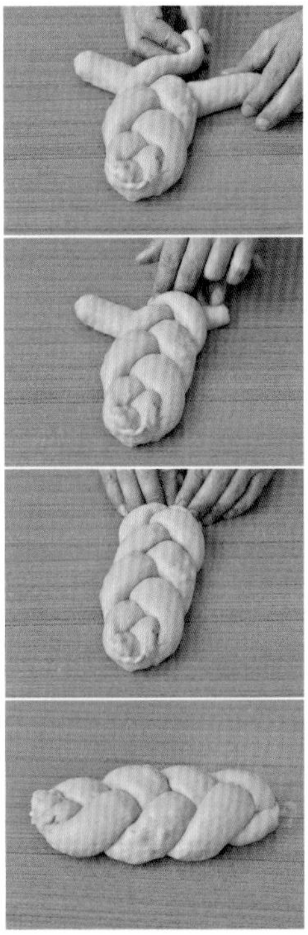

将收口由下往上翻折捏紧，继续将另一端交叉编至尾端收紧，面团成为辫子形。

step 烘烤前装饰

20

把辫子面团轻沾一层玉米粉，放入吐司模中发酵。

step 最后发酵

21

待面团发酵至吐司模八点五分满。

step 烘烤

22

以上火150℃/下火230℃预热烤箱，将面包坯放进烤箱，烘烤20分钟后降温为上火150℃/下火210℃，再烤10分钟。

23

烘烤完成的吐司轻敲一下模具，马上脱模，置于网架上冷却。

抹茶燕麦南瓜吐司

Green Tea Oatmeal Bread Loaf with Pumpkin

内馅包入香甜的南瓜丁，加上表面脆口的南瓜子，
就算不喜欢抹茶口味，也会被完全征服！

种法：直接法
模具：12两吐司模
（19.7cm×10.6cm×11cm）
数量：5条

材料

面团

A__鹰牌高筋面粉800g 拿破仑法式面包粉200g 法国老面300g
海藻糖30g 细砂糖100g 盐12g 抹茶粉20g 高糖酵母12g
B__冰水400g 六倍奶200g 全蛋100g
C__无盐黄油60g 炼乳60g
D__燕麦粒300g

内馅

南瓜丁300g
＊将南瓜丁分成每份20g，共15份备用。

烘烤前表面装饰

全蛋液适量 南瓜子适量

烘焙小笔记

制作流程	搅拌→基础发酵→分割滚圆→中间发酵→第一次擀卷、发酵→第二次擀卷、包馅→最后发酵→烘烤前装饰→烘烤
搅拌时间	低速4分钟→中速3分钟→加入材料C→低速3分钟→中速3分钟→放入燕麦粒→低速30秒钟
基础发酵前面团温度	26℃
发酵温度、湿度	温度30℃，湿度75%
基础发酵	发酵30分钟后翻面，再发酵30分钟
分割滚圆	150g×3/条
中间发酵	30分钟
整型样式	圆柱形二次擀卷
最后发酵	至吐司模八点五分满
烘烤温度、时间	上火150℃/下火230℃，烘烤20分钟后降温为上火150℃/下火210℃，再烤10分钟

step 搅拌

1

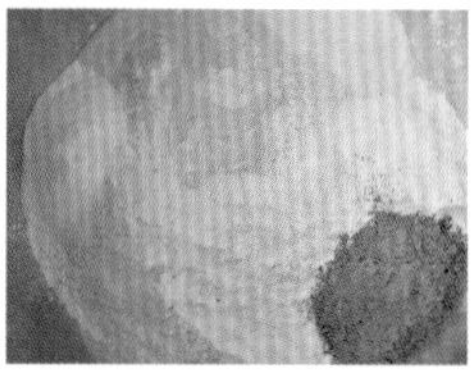

将材料A放入厨师机搅拌缸中，盐与酵母必须分开些摆放。

2

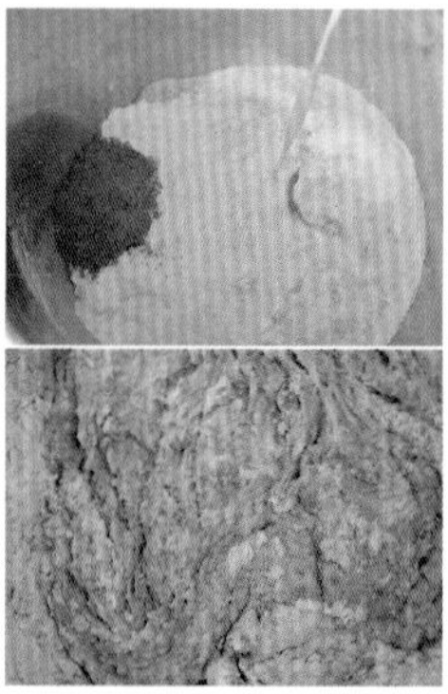

倒入材料B的液体，以低速搅拌4分钟，后转为中速再搅拌3分钟。

3

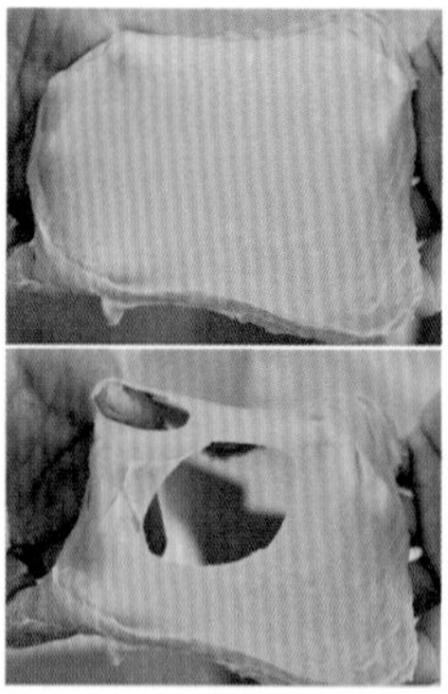

取一点面团拉开，会形成不透光薄膜，且破洞边缘呈锯齿状，此为扩展状态。

4

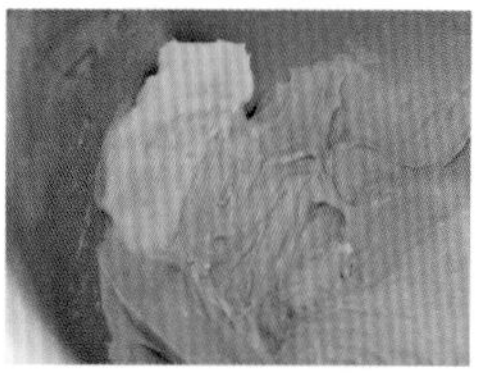

加入材料C，先以低速搅打3分钟，后转为中速再搅打3分钟。

5

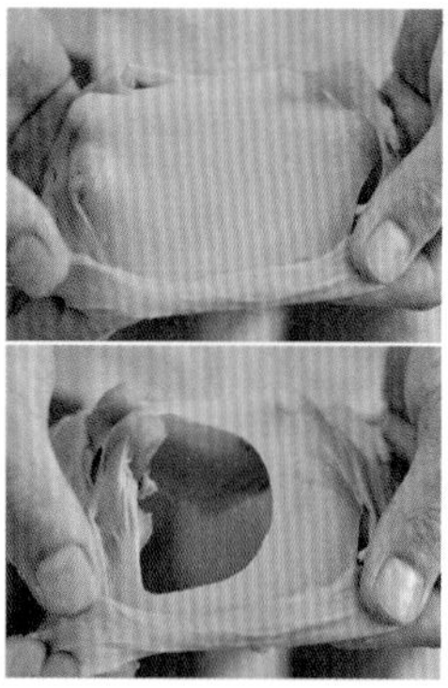

取一点面团拉开，会形成光滑透明有弹性的薄膜，且破洞边缘光滑，即为完全扩展状态。

6

接着放入材料D的燕麦粒，以低速搅拌30秒钟即停。

7

将面团从搅拌缸中取出，稍微整型后放入发酵箱中，此时面团中心温度应为26℃。

step 基础发酵

8

以温度30℃、湿度75%，发酵30分钟。

9

在工作台上撒少许高筋面粉，将面团取出，稍微将表面拍平整，由右往左折1/3，再由左往右折1/3。

10

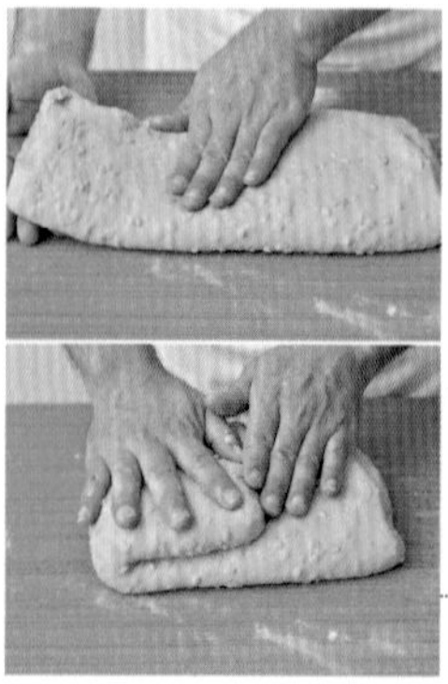

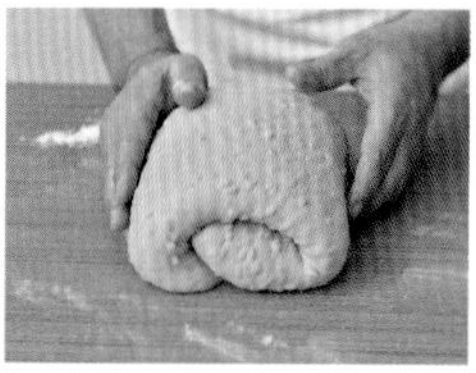

接着将面团折口朝上转90度，稍压平整，再由右向左折2折。

11

放入发酵箱中，继续以相同温度和湿度发酵30分钟。

step 分割滚圆

12

工作台上撒少许高筋面粉防粘，取出发酵好的面团，分割成每个150g的小面团。

13

面团光滑面朝上，用单手手掌捧住面团边缘，先往前推再往后拉，手掌底部略施力，让面团边缘顺势滚入底部，重复数次使面团表面变光滑。

step 中间发酵

14

整型好的面团彼此间隔一定距离放入发酵箱中，继续发酵30分钟。

step 第一次擀卷、发酵

15

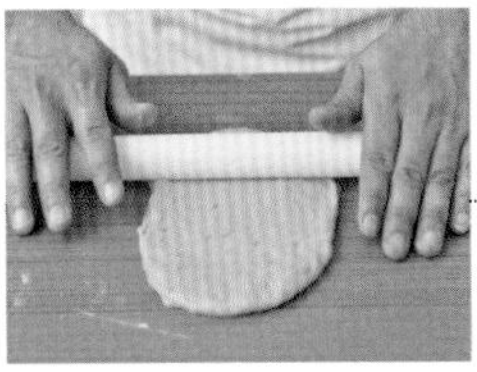

工作台上撒少许高筋面粉防粘，取出发酵好的面团稍微压一下，再用擀面棍擀成长椭圆形。

16

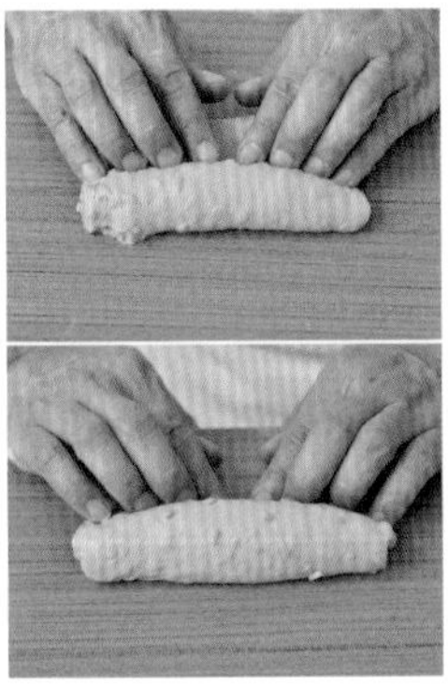

光滑面朝下，由上往下卷起成长条形。

17

将擀卷好的面团放入发酵箱，以相同温度和湿度发酵15分钟。

step 第二次擀卷、包馅

18

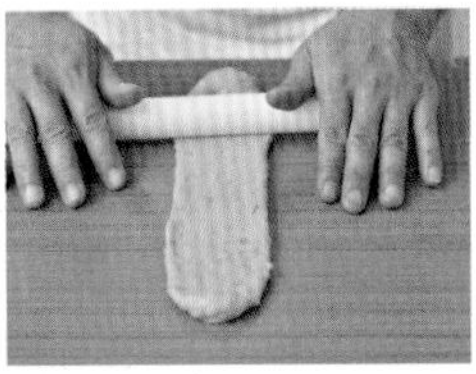

工作台上撒少许高筋面粉防粘，取出面团，用擀面棍擀成长条形。

19

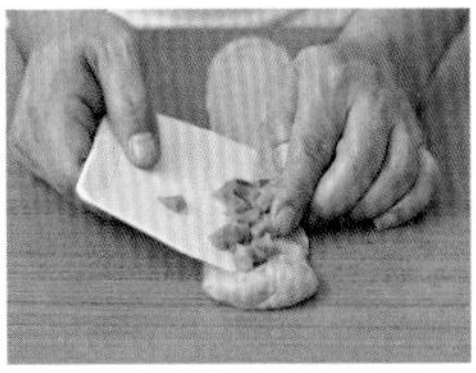

将20g南瓜丁馅置于面团中央。

20

由上往下卷起，边卷边将面团两边往里收，将馅料卷入成为圆柱形。

21

每3个面团一组，收口朝下放入吐司模中。

step 最后发酵

22

待面团发酵至吐司模八点五分满。

step 烘烤前装饰

23

将吐司表面刷上全蛋液，撒上南瓜子。

step 烘烤

24

以上火150℃/下火230℃预热烤箱，将面包坯放进烤箱，烘烤20分钟后降温为上火150℃/下火210℃，再烤10分钟。

25

烘烤完成的吐司轻敲一下模具，马上脱模，置于网架上冷却。

贵妇吐司

Custard Bread Loaf

烘烤过的卡仕达馅，清雅高贵不甜腻，也让表皮更柔软，直接吃，很美味；回烤吃，滋味更迷人！

种法：液种法
模具：12两吐司模
（19.7cm×10.6cm×11cm）
数量：4条

材料

面团

A__鹰牌高筋面粉700g 液种600g 汤种300g 细砂糖120g 盐12g 高糖酵母12g 麦芽精5g

B__六倍奶300g 炼乳60g 冰块130g

C__无盐黄油120g

烘烤前表面装饰

卡仕达馅100g 无盐黄油100g

＊卡仕达馅做法请参考p.27；将卡仕达馅与无盐黄油混合均匀后，放在挤花袋里备用。

烘焙小笔记

制作流程	搅拌→基础发酵→分割滚圆→中间发酵→第一次擀卷、发酵→第二次擀卷→最后发酵→烘烤前装饰→烘烤
搅拌时间	低速4分钟→中速4分钟→加入无盐黄油→低速3分钟→中速2分钟
基础发酵前面团温度	26℃
发酵温度、湿度	温度30℃，湿度75%
基础发酵	发酵30分钟后翻面，再发酵30分钟
分割滚圆	170g × 3/条
中间发酵	30分钟
整型样式	圆柱形二次擀卷
最后发酵	至吐司模八分满
烘烤温度、时间	上火150℃/下火240℃，烘烤20分钟后降温为上火150℃/下火210℃，再烤15分钟

step 搅拌

1

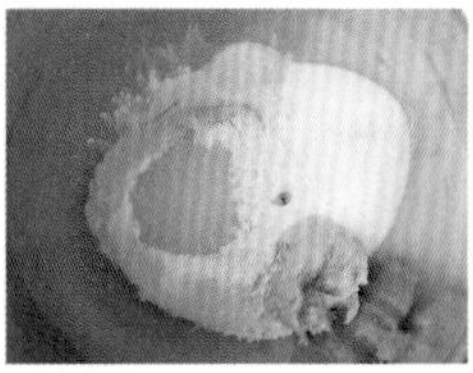

将材料A放入厨师机搅拌缸中，盐与酵母必须分开些摆放。

2

倒入材料B的液体，以低速搅拌4分钟，后转为中速再搅拌4分钟。

3

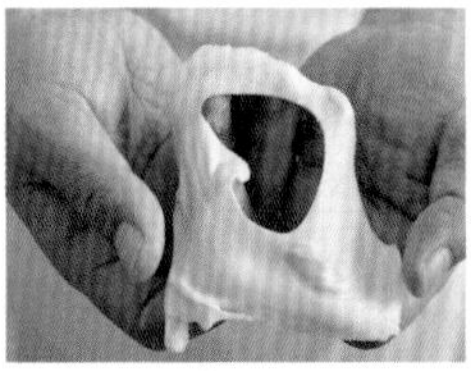

取一点面团拉开，会形成不透光薄膜，且破洞边缘呈锯齿状，此为扩展状态。

4

加入材料C的无盐黄油，先以低速搅打3分钟，后转为中速再搅打2分钟。

5

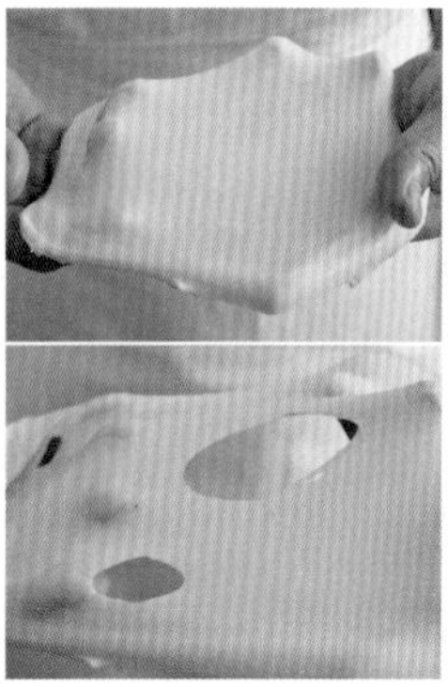

取一点面团拉开，会形成光滑透明有弹性的薄膜，且破洞边缘光滑，即为完全扩展状态。

6 将面团从搅拌缸中取出，放入发酵箱中，此时面团中心温度应为26℃。

step 基础发酵

7

以温度30℃、湿度75%，发酵30分钟。

8

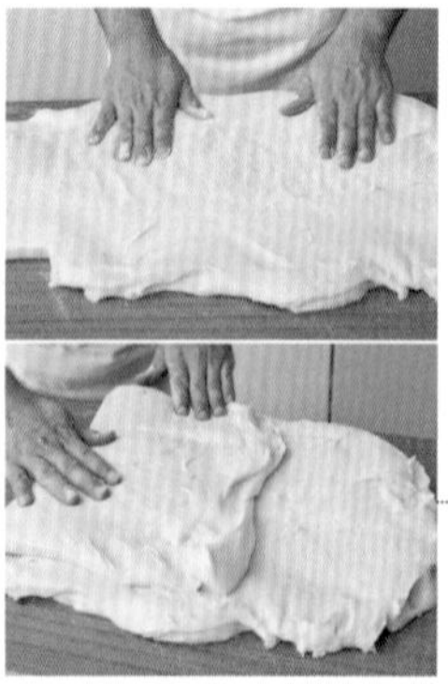

在工作台上撒少许高筋面粉，将面团取出，稍微将表面拍平整，由右往左折1/3，再由左往右折1/3。

9

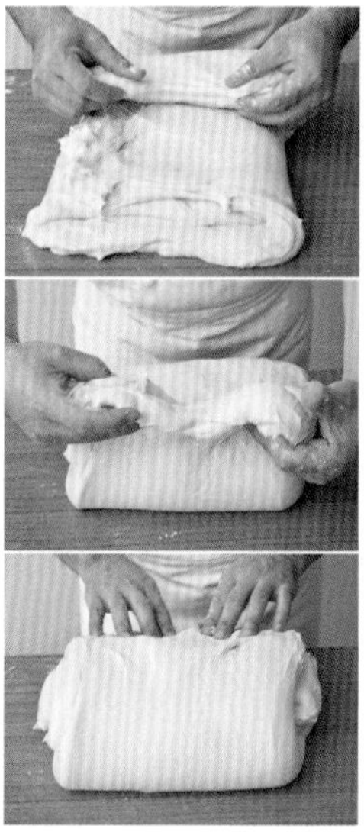

接着将面团折口朝上转90度，稍压平整，由下往上折1/3，再由上往下折1/3。

10

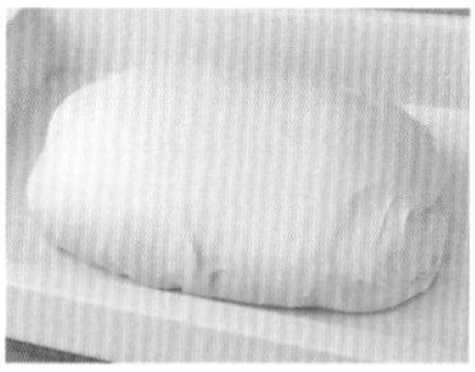

放入发酵箱中，继续以相同温度和湿度发酵30分钟。

step 分割滚圆

11

工作台上撒少许高筋面粉防粘，取出发酵好的面团，分割成每个170g的小面团。

12

将面团光滑面朝上，稍微拍平整，由下往上对折，用单手手掌捧住面团边缘，先往前推再往后拉，手掌底部略施力，让面团边缘顺势滚入底部，重复数次使面团表面变光滑。

step 中间发酵

13

整型好的面团彼此间隔一定距离放入发酵箱中，继续发酵30分钟。

step 第一次擀卷、发酵

14

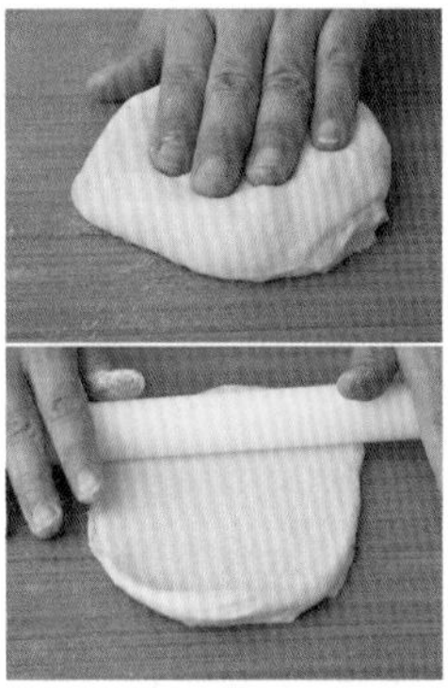

工作台上撒少许高筋面粉防粘，取出发酵好的面团稍微压一下，用擀面棍擀成长椭圆形。

15

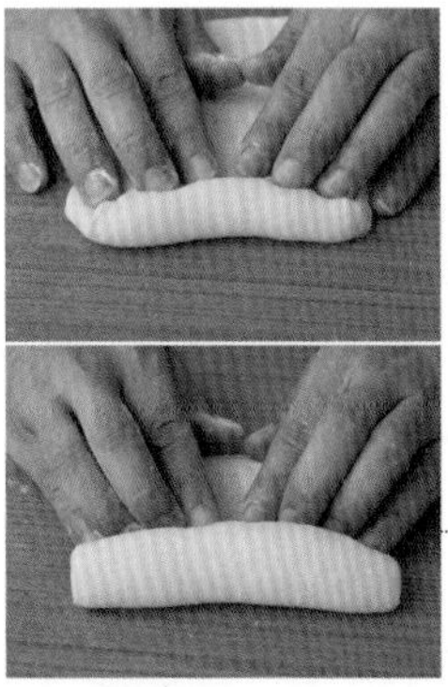

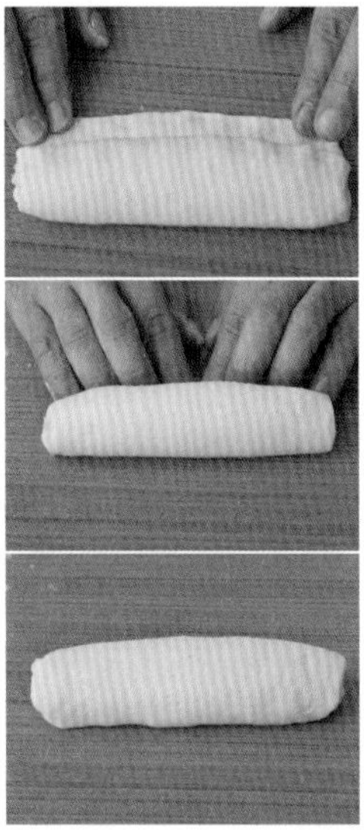

光滑面朝下，由上往下卷起，将最末端压扁些再收口捏紧。

16

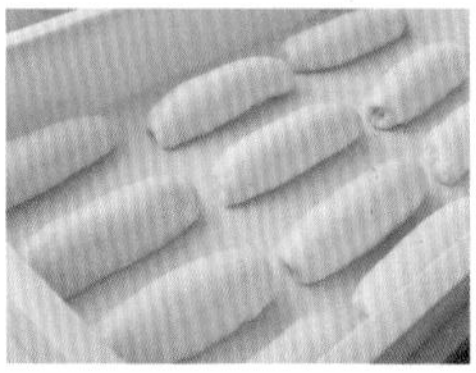

将擀卷好的面团放入发酵箱，以相同温度和湿度发酵15分钟。

step 第二次擀卷

17

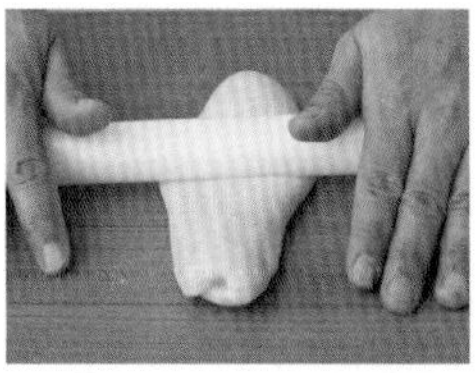

工作台上撒少许高筋面粉防粘，取出面团，用擀面棍擀成长条形。

18

由上往下卷起，边卷边将面团两边卷入。

19

每3个面团一组，收口朝下放入吐司模中。

step 最后发酵

20

待面团发酵至吐司模八分满。

step 烘烤前装饰

21

将吐司表面挤上卡仕达馅。

step 烘烤

22

以上火150℃/下火240℃预热烤箱，将面包坯放进烤箱，烘烤20分钟后降温为上火150℃/下火210℃，再烤15分钟。

23

烘烤完成的吐司轻敲一下模具，马上脱模，置于网架上冷却。

顶级牛奶吐司

Milk Bread Loaf

使用液种加汤种，
让吐司呈现完美的柔软组织，
在家也能做出专业级面包！

种法：液种法
模具：12两吐司模
（19.7cm×10.6cm×11cm）
数量：4条

材料

面团

A__鹰牌高筋面粉700g 液种600g 汤种300g 细砂糖120g 盐12g 高糖酵母12g 麦芽精5g

B__六倍奶300g 冰块130g

C__无盐黄油120g 炼乳60g

烘烤前表面装饰

牛奶适量

烘焙小笔记

制作流程	搅拌→基础发酵→分割滚圆→中间发酵→第一次擀卷、发酵→第二次擀卷、发酵→最后发酵→烘烤前装饰→烘烤
搅拌时间	低速4分钟→中速4分钟→加入材料C→低速3分钟→中速2分钟
基础发酵前面团温度	26℃
发酵温度、湿度	温度30℃，湿度75%
基础发酵	发酵30分钟后翻面，再发酵30分钟
分割滚圆	170g×3/条
中间发酵	30分钟
整型样式	圆柱形二次擀卷
最后发酵	至吐司模八分满
烘烤温度、时间	上火150℃/下火240℃，烘烤20分钟后降温为上火150℃/下火210℃，再烤15分钟

step 搅拌

1

将材料A放入厨师机搅拌缸中，盐与酵母必须分开些摆放。

2

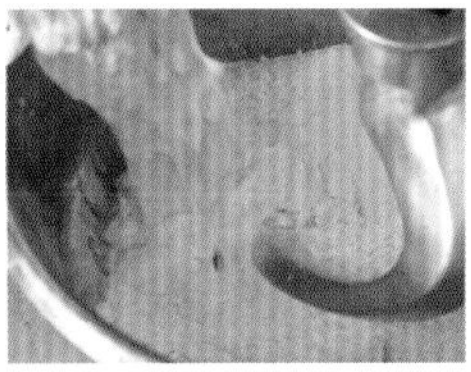

倒入材料B的液体，以低速搅拌4分钟，后转为中速再搅拌4分钟。

3

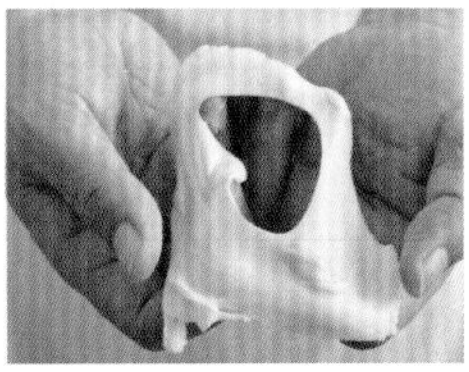

取一点面团拉开，会形成不透光薄膜，且破洞边缘呈锯齿状，此为扩展状态。

4

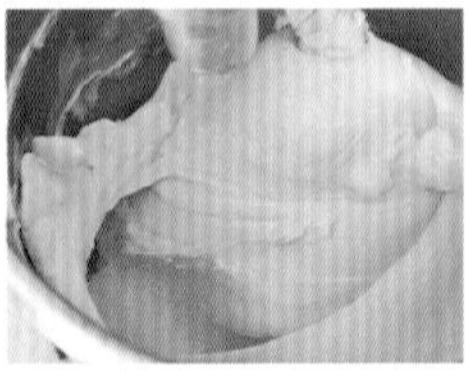

加入材料C，先以低速搅打3分钟，后转为中速再搅打2分钟。

5

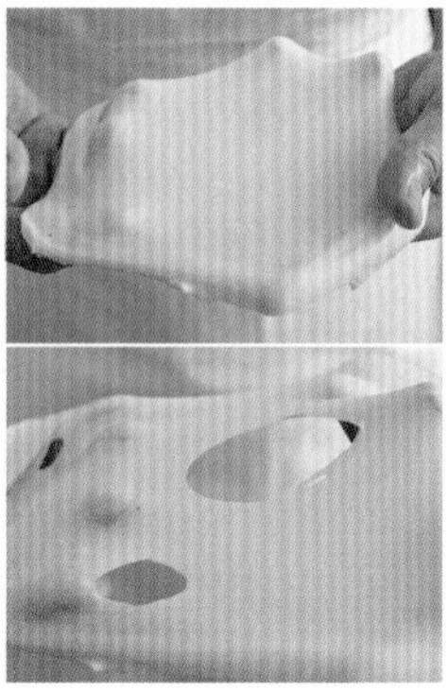

取一点面团拉开，会形成光滑透明有弹性薄膜，且破洞边缘光滑，即为完全扩展状态。

6 将面团从搅拌缸中取出，放入发酵箱中，此时面团中心温度应为26℃。

step 基础发酵

7

以温度30℃、湿度75%，发酵30分钟。

8

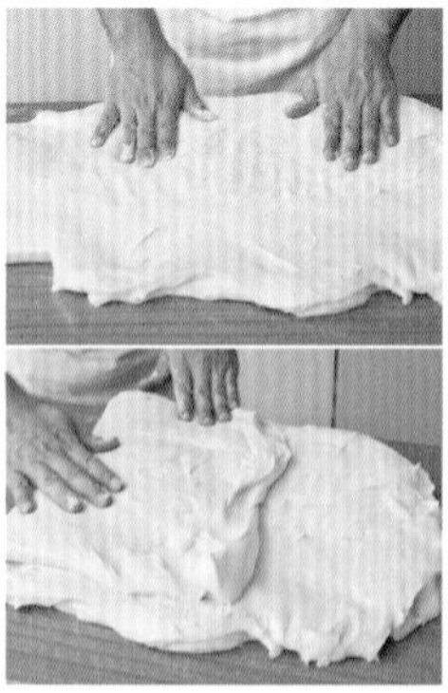

在工作台上撒少许高筋面粉，将面团取出，稍微将表面拍平整，由右往左折1/3，再由左往右折1/3。

9

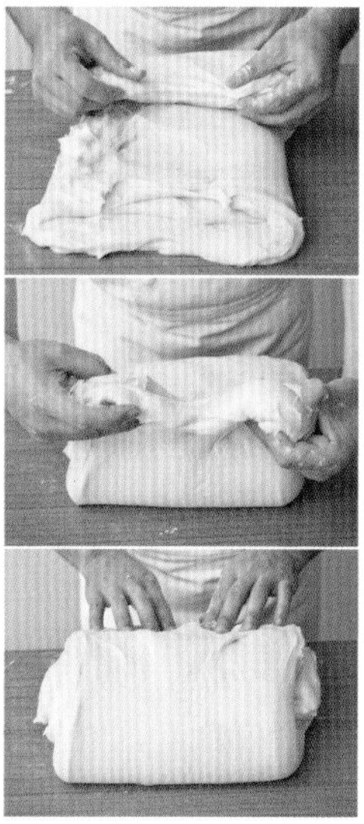

接着稍压平整，由下往上折1/3，再由上往下折1/3。

10

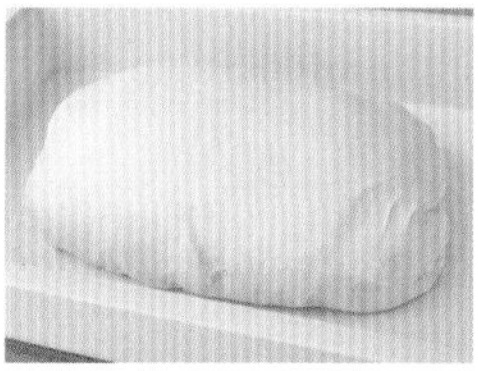

放入发酵箱中，继续以相同温度和湿度发酵30分钟。

step 分割滚圆

11

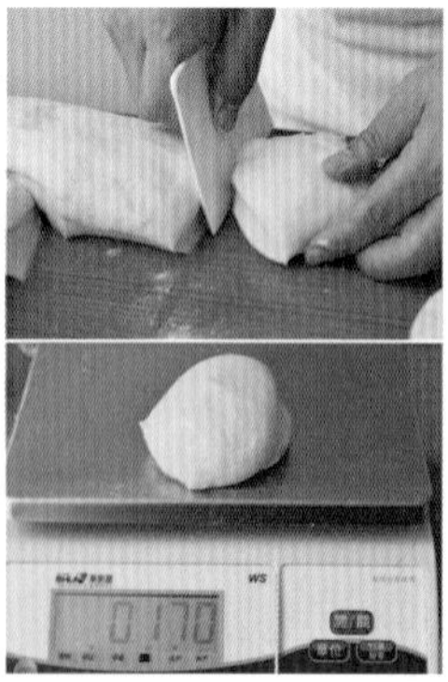

工作台上撒少许高筋面粉防粘，取出发酵好的面团，分割成每个170g的小面团。

12

将面团光滑面朝上，稍微拍平整，由下方往上对折，单手手掌捧住面团边缘，先往前推再往后拉，手掌底部略施力，让面团边缘顺势滚入底部，重复数次使面团表面变光滑。

step 中间发酵

13

整型好的面团间隔一定距离，放入发酵箱中，继续发酵30分钟。

第一次擀卷、发酵

14

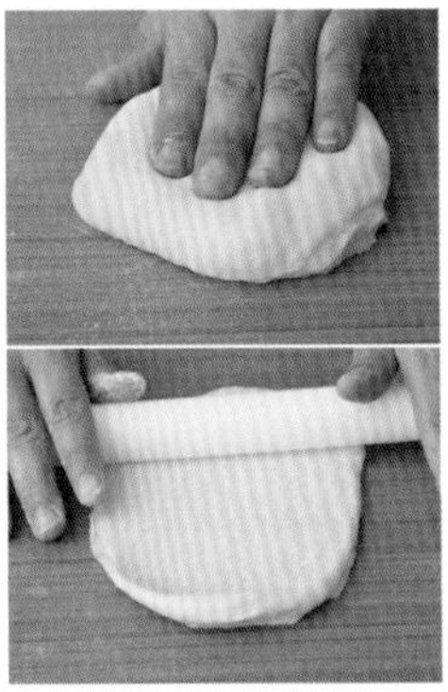

工作台上撒少许高筋面粉防粘，取出发酵好的面团，稍微压一下，用擀面棍擀成长椭圆形。

15

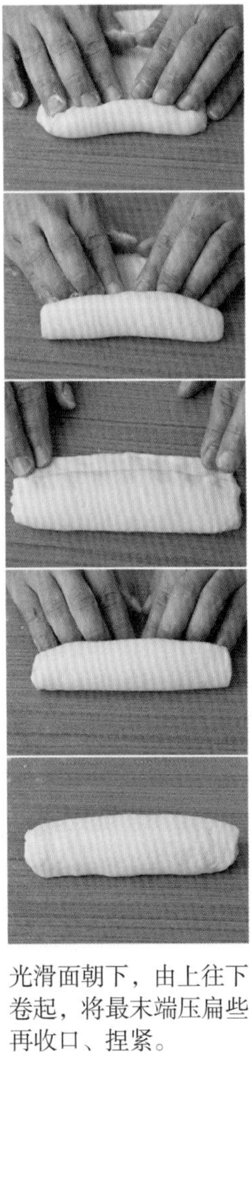

光滑面朝下，由上往下卷起，将最末端压扁些再收口、捏紧。

16

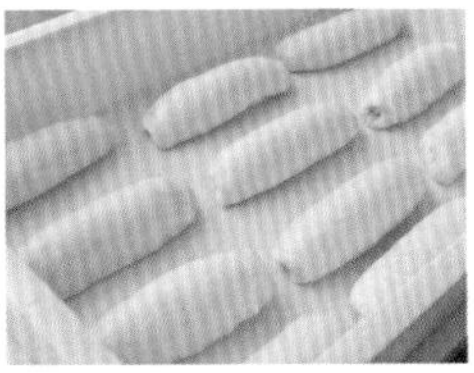

将擀卷好的面团放入发酵箱，以相同温度和湿度发酵15分钟。

第二次擀卷

17

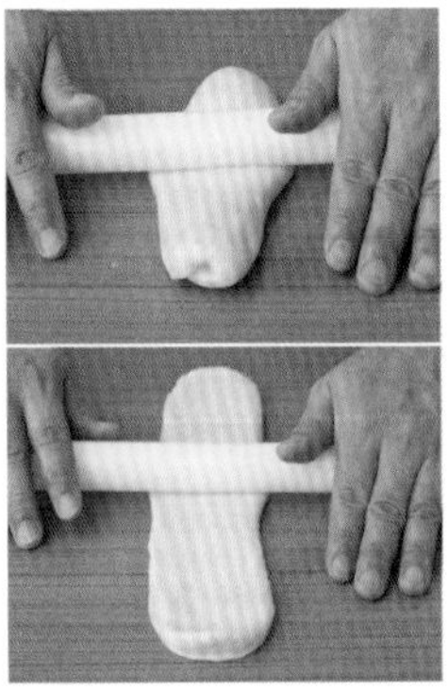

工作台上撒少许高筋面粉防粘，取出面团，用擀面棍擀成长条形，成为圆柱形。

18

由上往下卷起，边卷边将面团两边卷入。

19

每3个面团一组，收口朝下放入吐司模中。

最后发酵

20

待面团发酵至吐司模八分满。

烘烤前装饰

21

将吐司表面刷上牛奶。

烘烤

22

以上火150℃/下火240℃预热烤箱，将面包坯放进烤箱，烘烤20分钟后降温为上火150℃/下火210℃，再烤15分钟。

23

烘烤完成的吐司轻敲一下模具，马上脱模，置于网架上冷却。

蜂蜜五谷红豆吐司

Honey Multi-Grain Bread Loaf with Red Beans

加入的各种粉类吸水性各不相同，
掌握好配方比例，就可以兼顾营养与口感。

种法：液种法
模具：8两吐司模
（18.1cm×9.1cm×7.7cm）
数量：8条

材料

面团

A__鹰牌高筋面粉700g 液种600g 葡萄种300g
黑糯米全谷粉100g 五谷米250g
高糖酵母10g 麦芽精5g 盐18g

B__六倍奶150g 蜂蜜200g 冰水140g

C__无盐黄油60g

内馅

蜜红豆360g

＊将红豆分成每份45g，共8份备用。

烘烤前表面装饰

鹰牌高筋面粉适量

烘焙小笔记

制作流程	搅拌→基础发酵→分割滚圆→中间发酵→整型和包馅→最后发酵→烘烤前装饰→烘烤
搅拌时间	低速4分钟→中速5分钟→加入无盐黄油→低速3分钟→中速4分钟
基础发酵前面团温度	26℃
发酵温度、湿度	温度30℃，湿度75%
基础发酵	发酵30分钟后翻面，再发酵30分钟
分割滚圆	300g/条
中间发酵	30分钟
整型样式	圆柱形
最后发酵	至吐司模八点五分满
烘烤温度、时间	上火150℃/下火230℃，烘烤20分钟后降温为上火150℃/下火210℃，再烤10分钟

step 搅拌

1

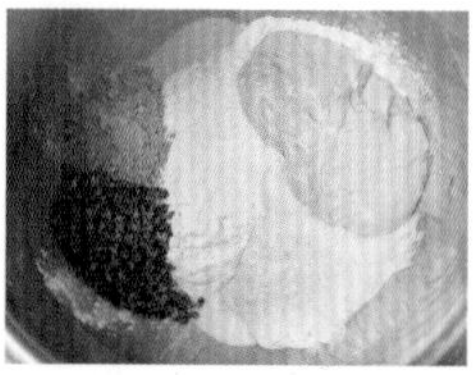

将材料A放入厨师机搅拌缸中，盐与酵母必须分开些摆放。

2

倒入材料B的液体，以低速搅拌4分钟，后转为中速再搅拌5分钟。

3

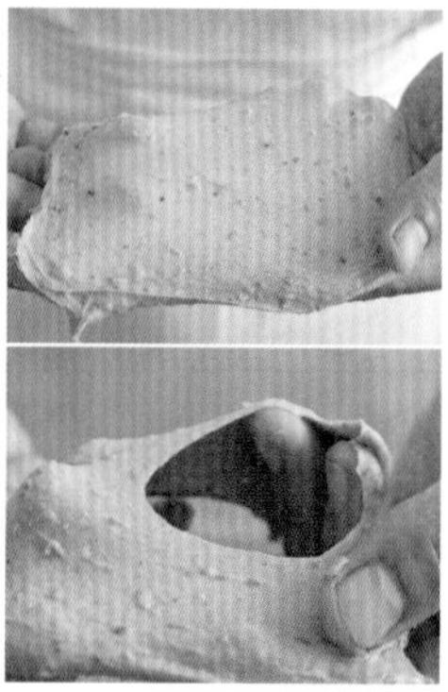

取一点面团拉开，会形成不透光薄膜，且破洞边缘呈锯齿状，此为扩展状态。

4

加入材料C的无盐黄油，先以低速搅打3分钟，后转为中速再搅打4分钟。

5

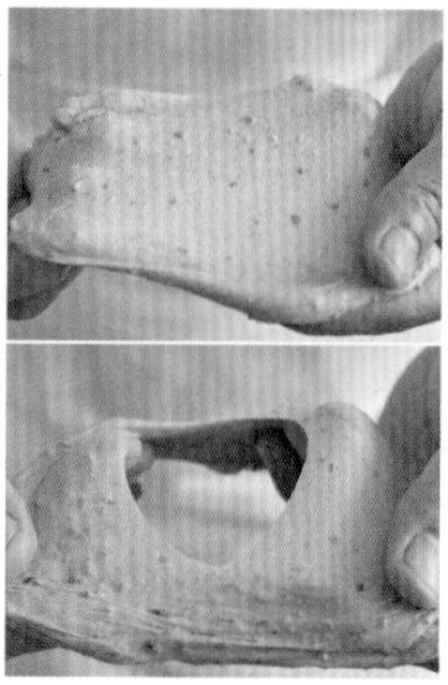

取一点面团拉开，会形成光滑透明有弹性的薄膜，且破洞边缘光滑，即为完全扩展状态。

6

将面团从搅拌缸中取出，放入发酵箱中，此时面团中心温度应为26℃。

step 基础发酵

7

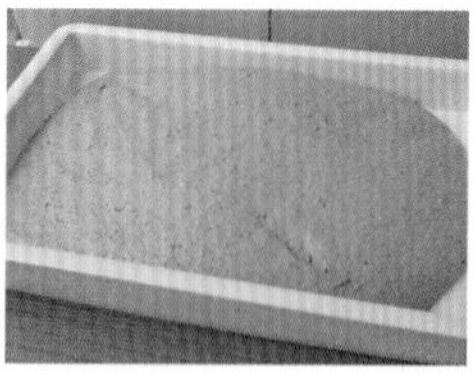

以温度30℃、湿度75%，发酵30分钟。

8

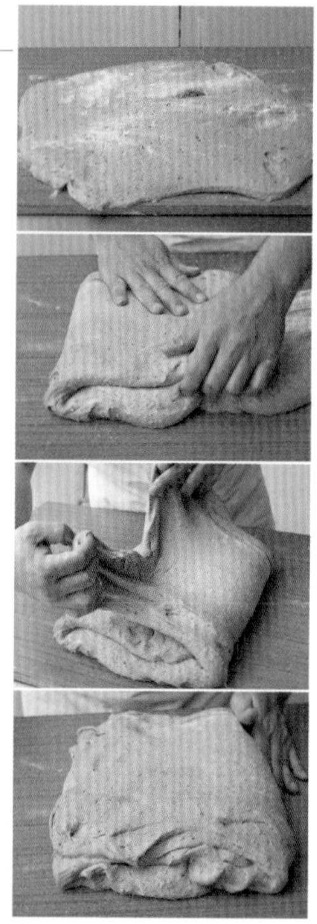

在工作台上撒少许高筋面粉，将面团取出，稍微将面团表面拍平整，将面团由右往左折1/3，再由左往右折1/3。

9

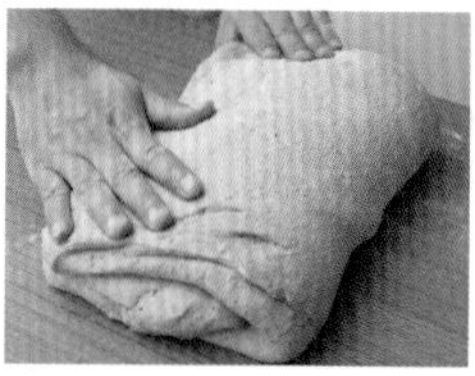

接着将面团折口朝上转90度，稍压平整，将面团由右往左折1/3，再由左往右折1/3。

10

放入发酵箱中，继续以相同温度和湿度发酵30分钟。

step 分割滚圆

11

工作台上撒少许高筋面粉防粘，取出发酵好的面团，分割成每个300g的小面团。

12

将面团稍微拍平整，由下往上卷起，再往身体方向拉回，整成光滑的圆柱形。

中间发酵

13

整型好的面团彼此间隔一定距离，放入发酵箱中，继续发酵30分钟。

整型和包馅

14

取出发酵好的面团，用擀面棍擀成长条形。

15

光滑面朝下，中心均匀铺上45g蜜红豆。

16

由上方面团边缘往下方卷起。

17

将面团尾端稍微拉开，让收口容易收紧，完整卷起后稍微搓揉整型成为圆柱形。

18

面团收口朝下，放入吐司模中。

最后发酵

19

待面团发酵至吐司模八点五分满。

烘烤前装饰

20

在面团上均匀撒高筋面粉，用刀斜划4刀。

烘烤

21

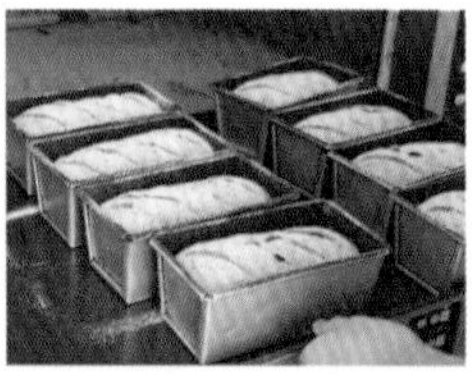

以上火150℃/下火230℃预热烤箱，将面包坯放进烤箱，烤20分钟后降温为上火150℃/下火210℃，再烤10分钟。

22

烘烤完成的吐司轻敲一下模具，马上脱模，置于网架上冷却。

Chapter 2

餐包

餐包个头小，能做出方形或橄榄形，外观可以说是小巧玲珑，
加上外皮与内馅变化丰富，很容易让人一口接一口吃个不停，
非常适合野餐，或当作点心品尝。

特级红豆餐包

Red Beans Buns

外酥内软的口感，搭配甜而不腻的红豆馅，
最适合拿来解馋，再加上一杯咖啡或茶，真是美妙的搭配！

种法：液种法
模具：带盖正方形烤模
（6cm×6cm×6cm）
数量：34个

材料

面团

A__鹰牌高筋面粉700g 汤种100g 液种600g 麦芽精3g
高糖酵母10g 细砂糖120g 盐15g

B__全蛋150g 冰水80g 六倍奶180g

C__无盐黄油120g

内馅

特级红豆馅1360g ＊将红豆分成每份40g，共34份备用。

烘焙小笔记

制作流程	搅拌→基础发酵→分割滚圆→中间发酵→整型和包馅→最后发酵→烘烤
搅拌时间	低速4分钟→中速3分钟→加入无盐黄油→低速3分钟→中速2分钟
基础发酵前面团温度	26℃
发酵温度、湿度	温度30℃，湿度75%
基础发酵	发酵30分钟后翻面，再发酵30分钟
分割滚圆	60g/个
中间发酵	30分钟
整型样式	正方形
最后发酵	至正方形模七分满
烘烤温度、时间	上火220℃/下火170℃，烘烤10分钟后降温至155℃，再烘烤4分钟

搅拌

1

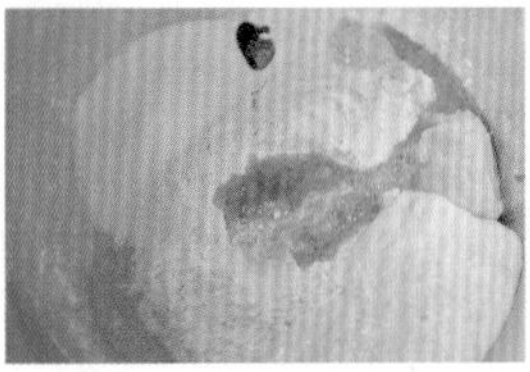

将材料A放入厨师机搅拌缸中，盐与酵母必须分开些摆放。

2

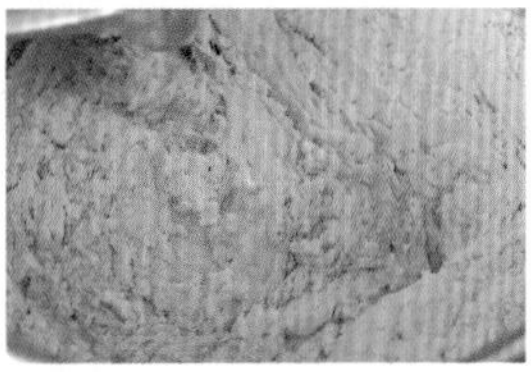

倒入材料B的液体，以低速搅拌4分钟，转为中速再搅拌3分钟。

3

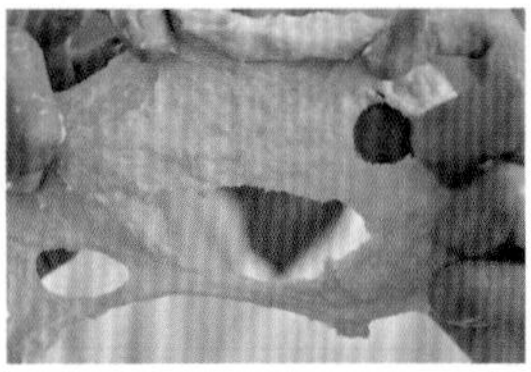

取一点面团拉开，会形成不透光薄膜，且破洞边缘呈锯齿状，此为扩展状态。

4

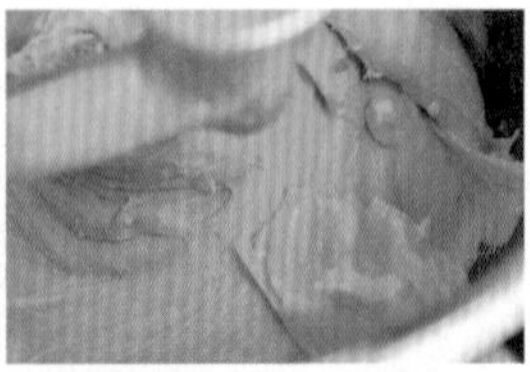

加入材料C的无盐黄油，先以低速搅打3分钟，后转为中速再搅打2分钟。

5

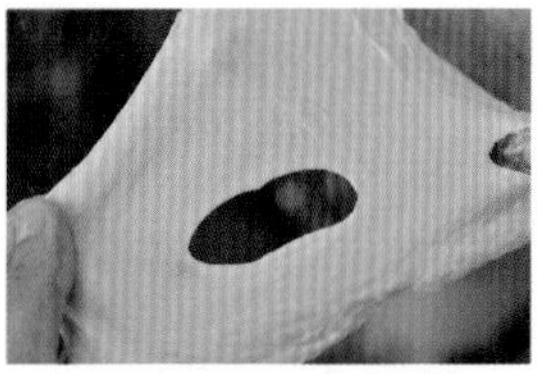

取一点面团拉开，会形成光滑透明有弹性的薄膜，且破洞边缘光滑，即为完全扩展状态。

6

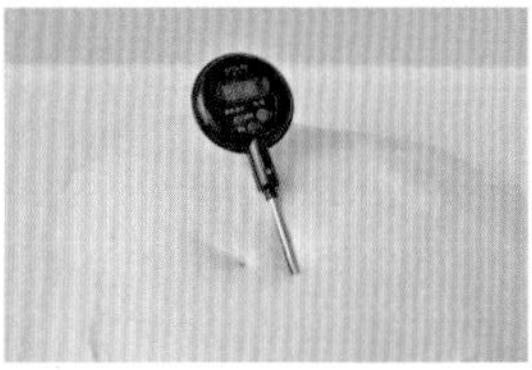

将面团从搅拌缸中取出，放入发酵箱中，此时面团中心温度应为26℃。

基础发酵

7

以温度30℃、湿度75%，发酵30分钟。

8

在工作台上撒少许高筋面粉，将面团取出，稍微将表面拍平整，由下往上折1/3，再由上往下折1/3。

9

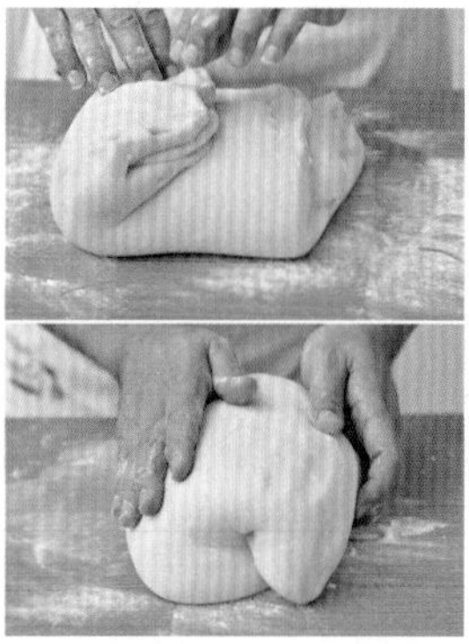

接着稍压平整，再由右往左折2折。

10

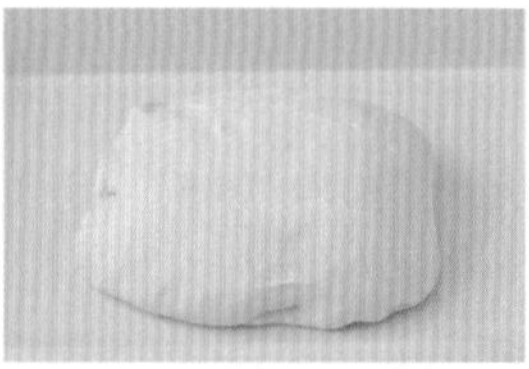

放入发酵箱中，以相同温度和湿度发酵30分钟。

step 分割滚圆

11

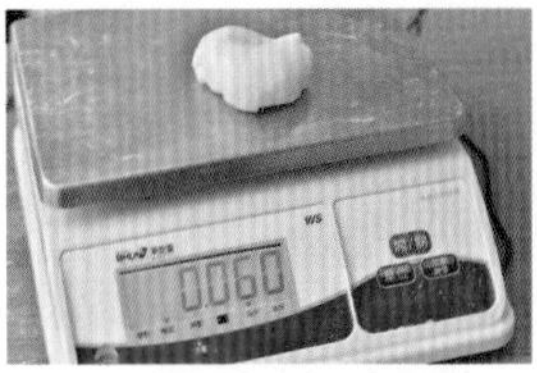

工作台上撒少许高筋面粉防粘，取出发酵好的面团，分割成每个60g的小面团。

12

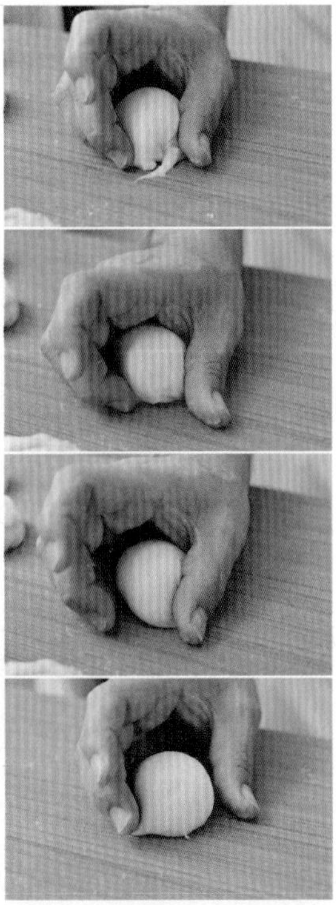

将面团用拇指与小指框住，一边搓圆，一边施力将面团边缘往底部收拢、整圆。

step 中间发酵

13

整型好的面团彼此间隔一定距离放入发酵箱中，继续发酵30分钟。

step 整型和包馅

14

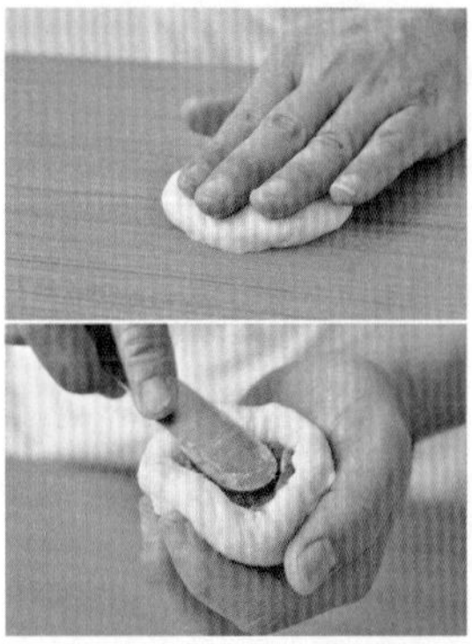

取出发酵好的面团，用手稍微压扁，包入40g红豆馅。

15

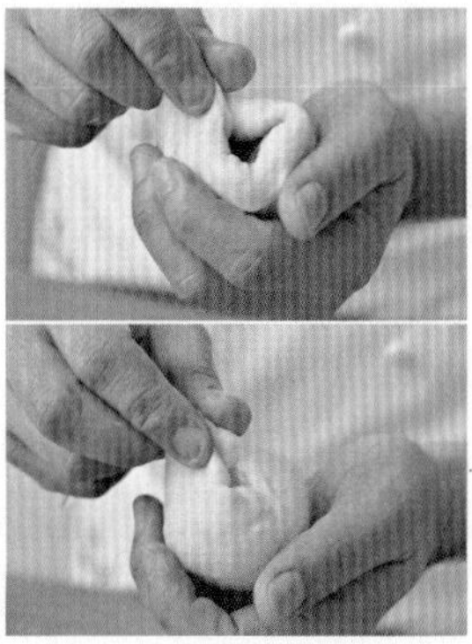

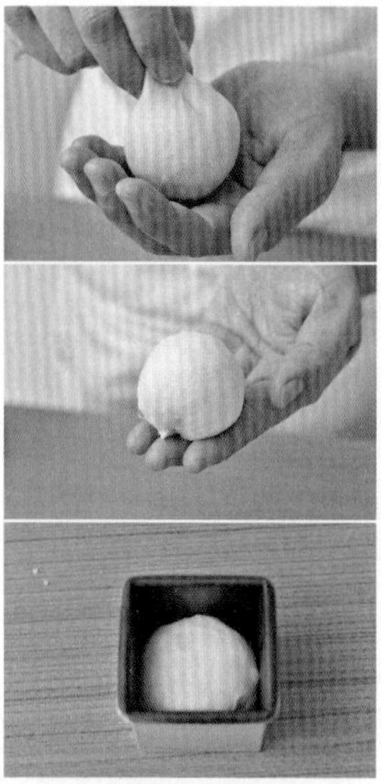

将面团收拢，捏紧收口，将收口朝下放入正方形模中。

16

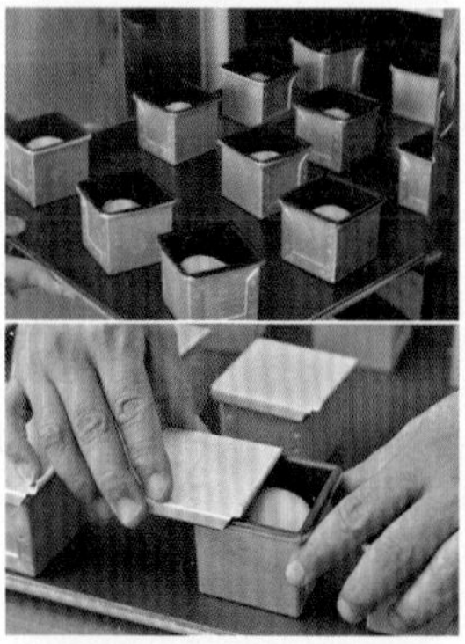

待面团发酵至正方形模七分满，盖上盖子。

step 烘烤

17

以上火220℃/下火170℃预热烤箱，烘烤10分钟后降温至155℃，再烘烤4分钟。

18 烘烤完成的餐包轻敲一下模具，马上脱模，置于网架上放凉。

日式华尔兹餐包

Japanese Cheese Buns

覆着层层酥脆的外皮，在口中，有如舞着华尔兹，
荡起奶酪的香浓，带来完美的谢幕！

种法：液种法
模具：五连烤模
数量：41个

材料

面团

A__鹰牌高筋面粉700g 汤种100g 液种600g 麦芽精3g
高糖酵母10g 细砂糖120g 盐15g

B__全蛋150g 冰水80g 六倍奶180g

C__无盐黄油120g

内馅

奶油奶酪820g

烘烤前表面装饰

华尔兹皮（也叫丹麦千层皮）41片

烘烤后装饰

防潮糖粉适量

烘焙小笔记

制作流程	搅拌→基础发酵→分割滚圆→中间发酵→整型和包馅→烘烤前装饰→最后发酵→烘烤→烘烤后装饰
搅拌时间	低速4分钟→中速3分钟→加入无盐黄油→低速3分钟→中速2分钟
基础发酵前面团温度	26℃
发酵温度、湿度	温度30℃，湿度75%
基础发酵	发酵30分钟后翻面，再发酵30分钟
分割滚圆	50g/个
中间发酵	30分钟
整型样式	正方形
最后发酵	30分钟
烘烤温度、时间	上火220℃/下火180℃，烘烤10分钟后降温至155℃，再烘烤4分钟

step 搅拌

1

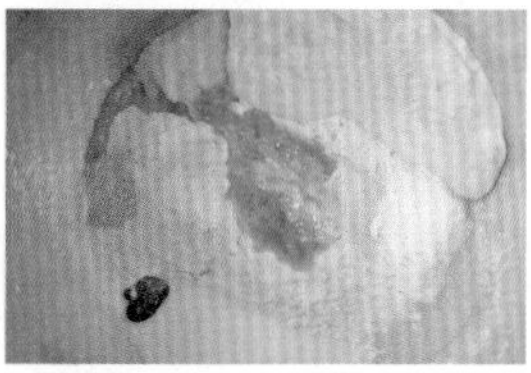

将材料A放入厨师机搅拌缸中，盐与酵母必须分开些摆放。

2

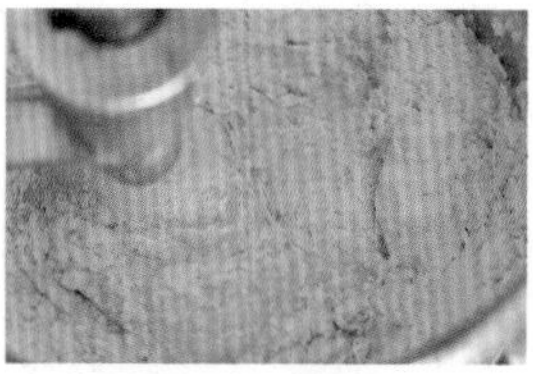

倒入材料B的液体，开始以低速搅拌4分钟，后转为中速再搅拌3分钟。

3

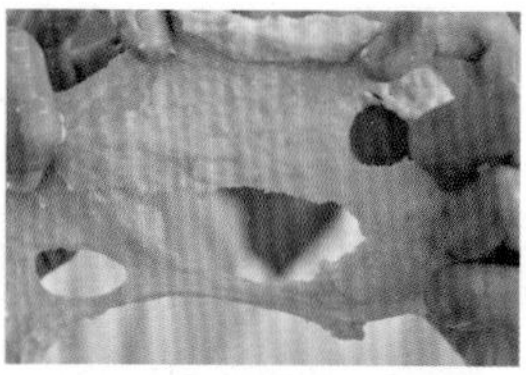

取一点面团拉开，会形成不透光薄膜，且破洞边缘呈锯齿状，此为扩展状态。

4

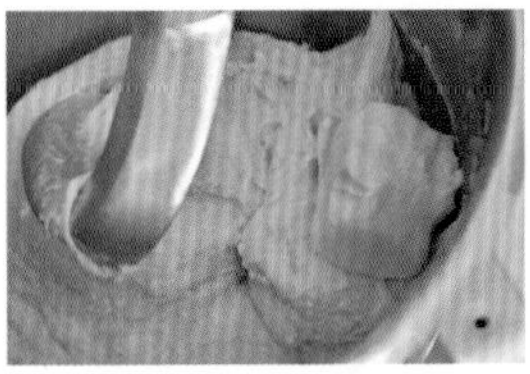

加入材料C的无盐黄油，先以低速搅打3分钟，后转为中速再搅打2分钟。

5

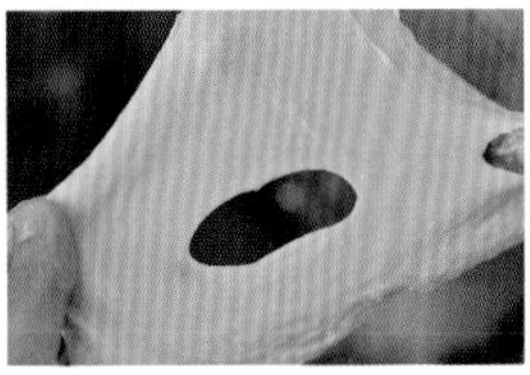

取一点面团拉开，会形成光滑透明有弹性的薄膜，且破洞边缘光滑，即为完全扩展状态。

6

将面团从搅拌缸中取出，放入发酵箱中，此时面团中心温度应为26℃。

step 基础发酵

7

以温度30℃、湿度75%，发酵30分钟。

8

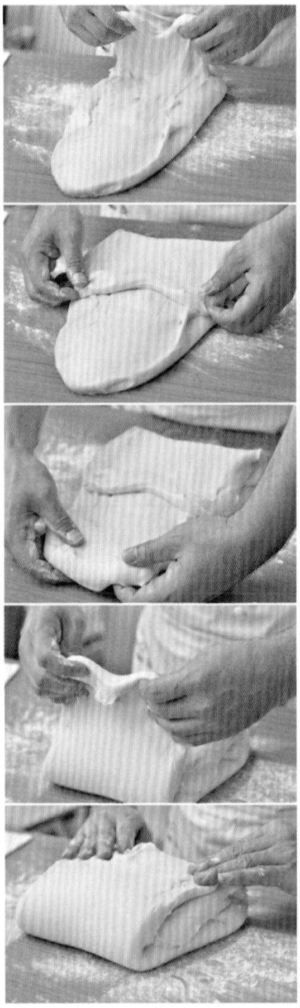

在工作台上撒少许高筋面粉，将面团取出，稍微将表面拍平整，由下往上折1/3，再由上往下折1/3。

9

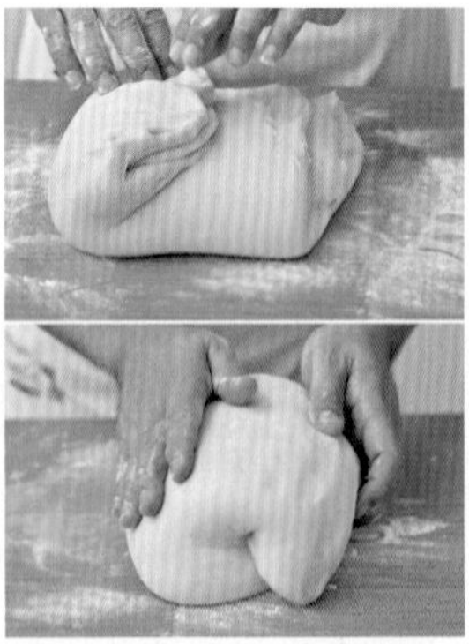

接着稍压平整，再由右往左折2折。

10

将面团放入发酵箱中，继续以相同温度和湿度发酵30分钟。

step 分割滚圆

11

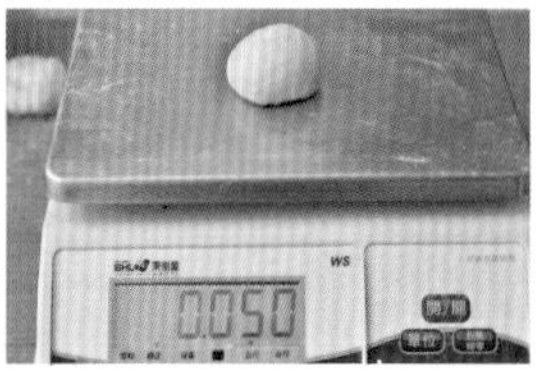

工作台上撒少许高筋面粉防粘，取出发酵好的面团，分割成每个50g的小面团。

12

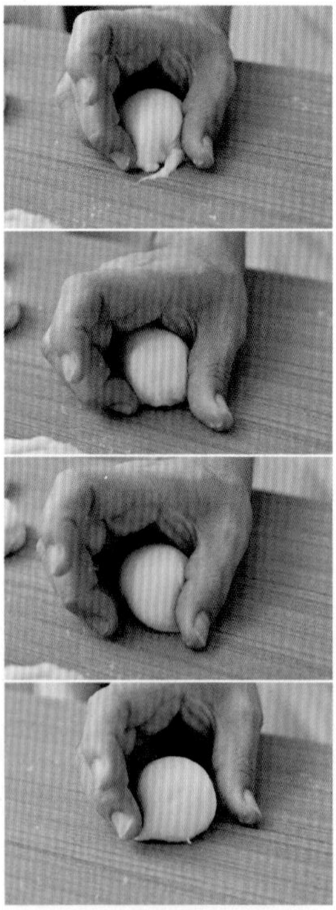

将面团用拇指与小指扣住，一边转动搓圆，一边施力将面团边缘往底部收拢整圆。

step 中间发酵

13

整型好的面团彼此间隔一定距离放入发酵箱中，继续发酵30分钟。

step 整型和包馅

14

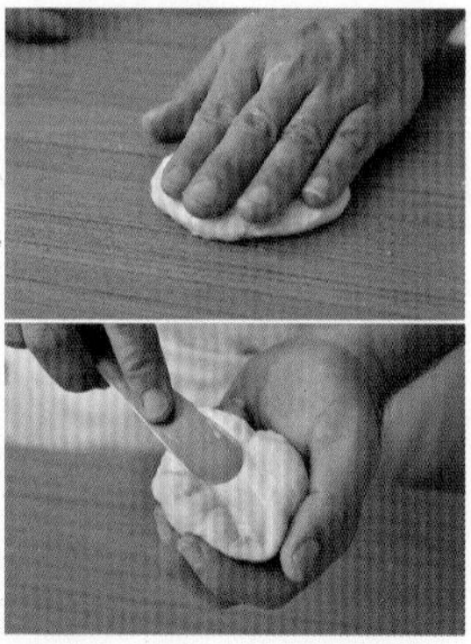

取出发酵好的面团，用手稍微压扁，包入20g奶油奶酪。

15

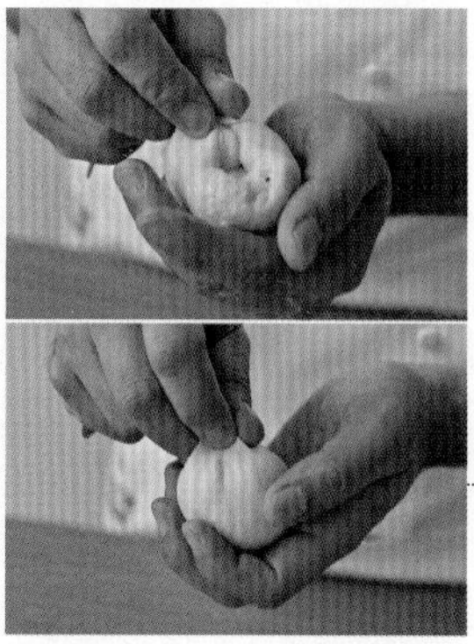

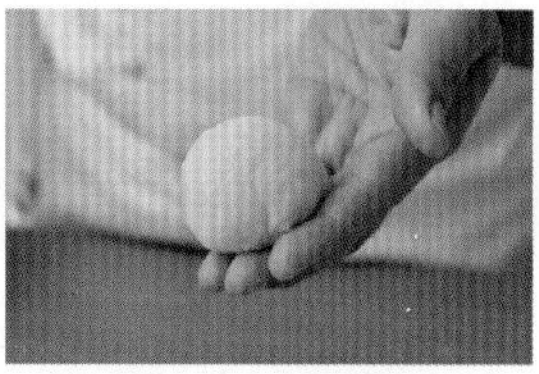

将面团收拢，捏紧收口，并将收口朝下。

step 烘烤前装饰

16

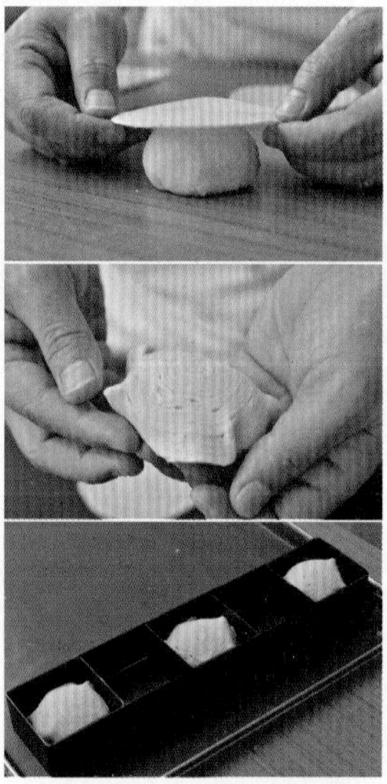

将面团盖上一片华尔兹皮，间隔放入五连模中。

step 最后发酵

17

将面包坯放进发酵箱中，发酵30分钟。

step 烘烤

18

以上火220℃/下火180℃预热烤箱，烘烤10分钟后降温至155℃，再烘烤4分钟。

19

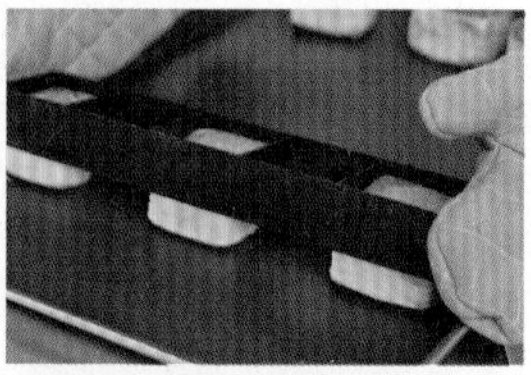

烘烤完成的餐包轻敲一下模具，马上脱模，置于网架上冷却。

step 烘烤后装饰

20

放上撒粉筛板，撒上防潮糖粉即可。

岩烧巧豆餐包

Chocolate Buns

内外都是满满的巧克力，巧克力控绝对不可错过这一款，
小巧的一颗，带来大大的满足！

种法：液种法
模具：咕咕霍夫模20连模
数量：24个

材料

面团

A__鹰牌高筋面粉350g 液种300g 汤种75g
细砂糖60g 海藻糖20g 盐6g 高糖酵母6g
B__六倍奶75g 冰水150g
C__可可油60g ＊可可油制作方法请参考p.23

内馅

巧克力奶酪72g
水滴形巧克力120g
＊巧克力奶酪馅做法请参考p.27

烘烤前表面装饰

水滴形巧克力192g

烘烤后装饰

防潮糖粉适量

烘焙小笔记

制作流程	搅拌→基础发酵→分割滚圆→中间发酵→整型和包馅→烘烤前装饰→最后发酵→烘烤→烘烤后装饰
搅拌时间	低速4分钟→中速3分钟→加入可可油→低速3分钟→中速3分钟
基础发酵前面团温度	26℃～28℃
发酵温度、湿度	温度30℃，湿度75%
基础发酵	发酵30分钟后翻面，再发酵30分钟
分割滚圆	46g/个
中间发酵	30分钟
整型样式	球形
最后发酵	50分钟
烘烤温度、时间	上火180℃/下火220℃，烘烤15～18分钟

step 搅拌

1

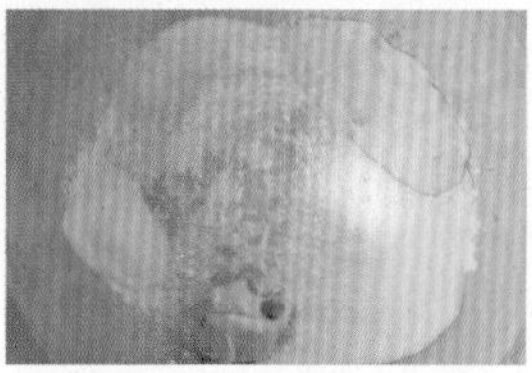

将材料A放入厨师机搅拌缸中，盐与酵母必须分开些摆放。

2

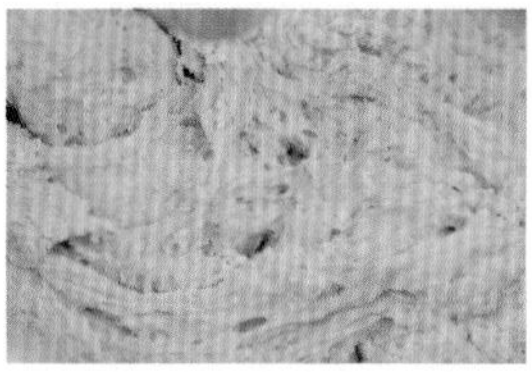

倒入材料B的液体，开始以低速搅拌4分钟，后转为中速再搅拌3分钟。

3

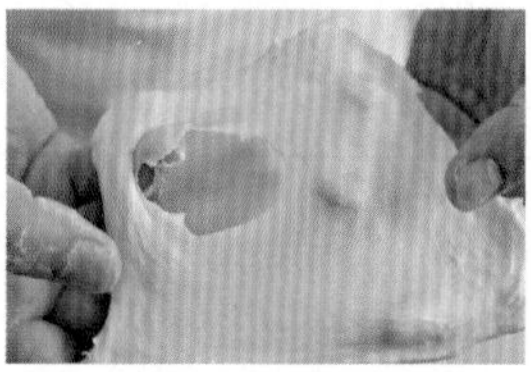

取一点面团拉开，会形成不透光薄膜，且破洞边缘呈锯齿状，此为扩展状态。

4

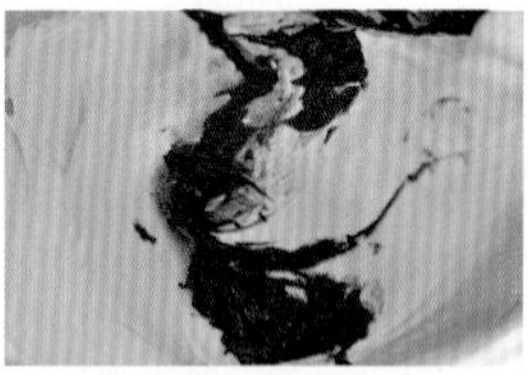

加入材料C的可可油，先以低速搅打3分钟，后转为中速再搅打3分钟。

5

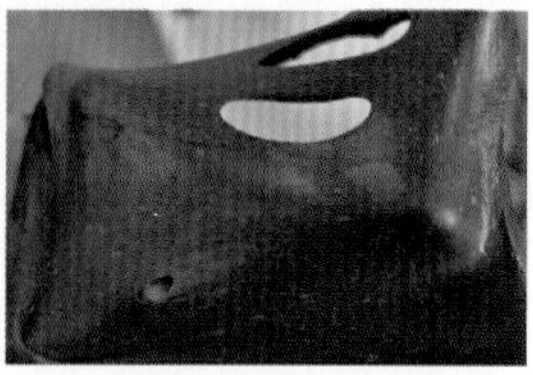

取一点面团拉开，会形成光滑透明有弹性的薄膜，且破洞边缘光滑，即为完全扩展状态。

6

将面团从搅拌缸中取出，放入发酵箱中，此时面团中心温度应为26℃。

step 基础发酵

7

以温度30℃、湿度75%，发酵30分钟。

8

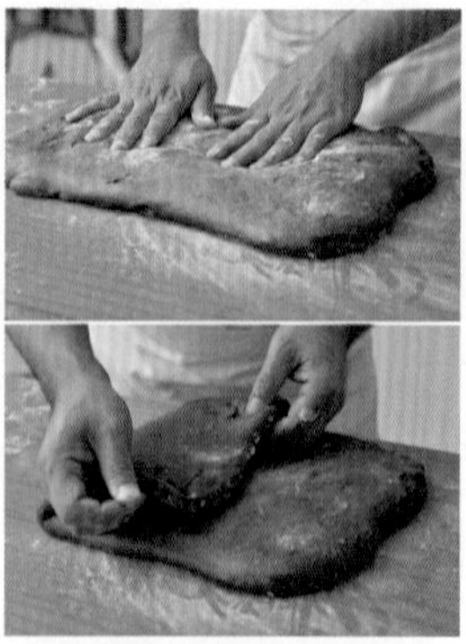

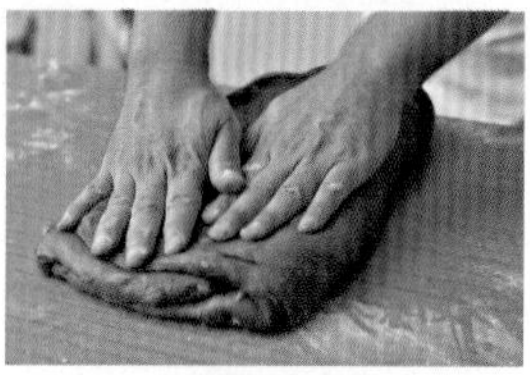

在工作台上撒少许高筋面粉，将面团取出，稍微将表面拍平整，由右往左折1/3，再由左往右折1/3。

9

接着稍压平整，再由下向上折2折。

10

将面团放入发酵箱中，继续以相同温度和湿度发酵30分钟。

step 分割滚圆

11

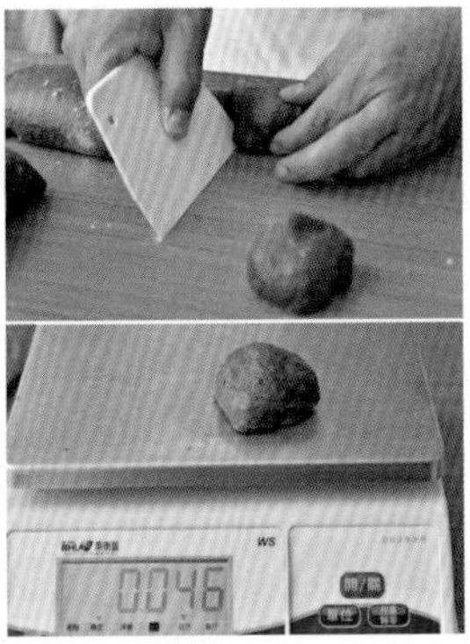

工作台上撒少许高筋面粉防粘，取出发酵好的面团，分割成每个46g。

12

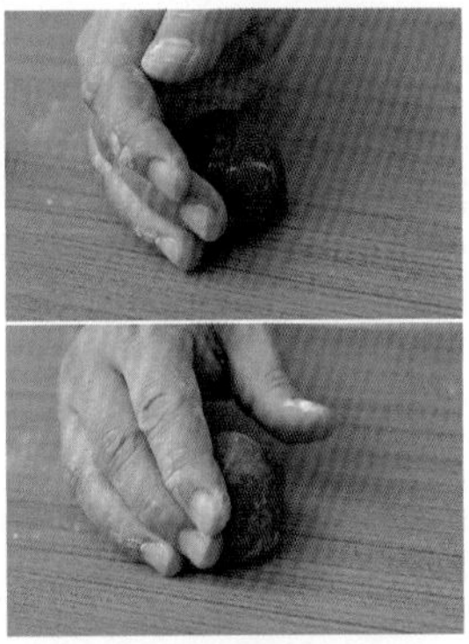

将面团光滑面朝上，用单手手掌捧住面团边缘，先往前推再往后拉，手掌底部略施力，让面团边缘顺势滚入底部，重复数次使面团表面变光滑。

step 中间发酵

13

整型好的面团彼此间隔一定距离放入发酵箱中，继续发酵30分钟。

step 整型和包馅

14

工作台上撒少许高筋面粉防粘，取出发酵好的面团稍微压平，用包馅匙挖一小块巧克力奶酪，粘上水滴形巧克力豆。

15

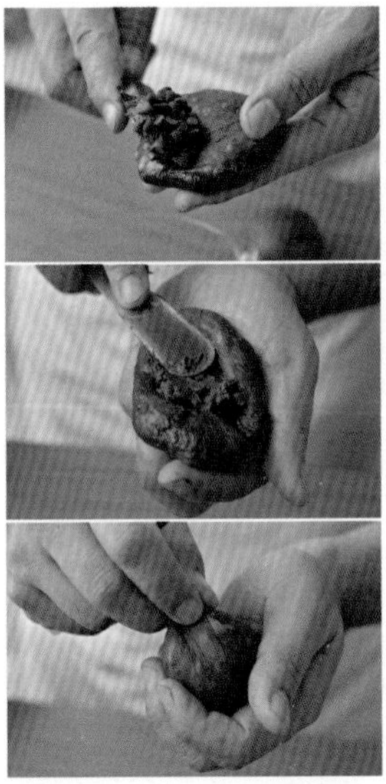

填入面团中，将面团边缘往中心收口捏紧。

step 烘烤前装饰

16

将面团顶端先刷上一层全蛋液，再粘上水滴形巧克力。

step 最后发酵

17

面团收口朝下，放入咕咕霍夫模中，再放入发酵箱发酵50分钟。

step 烘烤

18

以上火180℃/下火220℃预热烤箱，将面团放进烤箱，烘烤15～18分钟。

19

烘烤完成后脱模，置于网架上放凉。

step 烘烤后装饰

20

撒上防潮糖粉即可。

红酒葡萄餐包

Red Wine Buns with Raisins

种法：中种法
数量：40个

小巧可爱的餐包适合搭配浓汤享用，
也可以选择沙拉佐餐，
吃起来轻松无负担。

材料

中种面团

A__鹰牌高筋面粉600g
高糖酵母10g

B__红酒150g 葡萄汁150g
冰水60g

本种面团

A__鹰牌高筋面粉400g
细砂糖50g 盐12g 蜂蜜100g

B__六倍奶100g 冰水150g

C__无盐黄油80g

D__葡萄干500g

＊果干处理方法请参考p.23

烘烤前表面装饰

鲜牛奶适量

烘焙小笔记

制作流程	搅拌→基础发酵→分割滚圆→中间发酵→整型→最后发酵→烘烤前装饰→烘烤
搅拌时间	中种面团：低速4分钟→中速2分钟 本种面团：低速3分钟→中速3分钟→加入无盐黄油→低速3分钟→中速2分钟
基础发酵前面团温度	26℃
发酵温度、湿度	温度32℃～35℃，湿度75%～80%
基础发酵	中种面团90分钟，本种面团15分钟
分割滚圆	46g/个
中间发酵	30分钟
整型样式	球形
最后发酵	50分钟
烘烤温度、时间	上火210℃/下火180℃，烘烤12～13分钟

step 搅拌：中种面团

1

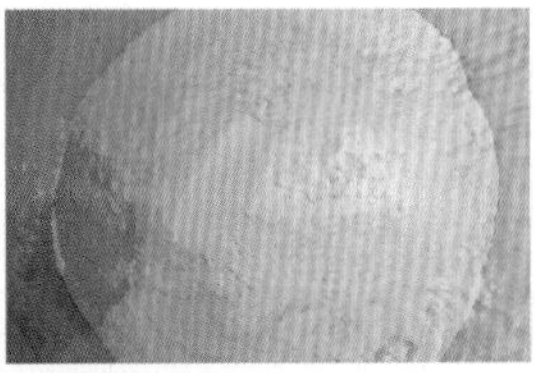

将所有中种材料A放入厨师机搅拌缸中。

2

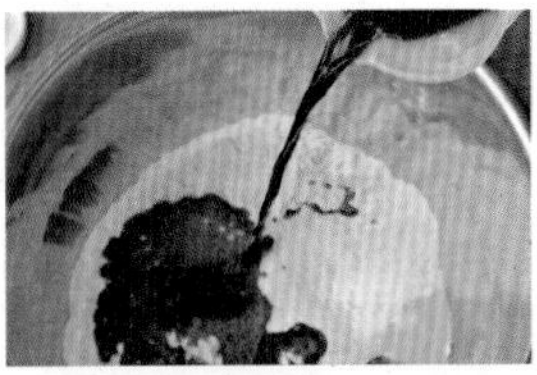

倒入中种材料B的液体，开始以低速搅拌4分钟，后转为中速再搅拌2分钟。

3

搅拌均匀至干酵母溶解即成中种面团，将中种面团放进发酵箱中，发酵90分钟。

4

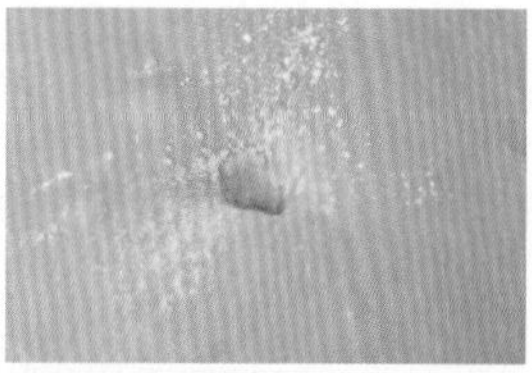

将指头插入面团中，若面团洞口不会收合，拉开内部有蜘蛛网状组织，即发酵完成。

step 搅拌：本种面团

5

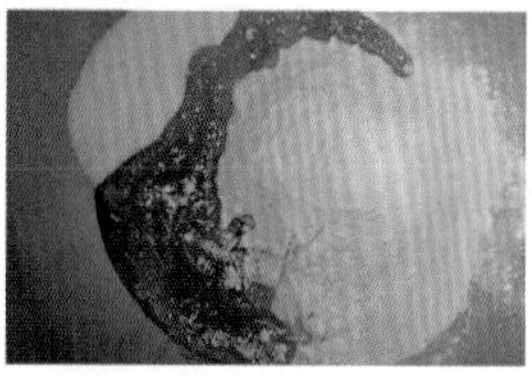

将本种材料A放入厨师机搅拌缸中。

6

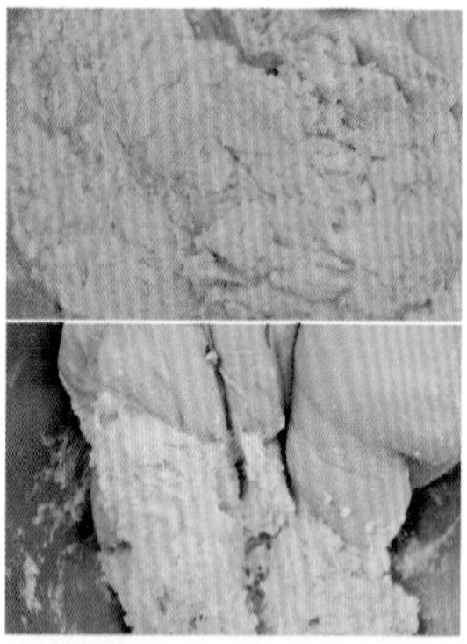

倒入本种材料B的液体，稍微搅拌后加入发酵好的中种面团，并以低速搅拌3分钟，转为中速再搅拌3分钟。

7

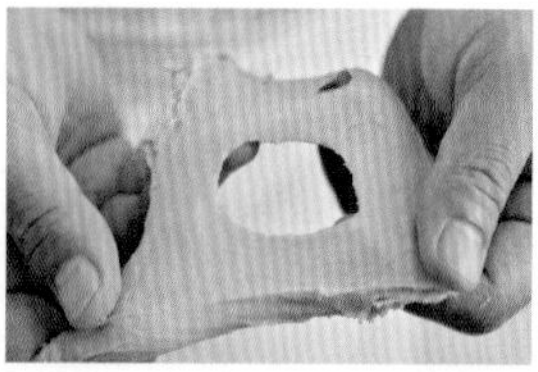

取一点面团拉开，会形成不透光薄膜，且破洞边缘呈锯齿状，此为扩展状态。

8

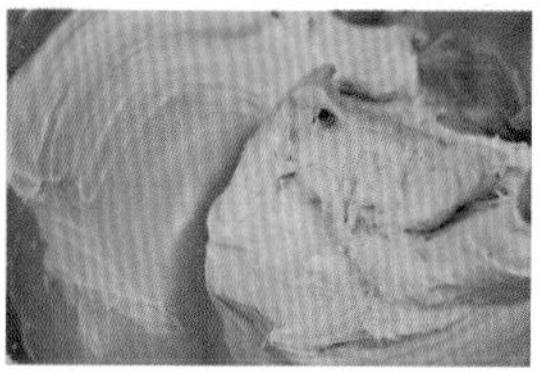

加入材料C的无盐黄油，先以低速搅打3分钟，后转为中速再搅打2分钟。

9

取一点面团拉开，会形成光滑透明有弹性的薄膜，且破洞边缘光滑，即为完全扩展状态。

10

从搅拌缸中取出面团，摊开，铺入一半的材料D，由右往左对折。

11

接着再铺上剩下的材料D，由下往上折2折。

12

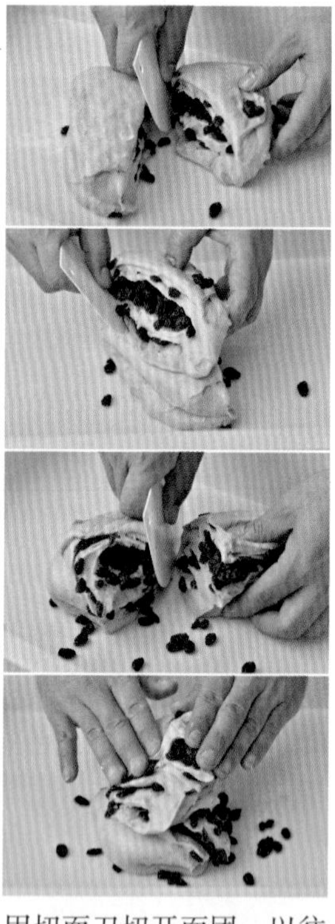

用切面刀切开面团，以往上堆叠的方式，重复数次，让面团与材料混合均匀，放入发酵箱中，此时面团中心温度应为26℃。

step 基础发酵

13

以温度32℃～35℃、湿度75%～80%，发酵15分钟。

step 分割滚圆

14

工作台上撒少许高筋面粉防粘，取出发酵好的面团，分割成每个46g的小面团。

15

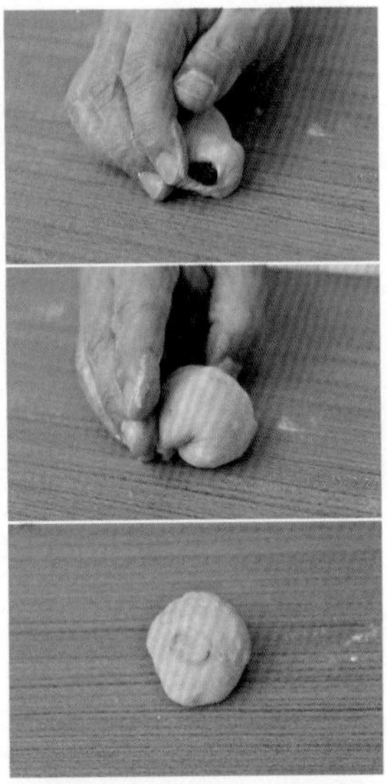

将面团光滑面朝上，用单手手掌捧住面团边缘，先往前推再往后拉，手掌底部略施力，让面团边缘顺势滚入底部，重复数次使面团表面变光滑。

step 中间发酵

16

整型好的面团彼此间隔一定距离放入发酵箱中，继续发酵30分钟。

step 整型

17

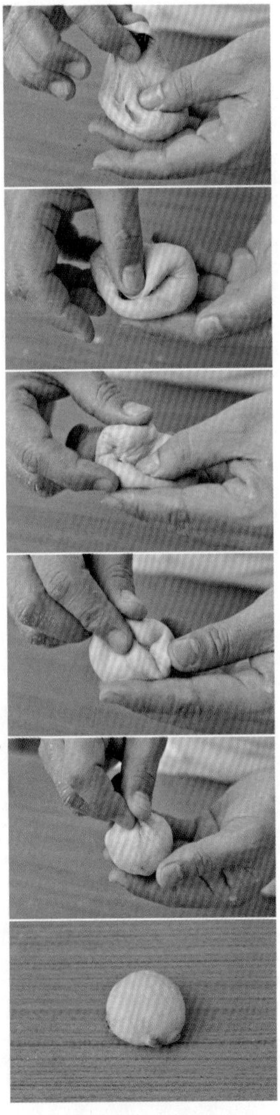

以不断从面团边缘向中心包入的方式，将面团整拢成球形。

step 最后发酵

18

收口朝下放在烤盘上，放入发酵箱中发酵50分钟。

step 烘烤前装饰

19

将面团表面刷上牛奶。

step 烘烤

20

以上火210℃/下火180℃预热烤箱，将面包坯放进烤箱，烘烤12～13分钟。

21

烘烤完成后轻敲一下烤盘使面包与烤盘分离，马上将面包移置于网架上冷却。

宇治抹茶餐包

Green Tea Buns with Red Beans

一颗颗可爱的小餐包，包着满满的红豆馅，
适合野餐外带，也适合作为午茶点心！

种法：直接法
数量：56个

材料

面团

A__鹰牌高筋面粉800g 拿破仑法式面包粉200g
法国老面300g 海藻糖30g 细砂糖100g 盐12g
抹茶粉20g 高糖酵母12g

B__冰水400g 六倍奶150g 全蛋100g

C__无盐黄油60g 炼乳60g

内馅

红豆馅1680g

＊将红豆馅分成每份30g，共56份。

烘烤前表面装饰

鹰牌高筋面粉

烘焙小笔记

制作流程	搅拌→基础发酵→分割滚圆→中间发酵→整型和包馅→最后发酵→烘烤前装饰→烘烤
搅拌时间	低速4分钟→中速3分钟→加入材料C→低速3分钟→中速3分钟
基础发酵前面团温度	26℃
发酵温度、湿度	温度30℃，湿度75%
基础发酵	发酵30分钟后翻面，再发酵30分钟
分割滚圆	40g/个
中间发酵	30分钟
整型样式	球形
最后发酵	50分钟
烘烤温度、时间	上火180℃/下火200℃，烘烤10分钟

step 搅拌

1

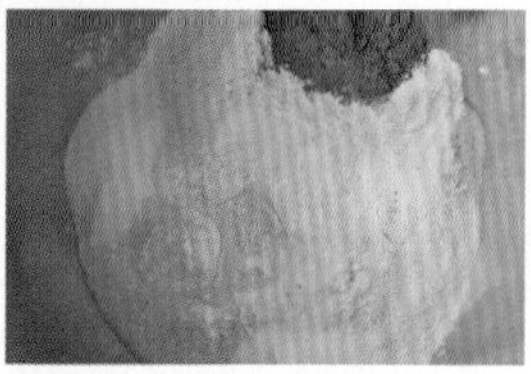

将材料A放入厨师机搅拌缸中，盐与酵母必须分开些摆放。

2

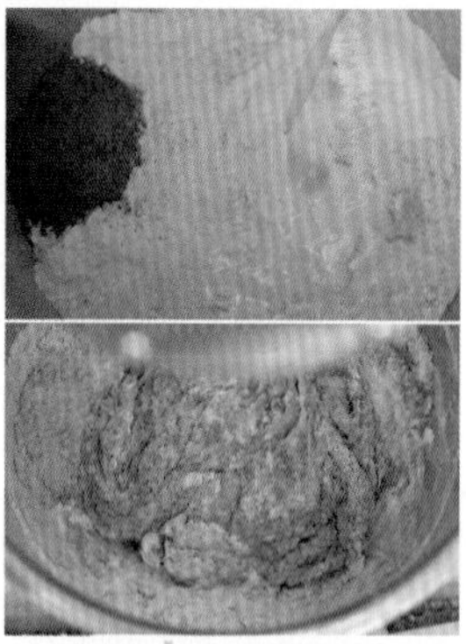

倒入材料B的液体，开始以低速搅拌4分钟，后转为中速再搅拌3分钟。

3

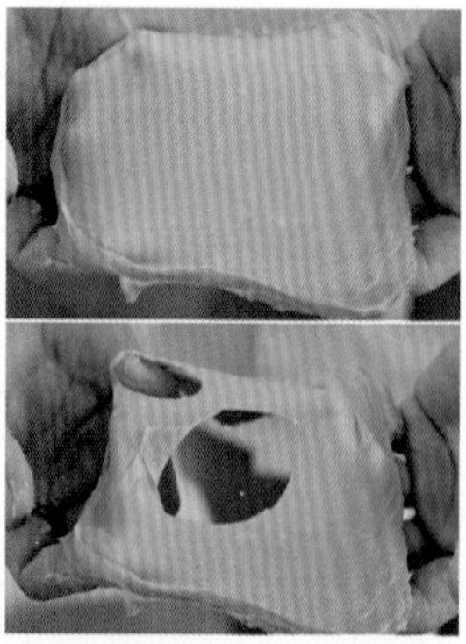

取一点面团拉开，会形成不透光薄膜，且破洞边缘呈锯齿状，此为扩展状态。

4

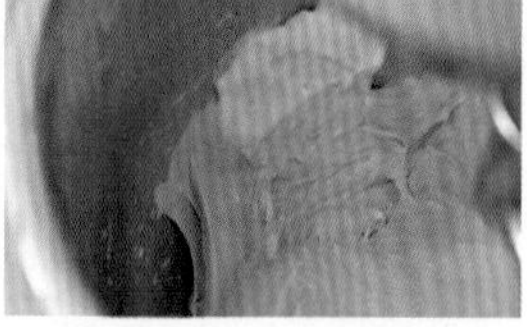

加入材料C，先以低速搅打3分钟，后转为中速再搅打3分钟

5

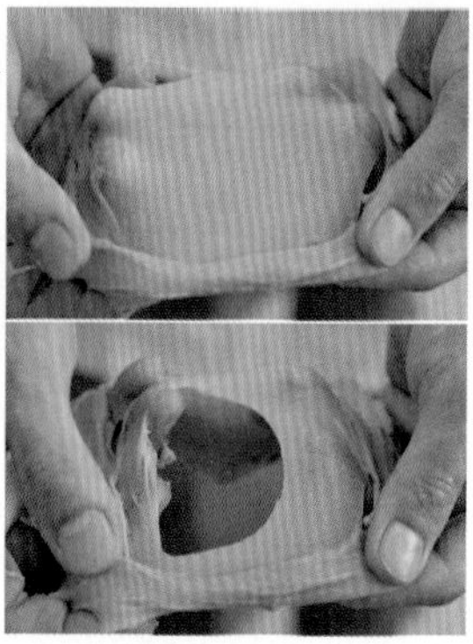

取一点面团拉开，会形成光滑透明有弹性的薄膜，且破洞边缘光滑，即为完全扩展状态。

6

将面团从搅拌缸中取出，稍微整型后放入发酵箱中，此时面团中心温度应为26℃。

step 基础发酵

7

以温度30℃、湿度75%，发酵30分钟。

8

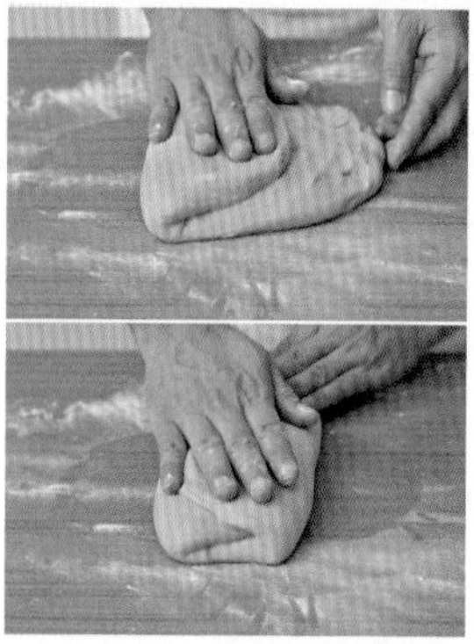

在工作台上撒少许高筋面粉，将面团取出，稍微将表面拍平整，由右往左折1/3，再由左往右折1/3。

9

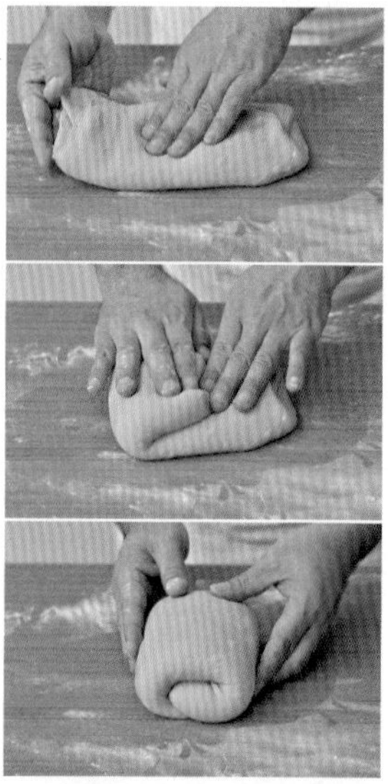

接着将面团折口朝上转90度，稍压平整，再由右往左折2折。

10

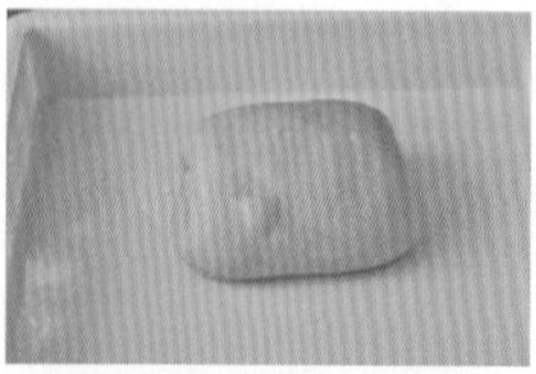

放入发酵箱中，以相同温度和湿度再发酵30分钟。

step 分割滚圆

11

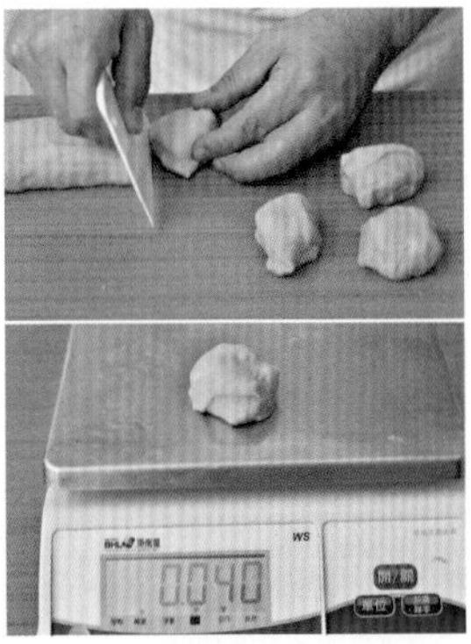

工作台上撒少许高筋面粉防粘，取出发酵好的面团，分割成40g的小面团。

12

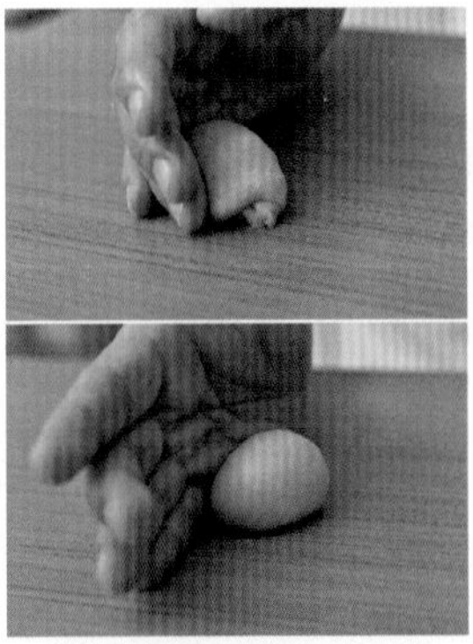

面团光滑面朝上，用单手手掌捧住面团边缘，先往前推再往后拉，手掌底部略施力，让面团边缘顺势滚入底部，重复数次使面团表面变光滑。

step 中间发酵

13

整型好的面团彼此间隔一定距离放入发酵箱中，继续发酵30分钟。

step 整型和包馅

14

工作台上撒少许高筋面粉防粘，取出发酵好的面团，稍微压平。

15

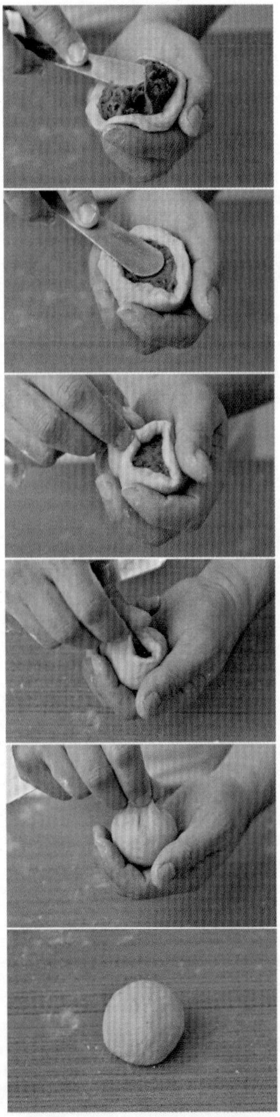

将红豆馅包入面团中，收口并捏紧。

step 最后发酵

16

将面团整齐地放入发酵箱中，发酵50分钟。

step 烘烤前装饰

17

取出面团，逐个滚一层高筋面粉。

18

在面团中间用手指压个深的凹洞。

step 烘烤

19

以上火180℃/下火200℃预热烤箱，将面包坯放进烤箱，烘烤10分钟。

20

烘烤完成后轻敲一下烤盘使面包与烤盘分离，将面包置于网架上冷却。

牛奶双莓餐包

Milk Buns with Strawberry and Blueberry

种法：中种法
数量：53个

香软的面包，表面粘了一层酥酥的菠萝，
一口咬下，还有令人惊喜的草莓与蓝莓！

材料

中种面团

A__鹰牌高筋面粉700g
高糖酵母10g
细砂糖50g
B__全蛋150g 六倍奶200g
冰水100g

本种面团

A__鹰牌高筋面粉200g
拿破仑法式面包粉100g
细砂糖130g 盐12g
B__冰水200g
C__无盐黄油120g
炼乳50g

D__草莓干200g 蓝莓干200g

烘烤前表面装饰

全蛋液适量 菠萝酥皮适量
*菠萝酥皮做法请参考p.25

烘焙小笔记

制作流程	搅拌→基础发酵→分割滚圆→中间发酵→整型→烘烤前装饰→最后发酵→烘烤
搅拌时间	中种面团：低速4分钟→中速2分钟 本种面团：低速3分钟→中速3分钟→加入材料C→低速3分钟→中速2分钟
基础发酵前面团温度	26℃
发酵温度、湿度	温度32℃～35℃，湿度75%～80%
基础发酵	中种面团90分钟，本种面团15分钟
分割滚圆	46g/个
中间发酵	30分钟
整型样式	球形
最后发酵	50分钟
烘烤温度、时间	上火210℃/下火180℃，烘烤12～13分钟

step 搅拌：中种面团

1

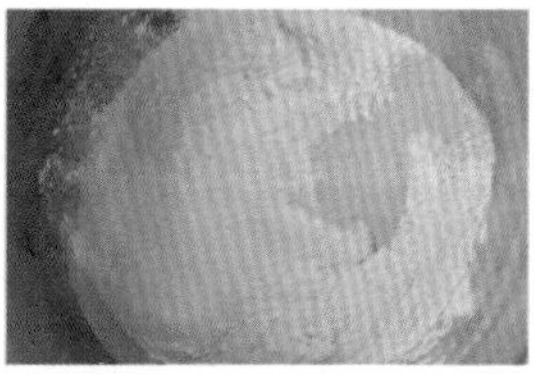

将所有中种材料A放入厨师机搅拌缸中。

2

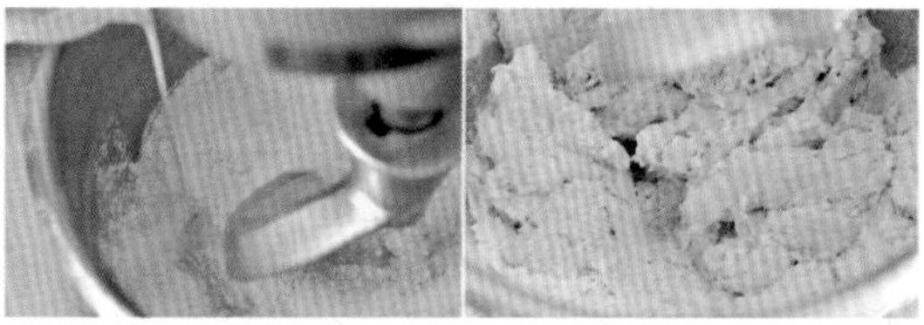

倒入中种材料B的液体，开始以低速搅拌4分钟，后转为中速再搅拌2分钟，即成中种面团。

3

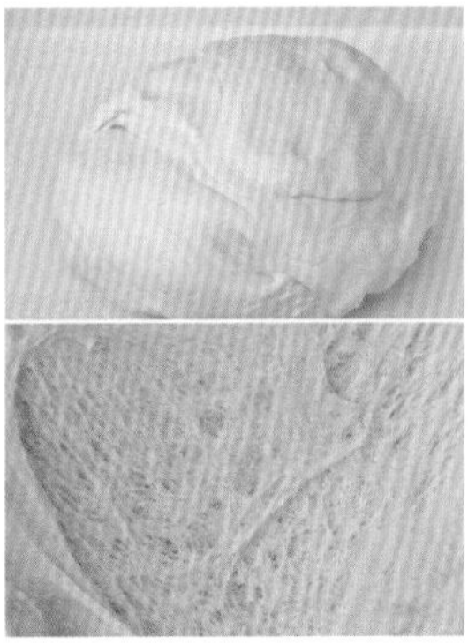

将中种面团放进发酵箱中，发酵90分钟。

搅拌：本种面团

4

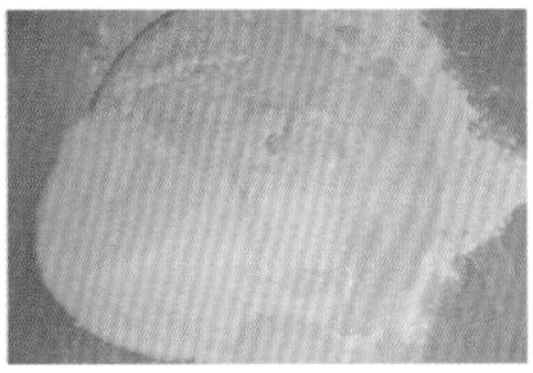

将本种材料A放入厨师机搅拌缸中。

5

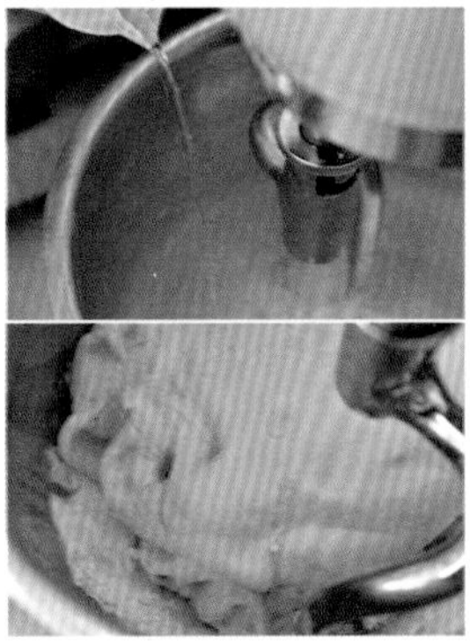

倒入本种材料B的液体稍微搅拌，加入发酵好的中种面团，以低速搅拌3分钟，转为中速再搅拌3分钟。

6

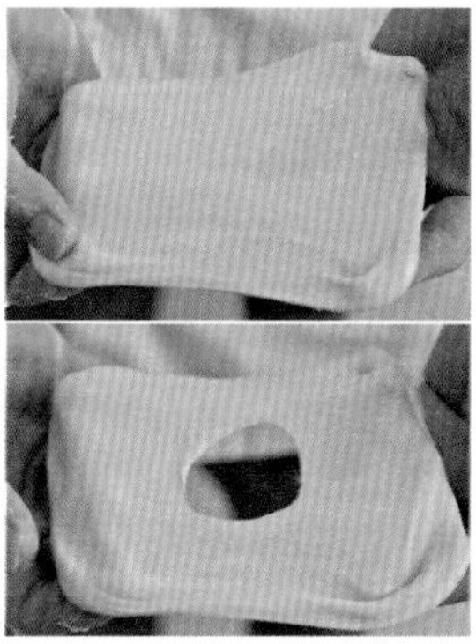

取一点面团拉开，会形成不透光薄膜，且破洞边缘呈锯齿状，此为扩展状态。

7

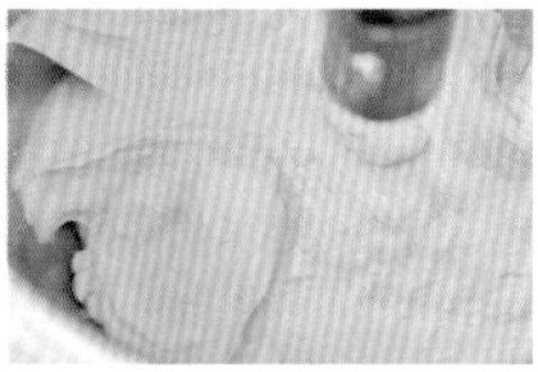

加入材料C，先以低速搅打3分钟，后转为中速再搅打2分钟。

8

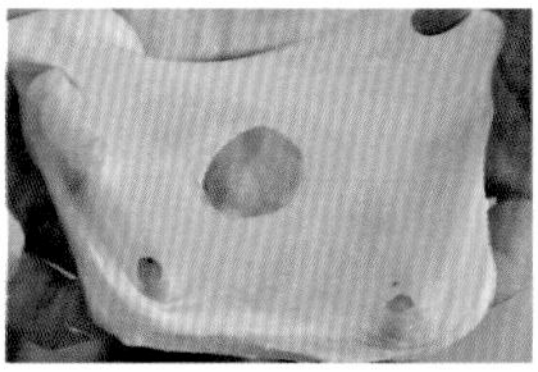

取一点面团拉开，会形成光滑透明有弹性的薄膜，且破洞边缘光滑，即为完全扩展状态。

9

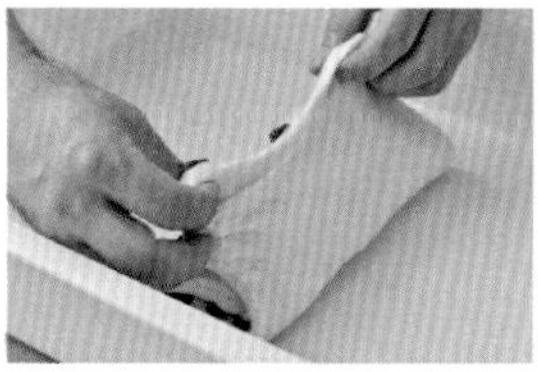

从搅拌缸中取出面团，摊开，铺入材料D，由右往左折入1/3，再由左往右折入1/3。

10

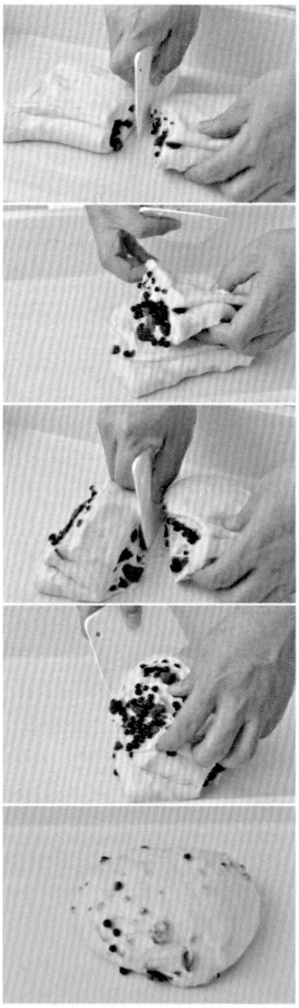

用切面刀切开面团，以往上堆叠的方式，重复数次，让面团与材料混合均匀，放入发酵箱中，此时面团中心温度应为26℃。

step 基础发酵

11

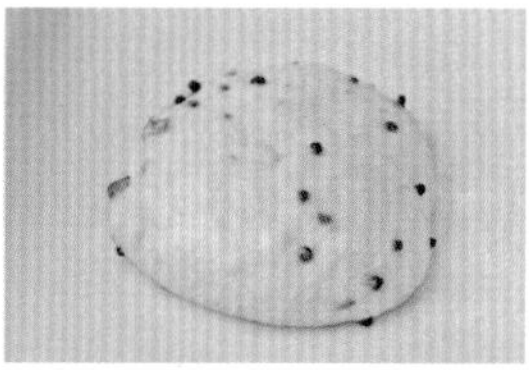

以温度32℃～35℃、湿度75%～80%，发酵15分钟。

step 分割滚圆

12

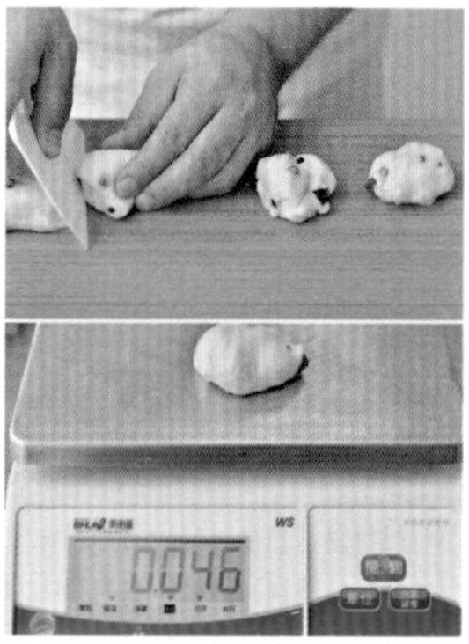

工作台上撒少许高筋面粉防粘，取出发酵好的面团，分割成每个46g的小面团。

13

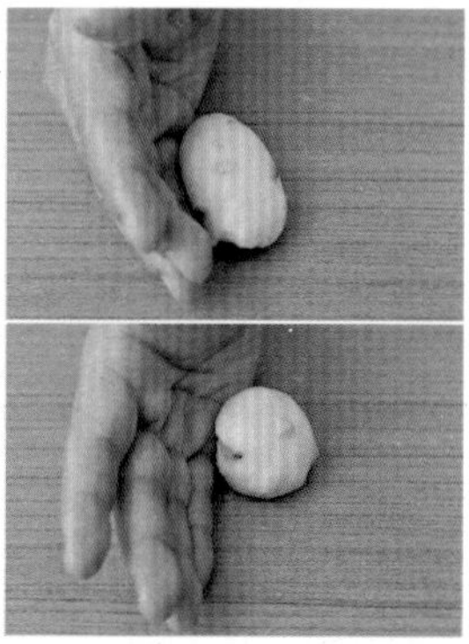

将面团光滑面朝上，用单手手掌捧住面团边缘，先往前推再往后拉，手掌底部略施力，让面团边缘顺势滚入底部，重复数次使面团表面变光滑。

step 中间发酵

14

整型好的面团彼此间隔一定距离放入发酵箱中，继续发酵30分钟。

step 整型

15

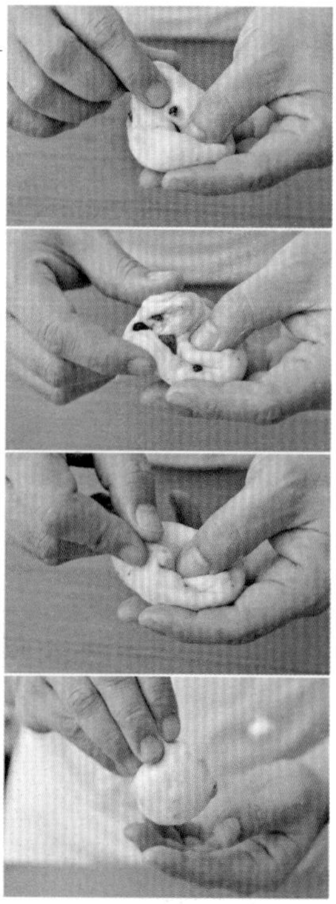

将面团从边缘往中心折入（类似包入馅料的动作），最后将收口捏紧。

step 烘烤前装饰

16

将面团挂一层蛋液，再滚一层菠萝酥皮，整齐摆在烤盘上。

step 最后发酵

17

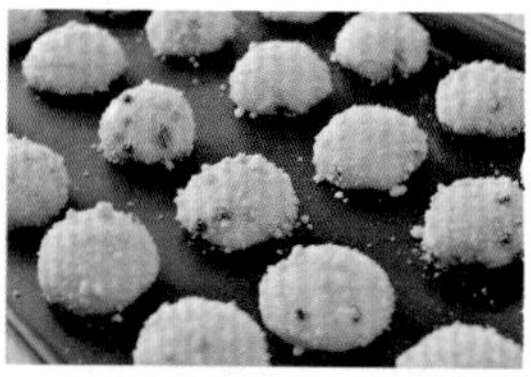

放入发酵箱中，最后发酵50分钟。

step 烘烤

18

以上火210℃/下火180℃预热烤箱，放入面包坯烘烤12～13分钟。

19

烘烤完成后敲一下烤盘使面包与烤盘分离，马上放到网架上冷却放凉。

Le choix du baron du cafe

牛奶荔枝餐包

Milk Buns with Litchi

口感软糯的面包，加上脆脆的杏仁，
荔枝干的加入带来浓浓的芳香！

种法：中种法
数量：51个

材料

中种面团

A__鹰牌高筋面粉700g
高糖酵母10g
细砂糖50g
B__全蛋150g 六倍奶200g
冰水100g

本种面团

A__鹰牌高筋面粉200g
拿破仑法式面包粉100g
细砂糖130g 盐12g
B__冰水200g
C__无盐黄油120g
炼乳50g

D__荔枝干300g

烘烤前表面装饰

全蛋液适量 杏仁粒适量

烘焙小笔记

制作流程	搅拌→基础发酵→分割滚圆→中间发酵→整型→最后发酵→烘烤前装饰→烘烤
搅拌时间	中种面团：低速4分钟→中速2分钟 本种面团：低速3分钟→中速3分钟→加入材料C→低速3分钟→中速2分钟
基础发酵前面团温度	26℃
发酵温度、湿度	温度32℃～35℃，湿度75%～80%
基础发酵	中种面团90分钟，本种面团15分钟
分割滚圆	46g/个
中间发酵	30分钟
整型样式	球形
最后发酵	50分钟
烘烤温度、时间	上火210℃/下火180℃，烘烤12～13分钟

step 搅拌：中种面团

1

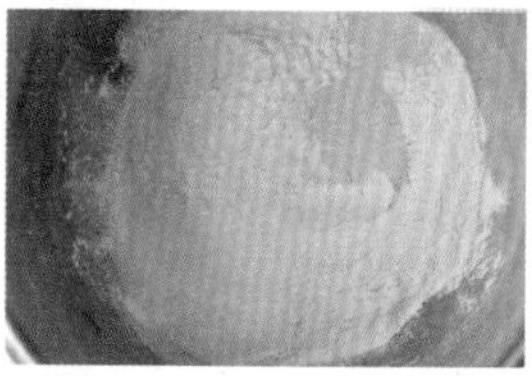

将所有中种材料A放入厨师机搅拌缸中。

2

倒入中种材料B的液体，开始以低速搅拌4分钟，后转为中速再搅拌2分钟，即成中种面团。

3

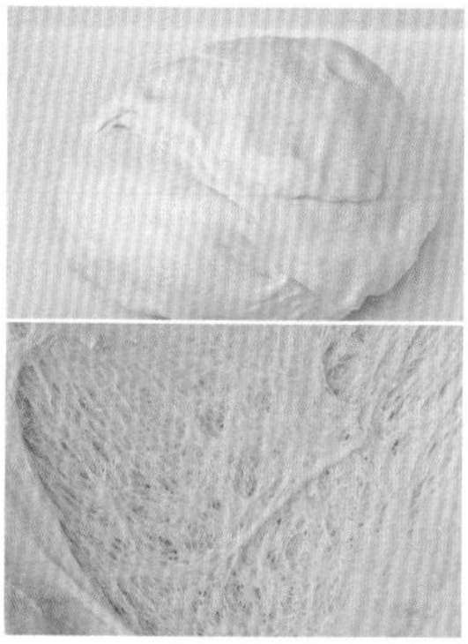

将中种面团放进发酵箱中，发酵90分钟。

step 搅拌：本种面团

4

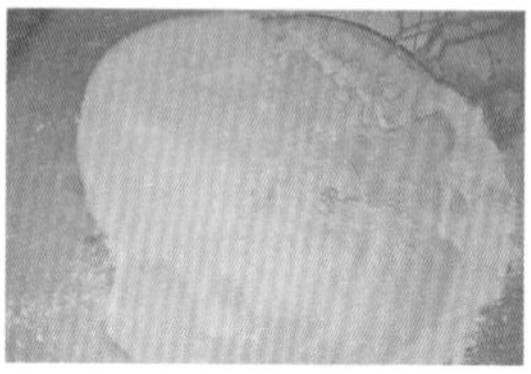

将本种材料A放入厨师机搅拌缸中。

5

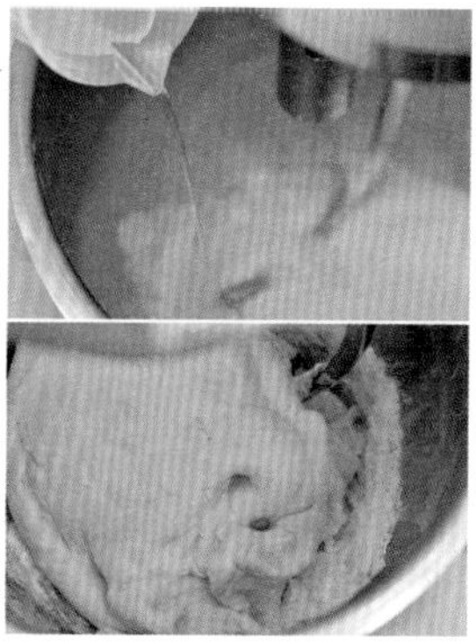

倒入本种材料B的液体稍搅拌，加入发酵好的中种面团，以低速搅拌3分钟，转为中速再搅拌3分钟。

6

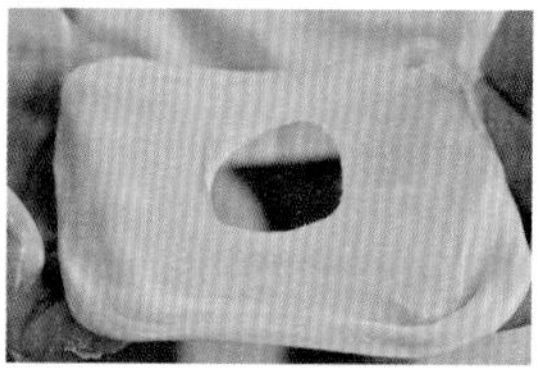

取一点面团拉开，会形成不透光薄膜，且破洞边缘呈锯齿状，此为扩展状态。

7

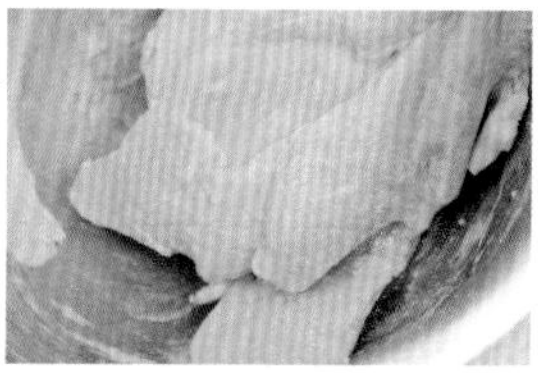

加入本种材料C，先以低速搅打3分钟，转为中速再搅打2分钟。

8

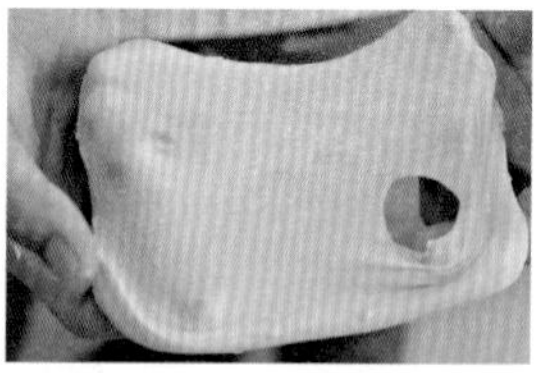

取一点面团拉开检查，已至完全扩展状态即可（参见p.44步骤5）。

9

从搅拌缸中取出面团，摊开，铺入材料D，由右往左折2折。

10

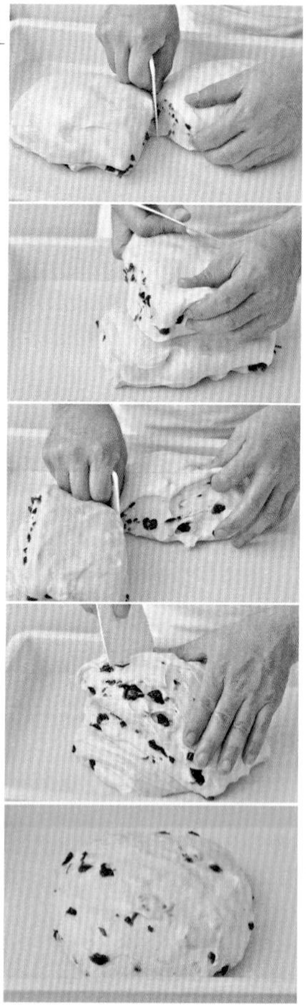

用切面刀切开面团，以往上堆叠的方式，重复数次，将面团混合均匀，放入发酵箱中，此时面团中心温度应为26℃。

step 基础发酵

11

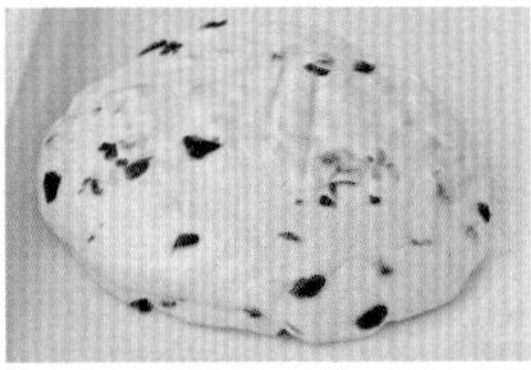

以温度32℃～35℃、湿度75%～80%，发酵15分钟。

step 分割滚圆

12

工作台上撒少许高筋面粉防粘，取出发酵好的面团，分割成每个46g的小面团。

13

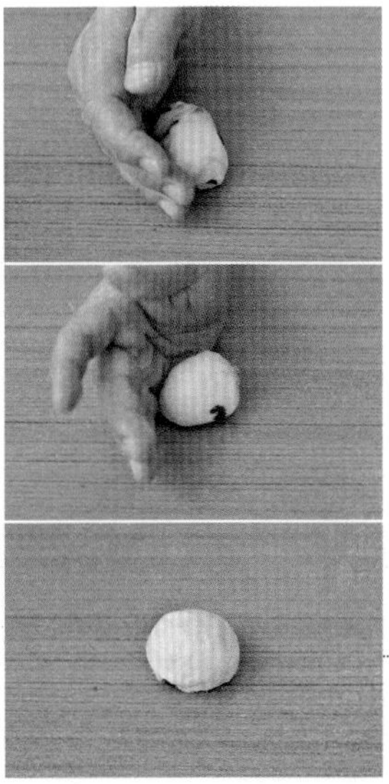

将面团光滑面朝上，用单手手掌捧住面团边缘，先往前推再往后拉，手掌底部略施力，让面团边缘顺势滚入底部，重复数次使面团表面变光滑。

step 中间发酵

14

整型好的面团彼此间隔一定距离放入发酵箱中，继续发酵30分钟。

step 整型

15

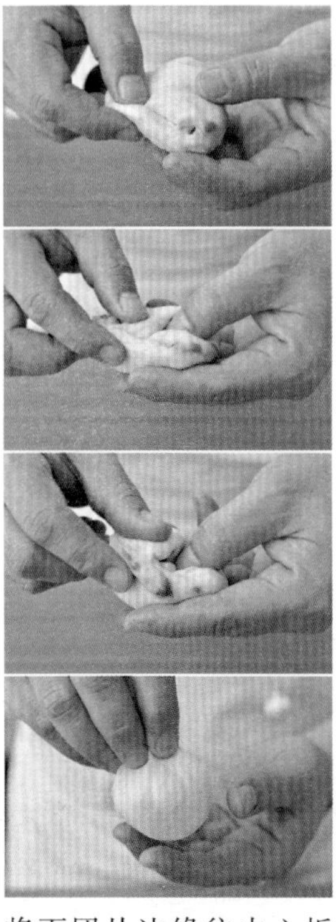

将面团从边缘往中心折入（类似包入馅料的动作），最后将收口捏紧。

step 最后发酵

16

放入发酵箱中，最后发酵50分钟。

step 烘烤前装饰

17

将面团先刷上蛋液，再撒上杏仁粒，放在烤盘上。

step 烘烤

18

以上火210℃/下火180℃预热烤箱，放入面包坯烘烤12～13分钟。

19

烘烤完成后敲一下烤盘使面包与烤盘分离，马上放到网架上冷却。

月亮爆浆餐包

Exploding Buns

满满的香甜的内馅，有别于市售餐包，
挤上墨西哥酱，保证精彩胜出！

种法：中种法
数量：50个

材料

中种面团

A__鹰牌高筋面粉700g
高糖酵母10g 细砂糖50g

B__全蛋150g 六倍奶200g
冰水100g

本种面团

A__鹰牌高筋面粉200g
拿破仑法式面包粉100g
细砂糖130g 盐12g

B__冰水100g

C__无盐黄油120g
炼乳50g

烤后填馅和装饰材料

鲜奶油335g 炼乳150g
吉士粉15g
＊将以上材料拌匀，置于安装好挤馅专用花嘴的挤花袋中备用。
防潮糖粉适量

烘烤前表面装饰

墨西哥面糊适量 ＊墨西哥面糊做法请参考p.25；＊墨西哥面糊置于挤花袋中备用。

烘焙小笔记

制作流程	搅拌→基础发酵→分割滚圆→中间发酵→整型→最后发酵→烘烤前装饰→烘烤→烘烤后装饰
搅拌时间	中种面团：低速4分钟→中速2分钟 本种面团：低速3分钟→中速3分钟→加入材料C→低速3分钟→中速2分钟
基础发酵前面团温度	26℃
发酵温度、湿度	温度32℃～35℃，湿度75%～80%
基础发酵	中种面团90分钟，本种面团15分钟
分割滚圆	40g/个
中间发酵	30分钟
整型样式	球形
最后发酵	40分钟
烘烤温度、时间	上火210℃/下火180℃，烘烤12～13分钟

step 搅拌：中种面团

1

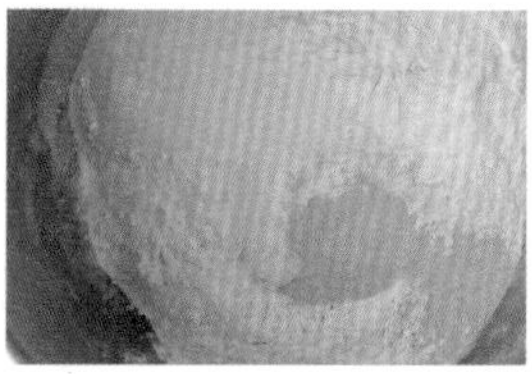

将所有中种材料A放入厨师机搅拌缸中。

2

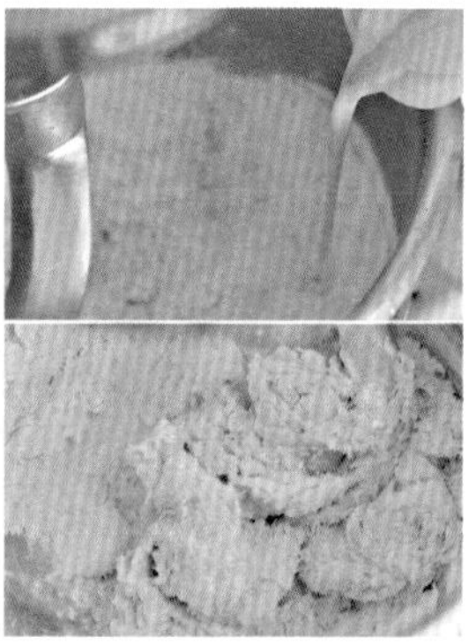

倒入中种材料B的液体，开始以低速搅拌4分钟，后转为中速再搅拌2分钟，即成中种面团。

3

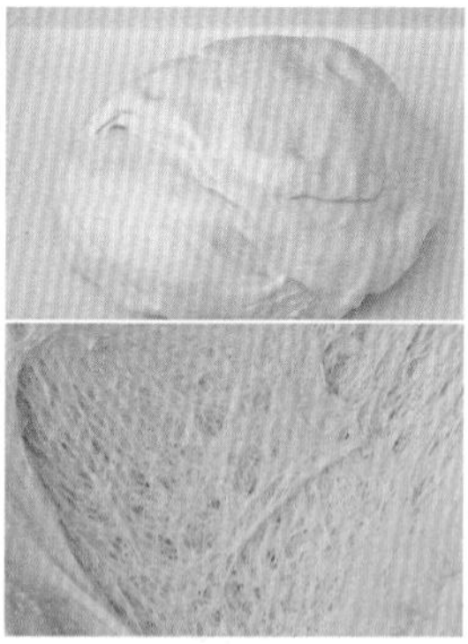

将中种面团放进发酵箱中，发酵90分钟。

step 搅拌：本种面团

4

将本种材料A放入厨师机搅拌缸中。

5

倒入本种材料B的液体稍搅拌，加入发酵好的中种面团，以低速搅拌3分钟后转为中速再搅拌3分钟。

6

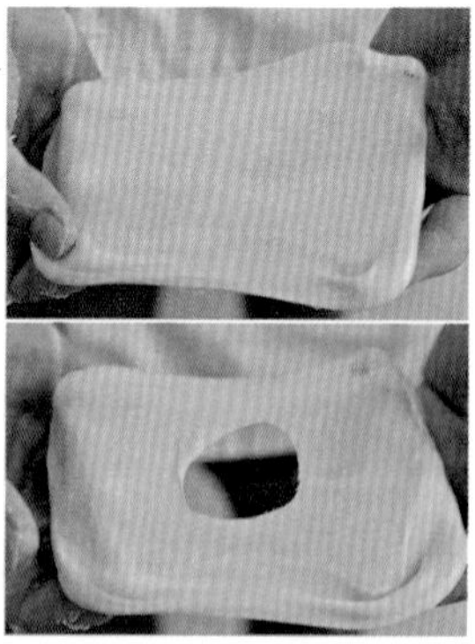

取一点面团拉开，会形成不透光薄膜，且破洞边缘呈锯齿状，此为扩展状态。

7

加入材料C，先以低速搅打3分钟，后转为中速再搅打2分钟。

8

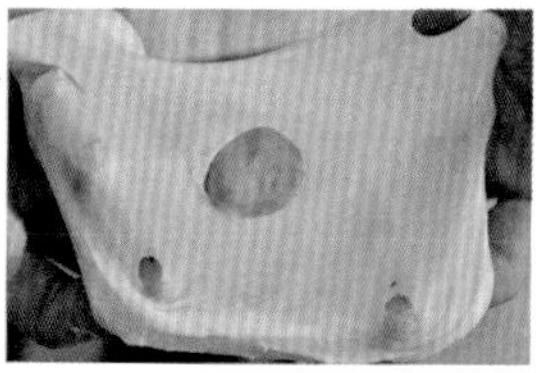

取一点面团拉开，会形成光滑透明有弹性的薄膜，且破洞边缘光滑，即为完全扩展状态。

9

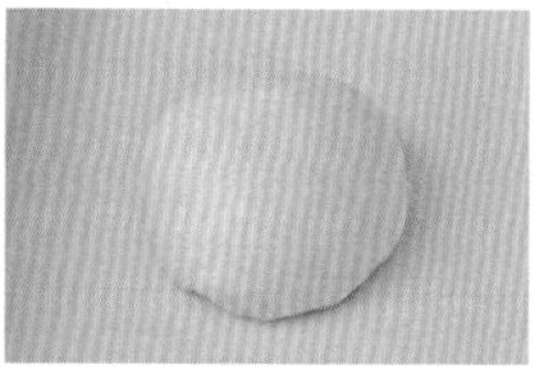

将面团整齐地放入发酵箱中，此时面团中心温度应为26℃。

step 基础发酵

10

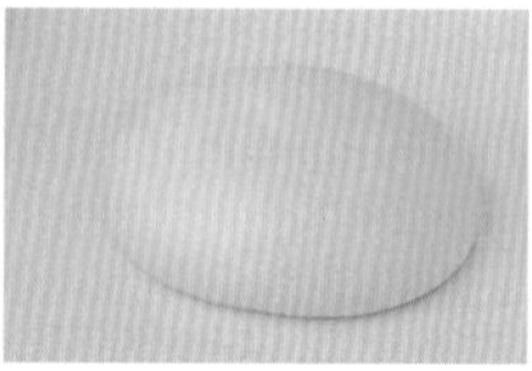

以温度32℃～35℃、湿度75%～80%，发酵15分钟。

step 分割滚圆

11

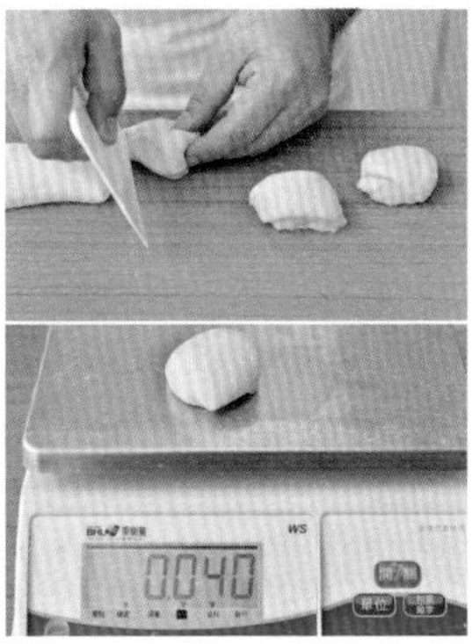

工作台上撒少许高筋面粉防粘，取出发酵好的面团，分割成每个40g的小面团。

12

将面团光滑面朝上，用单手手掌捧住面团边缘，先往前推再往后拉，手掌底部略施力，让面团边缘顺势滚入底部，重复数次使面团表面变光滑。

step 中间发酵

13

整型好的面团彼此间隔一定距离放入发酵箱中，继续发酵30分钟。

step 整型

14

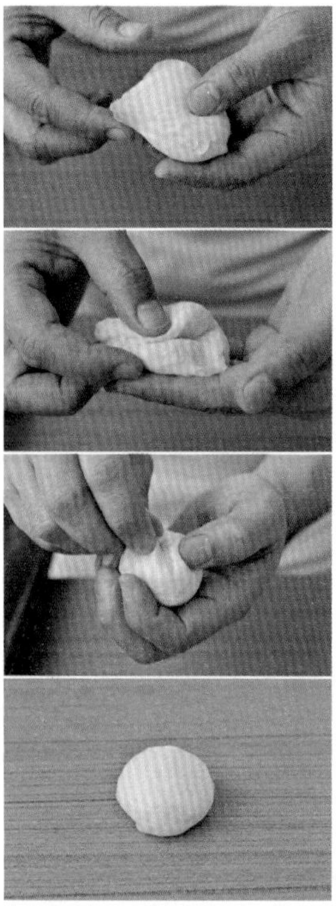

将面团从边缘往中心折入（类似包入馅料的动作），最后将收口捏紧。

step 最后发酵

15

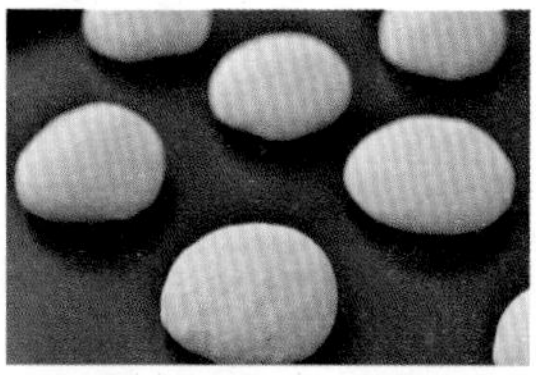

将面团置于烤盘上，放入发酵箱中，最后发酵40分钟。

step 烘烤前装饰

16

面团表面挤上墨西哥面糊。

step 烘烤

17

以上火210℃/下火180℃预热烤箱，放入面包坯烘烤12～13分钟。

18

烘烤完成后敲一下烤盘使面包和烤盘分离，马上放到网架上冷却。

step 烤后装饰

19

用挤花嘴在面包上方扎个孔，灌入10g奶油馅，并撒上防潮糖粉即可。

五谷紫米餐包

Black Rice Buns

面包散发出谷物香味，还有软糯的紫米内馅，
一口咬下，单纯又丰富！

种法：液种法
数量：55个

材料

面团

A__鹰牌高筋面粉700g 液种600g 葡萄种300g
黑糯米全谷粉100g 五谷米250g 盐18g
麦芽精5g 高糖酵母10g
B__六倍奶150g 冰水140g 蜂蜜200g
C__无盐黄油60g

内馅

紫米馅1650g
＊将紫米分成每份30g，共55份。

烘烤前表面装饰

全蛋液适量 杏仁颗粒适量

烘焙小笔记

制作流程	搅拌→基础发酵→分割滚圆→中间发酵→整型和包馅→最后发酵→烘烤前装饰→烘烤
搅拌时间	低速4分钟→中速5分钟→加入无盐黄油→低速3分钟→中速4分钟
基础发酵前面团温度	26℃
发酵温度、湿度	温度30℃，湿度75%
基础发酵	发酵30分钟后翻面，再发酵30分钟
分割滚圆	46g/个
中间发酵	30分钟
整型样式	球形
最后发酵	50分钟
烘烤温度、时间	上火210℃/下火180℃，烘烤10分钟

step 搅拌

1

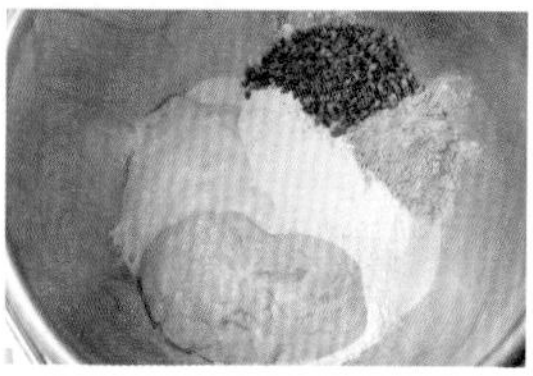

将材料A放入厨师机搅拌缸中，盐与酵母必须分开些摆放。

2

倒入材料B的液体，开始以低速搅拌4分钟，后转为中速再搅拌5分钟。

3

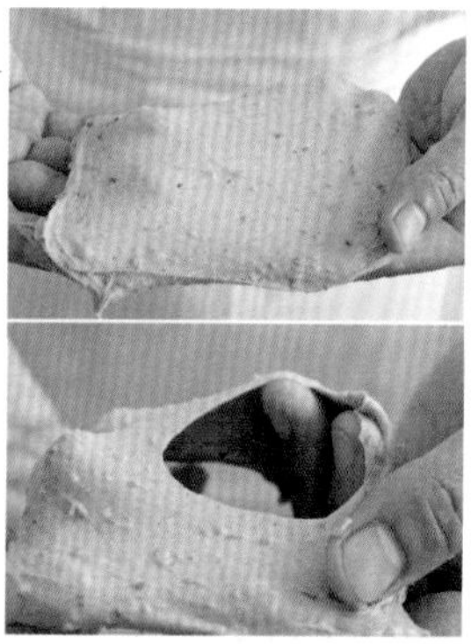

取一点面团拉开，会形成不透光薄膜，且破洞边缘呈锯齿状，此为扩展状态。

4

加入材料C的无盐黄油，先以低速搅打3分钟，后转为中速再搅打4分钟。

5

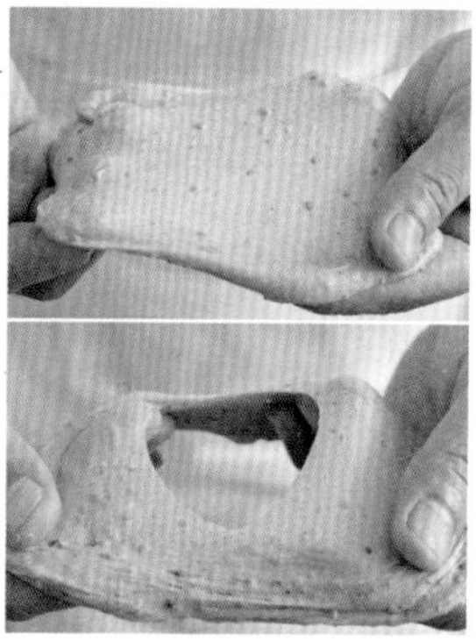

取一点面团拉开，会形成光滑透明有弹性的薄膜，且破洞边缘光滑，即为完全扩展状态。

6

将面团从搅拌缸中取出，放入发酵箱中，此时面团中心温度应为26℃。

step 基础发酵

7

以温度30℃、湿度75%，发酵30分钟。

8

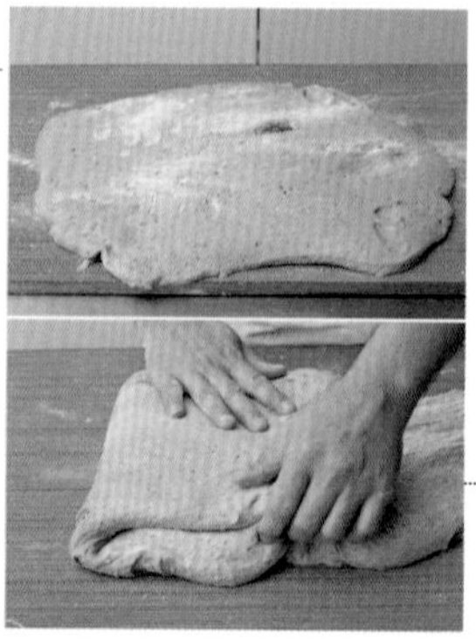

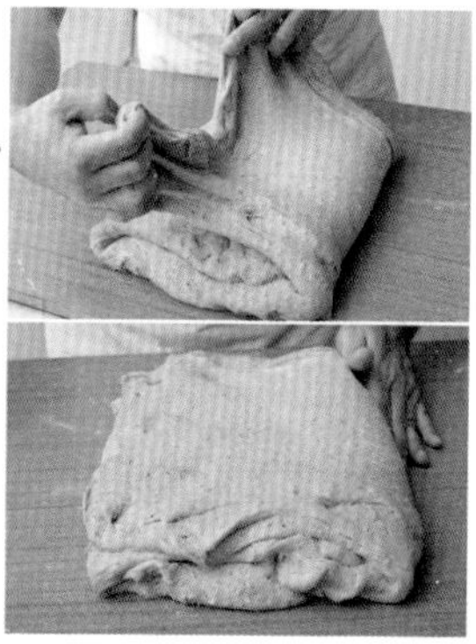

在工作台上撒少许高筋面粉，将面团取出，稍微将表面拍平整，由右往左折1/3，再由左往右折1/3。

9

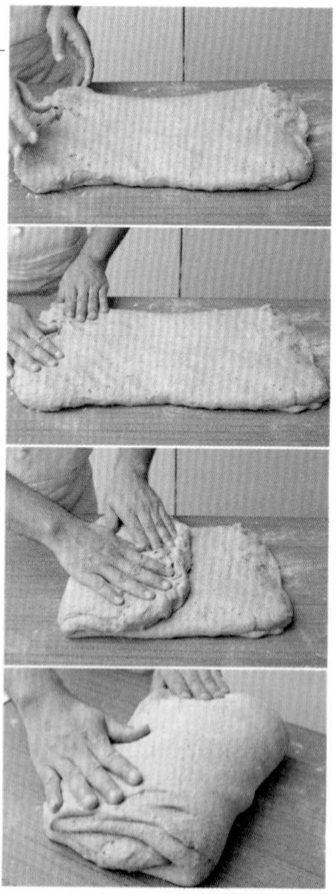

接着将面团折口朝上转90度，稍压平整，将面团由右往左折1/3，再由左往右折1/3。

10

放入发酵箱中，继续以相同温度和湿度发酵30分钟。

step 分割滚圆

11

工作台上撒少许高筋面粉防粘，取出发酵好的面团，分割成每个46g的小面团。

12

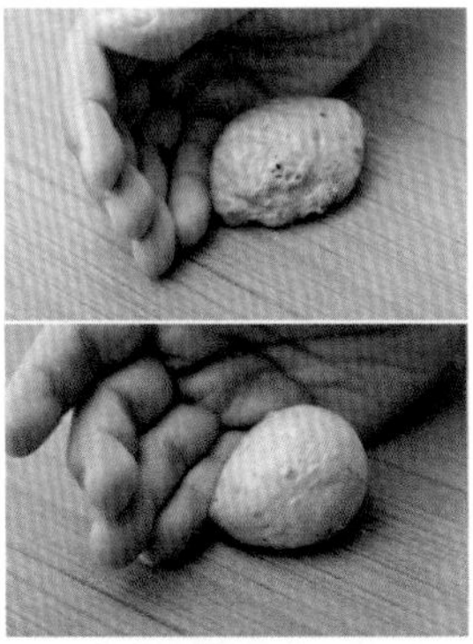

将面团光滑面朝上，用单手手掌捧住面团边缘，先往前推再往后拉，手掌底部略施力，让面团边缘顺势滚入底部，重复数次使面团表面变光滑。

step 中间发酵

13

整型好的面团彼此间隔一定距离放入发酵箱中，继续发酵30分钟。

step 整型和包馅

14

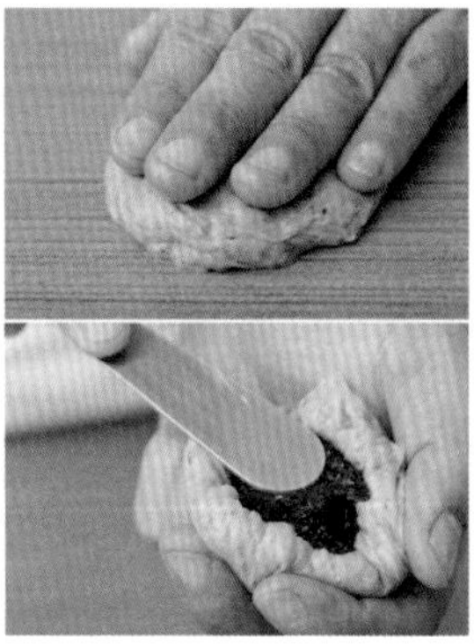

工作台上撒少许高筋面粉防粘，取出发酵好的面团，捏扁，中心填入紫米馅。

15

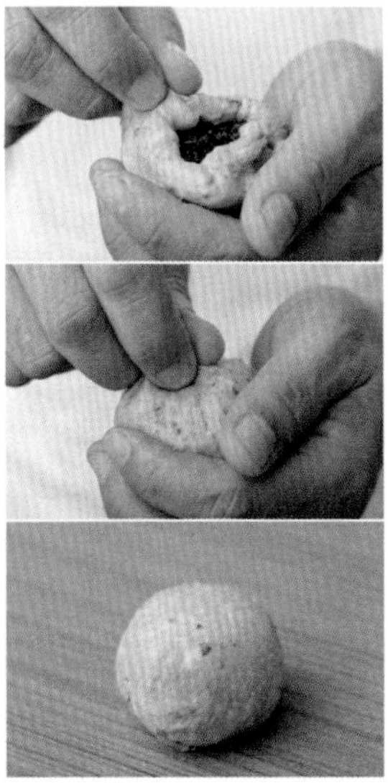

接着从面团边缘拉起面皮，往中心收拢捏紧。

step 最后发酵

16

收口朝下放在烤盘上，再放入发酵箱中，最后发酵50分钟。

step 烘烤前装饰

17

将面团表面均匀刷一层全蛋液，顶端放上杏仁颗粒。

step 烘烤

18

以上火210℃/下火180℃预热烤箱，放入面包坯烘烤10分钟。

19

烘烤完成后轻敲一下烤盘使面包与烤盘分离，马上放到网架上冷却。

Chapter 3 调理面包

不仅当作点心，也很适合当作正餐食用的调理面包，
拥有多种独创的口味与馅料，搭配各种造型技巧，让面包不仅滋味丰富，外观更是吸引人！

圆佰蜜豆

Kidney beans Bread

种法：液种法
数量：25个

外层酥脆的玉米粒和绵密的蜜豆内馅形成对比，
绝妙的滋味，令人回味无穷！

材料

面团

A__鹰牌高筋面粉700g 汤种100g 液种600g 麦芽精3g 高糖酵母10g 细砂糖120g 盐15g

B__全蛋150g 冰水80g 六倍奶180g

C__无盐黄油120g

内馅

蜜豆1250g

*将蜜豆分成每份50g，共25份备用。

烘烤前表面装饰

玉米粒适量

烘焙小笔记

制作流程	搅拌→基础发酵→分割滚圆→中间发酵→整型和包馅→烘烤前装饰→最后发酵→烘烤
搅拌时间	低速4分钟→中速3分钟→加入无盐黄油→低速3分钟→中速2分钟
基础发酵前面团温度	26℃
发酵温度、湿度	温度30℃，湿度75%
基础发酵	发酵30分钟后翻面，再发酵30分钟
分割滚圆	80g/个
中间发酵	30分钟
整型样式	扁圆形
最后发酵	30分钟
烘烤温度、时间	上火180℃/下火180℃，烘烤10分钟

step 搅拌

1

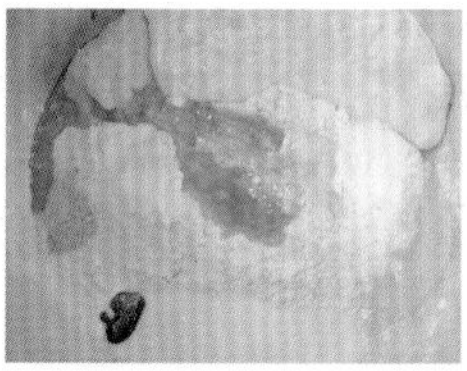

将材料A放入厨师机搅拌缸中，盐与酵母必须分开些摆放。

2

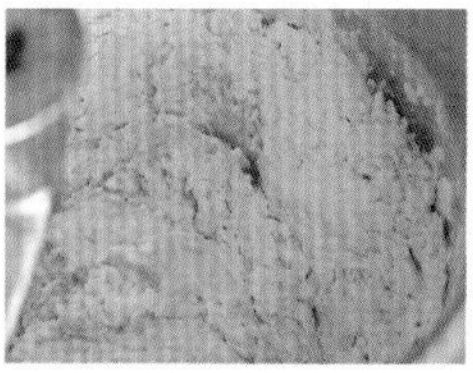

倒入材料B的液体，以低速搅拌4分钟，后转为中速再搅拌3分钟。

3

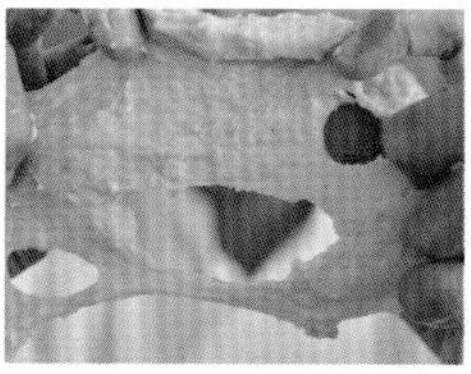

取一点面团拉开，会形成不透光薄膜，且破洞边缘呈锯齿状，此为扩展状态。

4

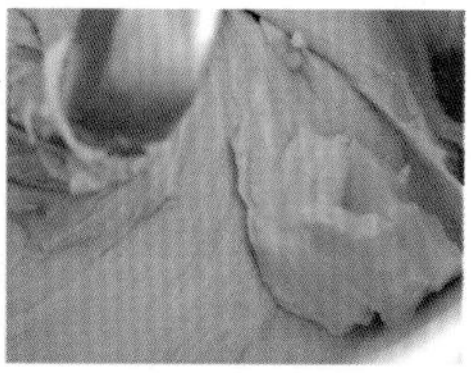

加入材料C的无盐黄油，先以低速搅打3分钟，后转为中速再搅打2分钟。

5

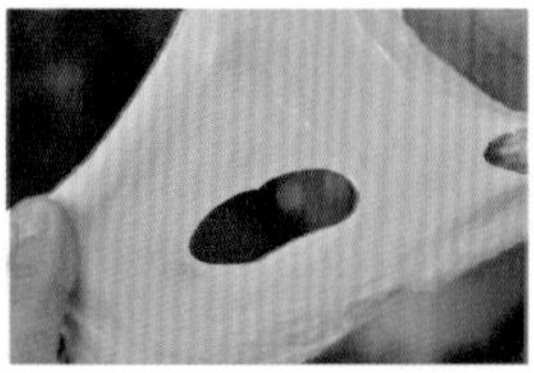

取一点面团拉开，会形成光滑透明有弹性的薄膜，且破洞边缘光滑，即为完全扩展状态。

6

将面团从搅拌缸中取出，放入发酵箱中，此时面团中心温度应为26℃。

step 基础发酵

7

以温度30℃、湿度75%，发酵30分钟。

8

在工作台上撒少许高筋面粉，将面团取出，稍微将表面拍平整，由下往上折1/3，再由上往下折1/3。

9

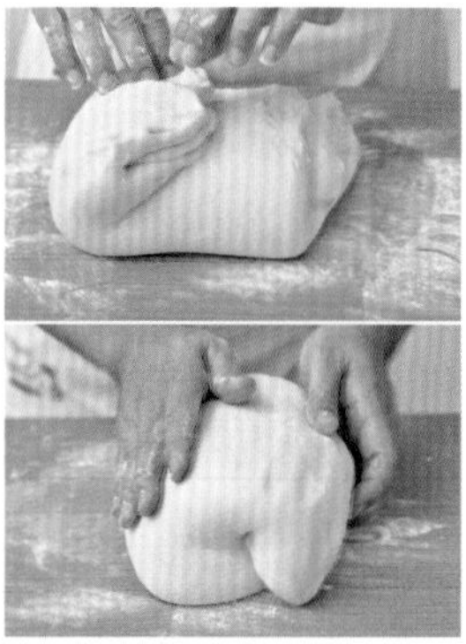

接着稍压平整，再由右往左折2折。

10

放入发酵箱中，以相同温度和湿度再发酵30分钟。

step 分割滚圆

11

工作台上撒少许高筋面粉防粘，取出发酵好的面团，分割成每个80g的小面团。

12

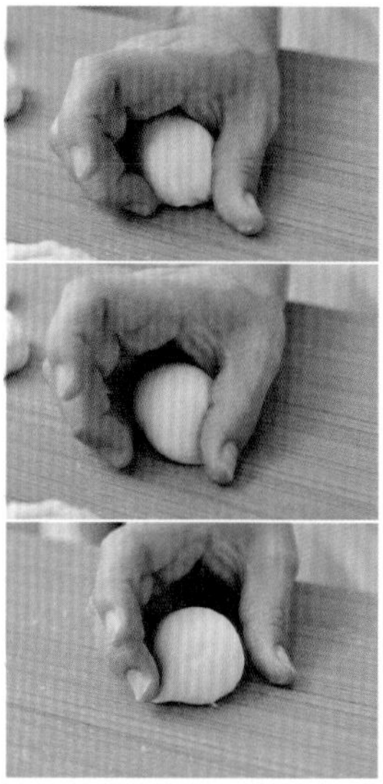

将面团用拇指与小指框住，一边搓圆，一边施力将面团边缘往底部收拢。

step 中间发酵

13

整型好的面团彼此间隔一定距离放入发酵箱中，继续发酵30分钟。

step 整型和包馅

14

取出发酵好的面团，用手稍微压扁，包入50g蜜豆。

15

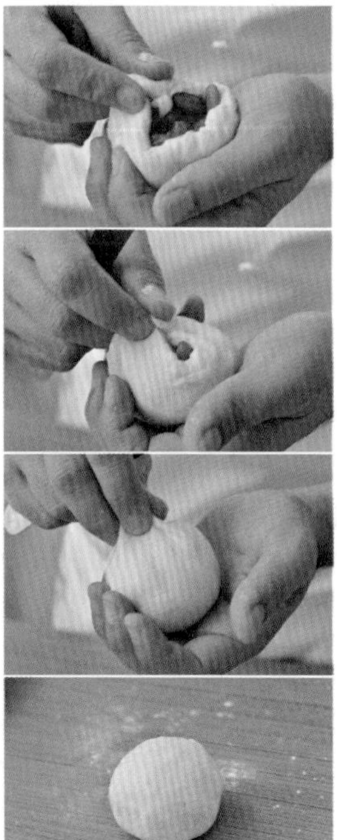

将面团收拢，捏紧收口，并将收口朝下。

step 烘烤前装饰

16

将面团在一张沾湿的厨房纸巾上滚动沾湿，放进装有玉米粒的大碗中沾满玉米粒。

17

将面团收口朝下，用手稍微压扁，用擀面棍擀成圆饼状。

step 最后发酵

18

将面团放进发酵箱中，发酵30分钟。

step 烘烤

19

在面团上盖一张烤布，再压上一张烤盘，设置烤箱上火180℃/下火180℃，烘烤10分钟至表面金黄。

20 烘烤完成后轻敲一下烤盘使面包与烤盘分离，将面包置于网架上冷却。

黑爵螺卷

Chocolate Rolls

传统美味大变身，大口咬下，
浓得化不开的巧克力奶油馅，让人回味无穷！

种法：液种法
模具：螺管
（圆径2.8cm×13.3cm）
数量：24个

材料

面团

A__鹰牌高筋面粉350g
液种300g 汤种75g
细砂糖60g 海藻糖20g
盐6g 高糖酵母6g
B__六倍奶75g 冰水150g
C__可可油60g
＊可可油制作方法请参考p.23

烘烤前表面装饰

全蛋液适量 菠萝酥皮适量
＊菠萝酥皮做法请参考p.25

烘烤后填馅

巧克力奶油馅432g
＊将巧克力奶油馅装入挤花袋内备用；巧克力奶油馅做法请参考p.27

烘烤后装饰

水滴形巧克力适量

烘焙小笔记

制作流程	搅拌→基础发酵→分割滚圆→中间发酵→整型→烘烤前装饰→最后发酵→烘烤→烘烤后装饰
搅拌时间	低速4分钟→中速3分钟→加入可可油→低速3分钟→中速3分钟
基础发酵前面团温度	26℃
发酵温度、湿度	温度30℃，湿度75%
基础发酵	发酵30分钟后翻面，再发酵30分钟
分割滚圆	60g/个
中间发酵	30分钟
整型样式	螺管形
最后发酵	50分钟
烘烤温度、时间	上火210℃/下火170℃，烘烤12～14分钟

step 搅拌

1

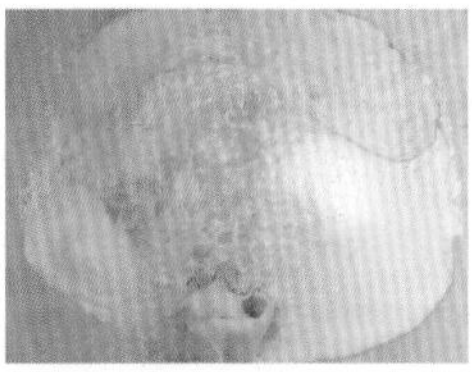

将材料A放入厨师机搅拌缸中，盐与酵母必须分开些摆放。

2

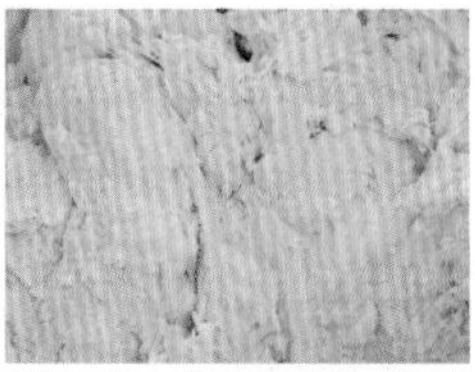

倒入材料B的液体，以低速搅拌4分钟，后转为中速再搅拌3分钟。

3

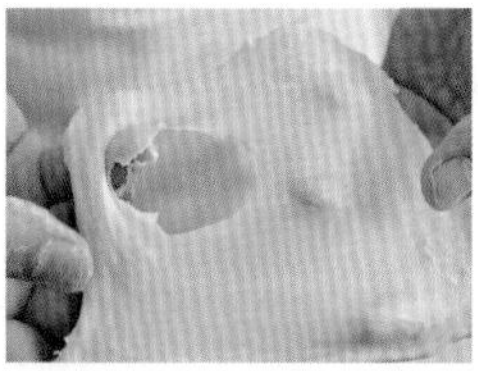

取一点面团拉开，会形成不透光薄膜，且破洞边缘呈锯齿状，此为扩展状态。

4

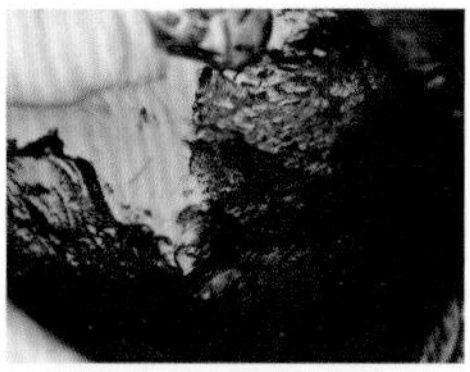

加入材料C的可可油，以低速搅打3分钟，后转为中速再搅打3分钟。

5

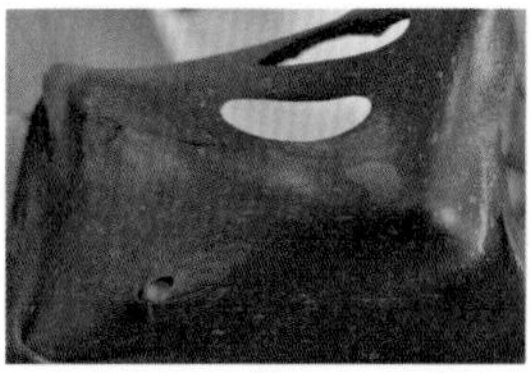

取一点面团拉开，会形成光滑透明有弹性的薄膜，且破洞边缘光滑，即为完全扩展状态。

6

将面团从搅拌缸中取出，放入发酵箱中，此时面团中心温度应为26℃。

基础发酵

7

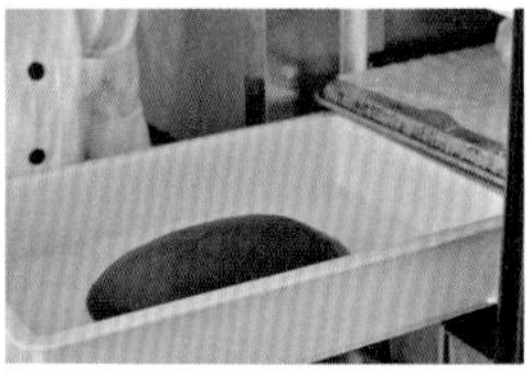

以温度30℃、湿度75%，发酵30分钟。

8

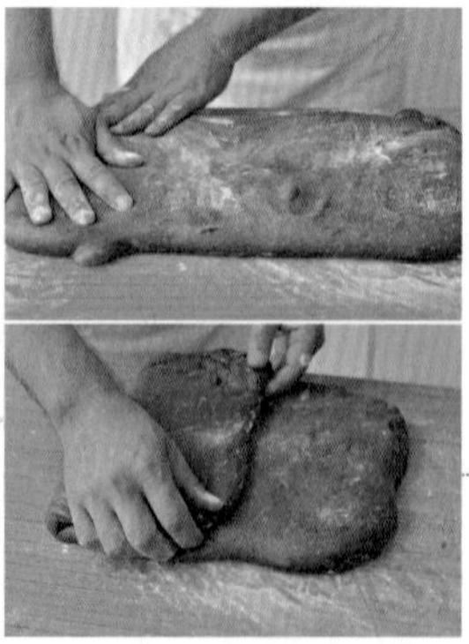

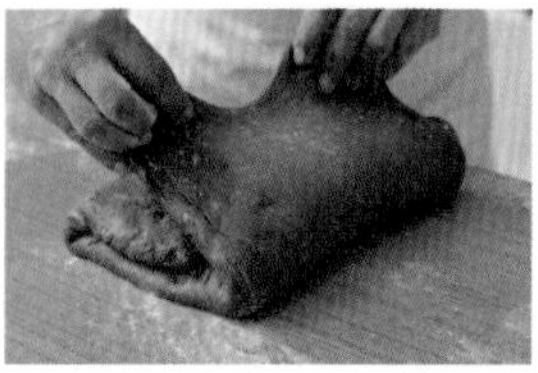

在工作台上撒少许高筋面粉，将面团取出，稍微将表面拍平整，由右往左折1/3，再由左往右折1/3。

9

接着稍压平整，再由下往上折2折。

10

放入发酵箱中，以相同温度和湿度再发酵30分钟。

分割滚圆

11

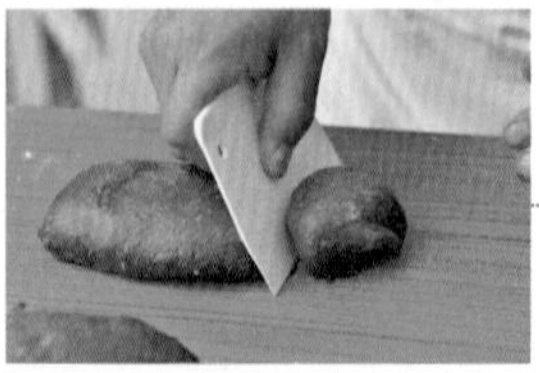

工作台上撒少许高筋面粉防粘，取出发酵好的面团，分割成每个60g的小面团。

12

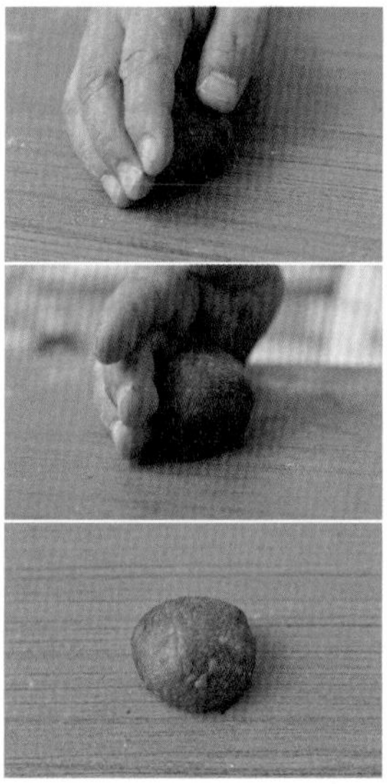

面团光滑面朝上，用单手手掌捧住面团边缘，先往前推再往后拉，手掌底部略施力，让面团边缘顺势滚入底部，重复数次使面团表面变光滑。

中间发酵

13

整型好的面团彼此间隔一定距离放入发酵箱中，继续发酵30分钟。

step 整型

14

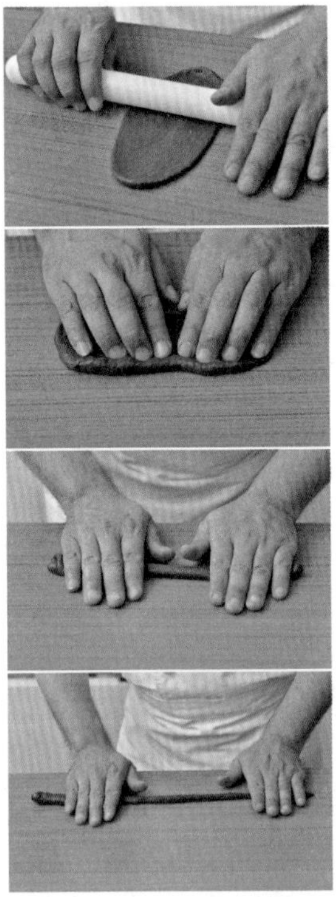

工作台上撒少许高筋面粉防粘，用擀面棍将面团擀成长椭圆形，横向放置，从上往下卷起，再搓成一端较粗一端较细的长条。

15

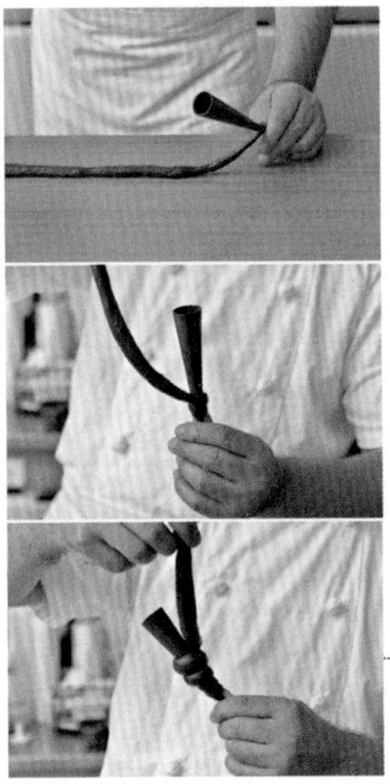

将面团较细端固定在螺管尖端，边旋转边将面团围绕在螺管上，注意不要留下空隙，最后捏紧尾端。

step 烘烤前装饰

16

在工作台上稍微滚一下以整型，在表面刷上一层全蛋液，再滚一层菠萝酥皮。

step 最后发酵

17

将面团移入烤盘，放进发酵箱中，最后发酵50分钟。

step 烘烤

18

以上火210℃/下火170℃预热烤箱，将面包坯放进烤箱，烘烤12～14分钟。

19

烘烤完成后敲一下烤盘使面包与烤盘分开，将面包置于网架上放凉，取下螺管。

step 烘烤后装饰

20

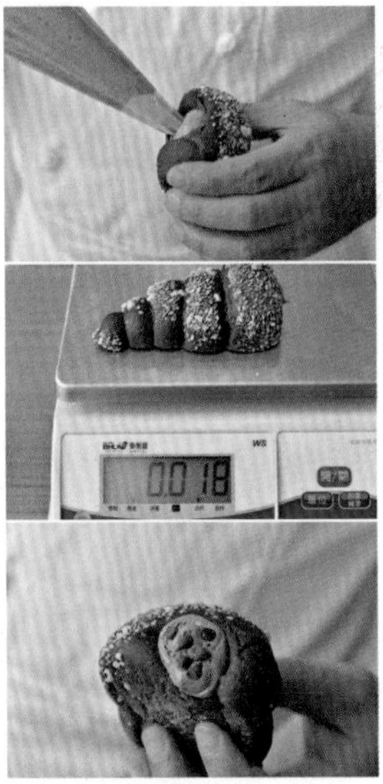

待面包完全冷却，用挤花嘴灌入18g巧克力奶油馅，在奶油上再粘一些水滴形巧克力豆即可。

吉瓦那黑樱桃

Black Cherry Bread with Cream Cheese

外酥脆内香软的吉瓦那，散发出诱人的巧克力香气，
彷佛中南美炙热的阳光，传递到舌尖的每个角落！

种法：液种法
模具：花形塑料杯模
数量：17个

材料

面团

A__鹰牌高筋面粉350g
液种300g 汤种75g
细砂糖60g 海藻糖20g
盐6g 高糖酵母6g
B__六倍奶75g 冰水150g
C__可可油60g
＊可可油制作方法请参考p.23

内馅

奶油奶酪255g

烘烤前表面装饰

糖渍黑樱桃16颗
千层华尔兹皮（或千层酥皮）16片

烘焙小笔记

制作流程	搅拌→基础发酵→分割滚圆→中间发酵→整型和包馅→烘烤前装饰→最后发酵→烘烤
搅拌时间	低速4分钟→中速3分钟→加入可可油→低速3分钟→中速3分钟
基础发酵前面团温度	26℃
发酵温度、湿度	温度30℃，湿度75%
基础发酵	发酵30分钟后翻面，再发酵30分钟
分割滚圆	60g/个
中间发酵	30分钟
整型样式	球形
最后发酵	50分钟
烘烤温度、时间	上火200℃/下火220℃，烘烤17~20分钟

step 搅拌

1

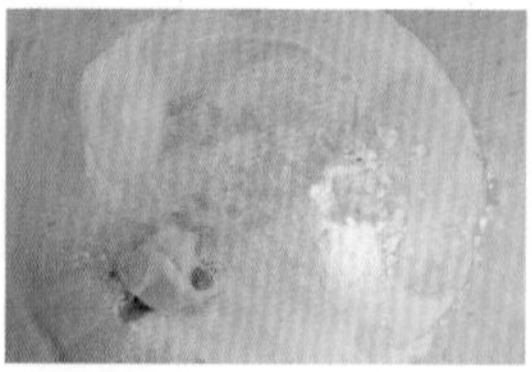

将材料A放入厨师机搅拌缸中，盐与酵母必须分开些摆放。

2

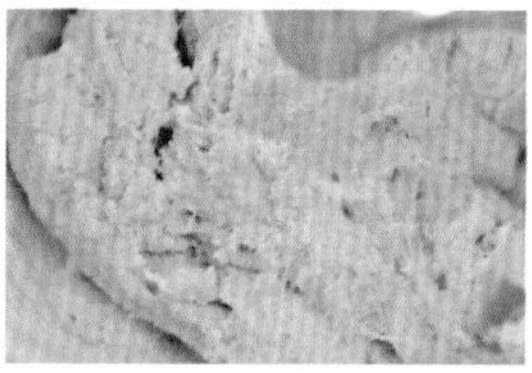

倒入材料B的液体，开始以低速搅拌4分钟，后转为中速再搅拌3分钟。

3

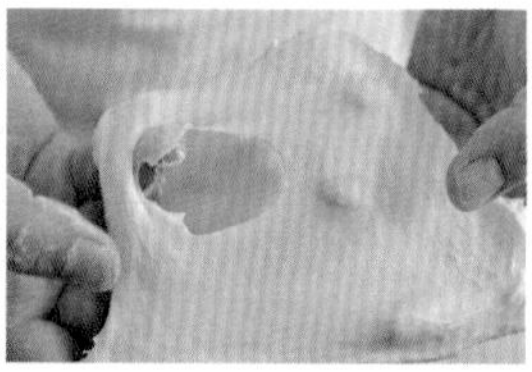

取一点面团拉开，会形成不透光薄膜，且破洞边缘呈锯齿状，此为扩展状态。

4

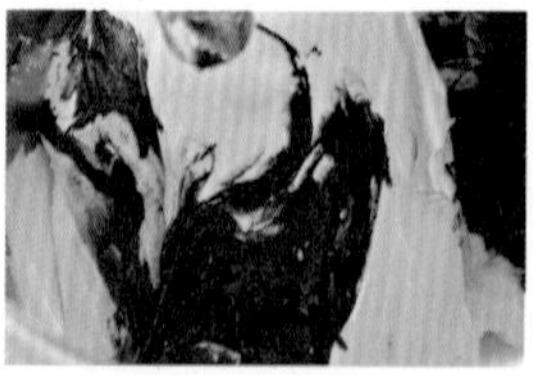

加入材料C的可可油，先以低速搅打3分钟，后转为中速再搅打3分钟。

5

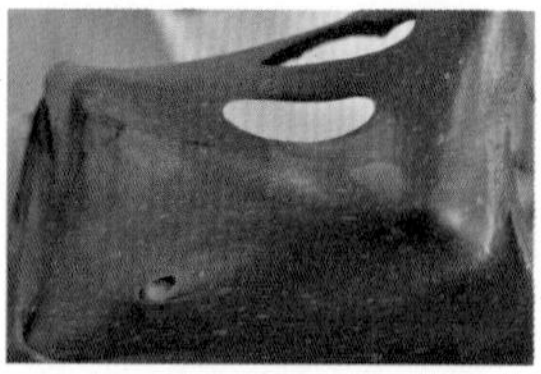

取一点面团拉开，会形成光滑透明有弹性的薄膜，且破洞边缘光滑，即为完全扩展状态。

6

将面团从搅拌缸中取出，放入发酵箱中，此时面团中心温度应为26℃。

step 基础发酵

7

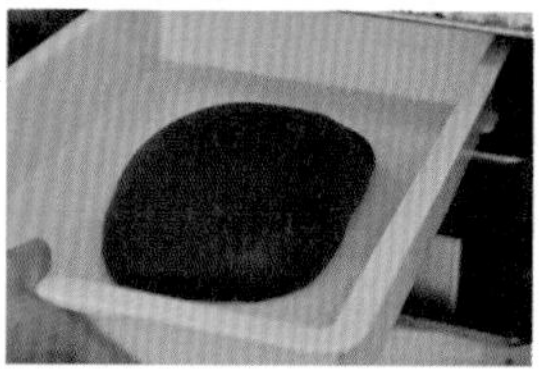

以温度30℃、湿度75%，发酵30分钟。

8

在工作台上撒少许高筋面粉，将面团取出，稍微将表面拍平整，由右往左折1/3，再由左往右折1/3。

9

接着稍压平整，再由下往上折2折。

10

放入发酵箱中，以相同温度和湿度再发酵30分钟。

分割滚圆

11

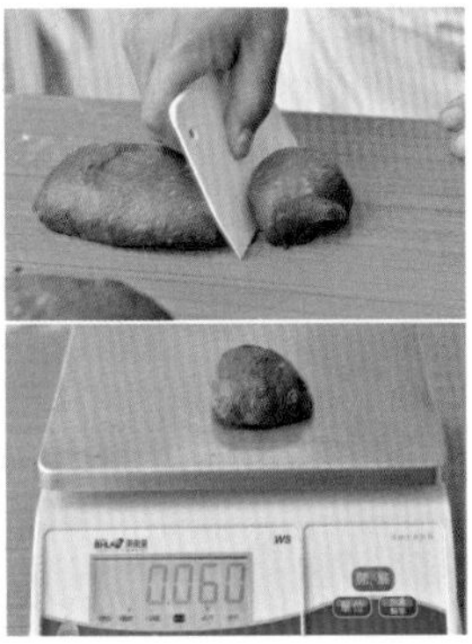

工作台上撒少许高筋面粉防粘，取出发酵好的面团，分割成每个60g的小面团。

12

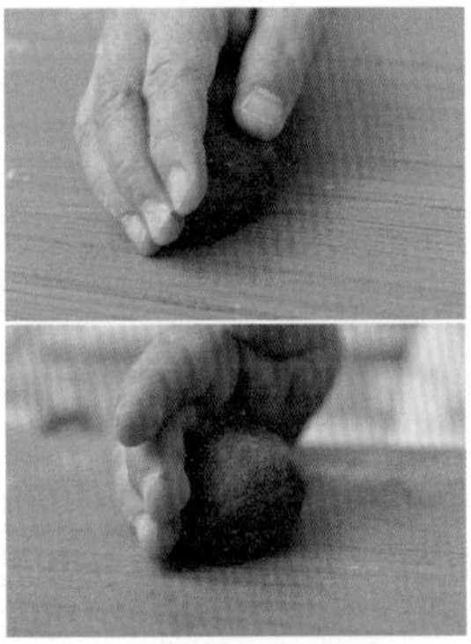

面团光滑面朝上，用单手手掌捧住面团边缘，先往前推再往后拉，手掌底部略施力，让面团边缘顺势滚入底部，重复数次使面团表面变光滑。

中间发酵

13

整型好的面团彼此间隔一定距离放入发酵箱中，继续发酵30分钟。

整型和包馅

14

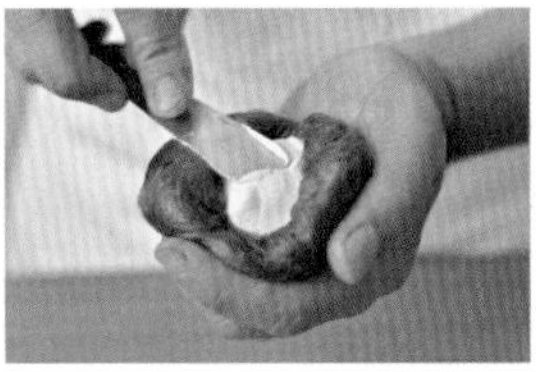

工作台上撒少许高筋面粉防粘，取出发酵好的面团，稍微压平，放入15g奶油奶酪。

15

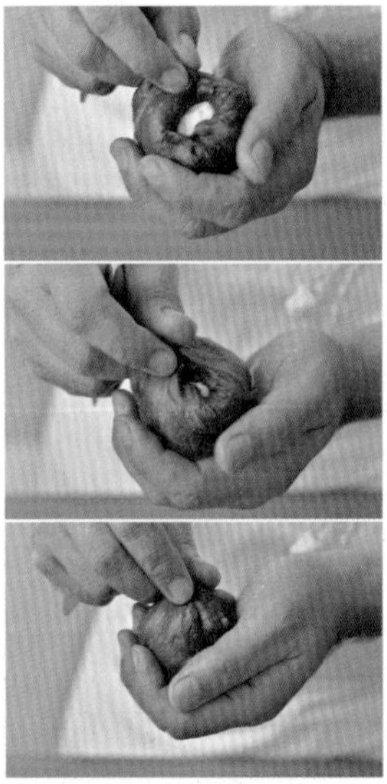

将面团边缘往中心收口捏紧成为圆形。

烘烤前装饰

16

将面团底部包上一片千层华尔兹皮，放入烤模中。

17

用剪刀在面团顶部中心位置剪一个十字，塞入一颗糖渍黑樱桃。

最后发酵

18 面团放入发酵箱中，最后发酵50分钟。

烘烤

19

以上火200℃/下火220℃预热烤箱，将面包坯放进烤箱，烘烤17~20分钟。

20

烘烤完成后脱模，置于网架上冷却。

巧克力魔法石

Chocolate Bread

加了液种与汤种的面团，因为水分增多，口感更加柔软，
即使是容易变干而失败的巧克力口味，也不必担心。

种法：液种法
模具：咕咕霍夫塑料模
数量：22个

材料

面团

A__鹰牌高筋面粉700g 液种600g
汤种150g 细砂糖120g
海藻糖40g 盐12g
高糖酵母12g
B__六倍奶150g 冰水300g
C__可可油120g
*可可油制作方法请参考p.23

内馅

耐烘焙软质巧克力180g
核桃180g

烘烤前表面装饰

面饰材料适量
可可粉适量
*面饰材料做法请参考p.26，做好后装入挤花袋中备用。

烘焙小笔记

制作流程	搅拌→基础发酵→分割滚圆→中间发酵→整型和包馅→最后发酵→烘烤前装饰→烘烤
搅拌时间	低速4分钟→中速3分钟→加入可可油→低速3分钟→中速3分钟
基础发酵前面团温度	26℃
发酵温度、湿度	温度30℃，湿度75%
基础发酵	发酵30分钟后翻面，再发酵30分钟
分割滚圆	100g/个
中间发酵	30分钟
整型样式	球形
最后发酵	45分钟
烘烤温度、时间	上火160℃/下火230℃，烘烤18～20分钟

step 搅拌

1

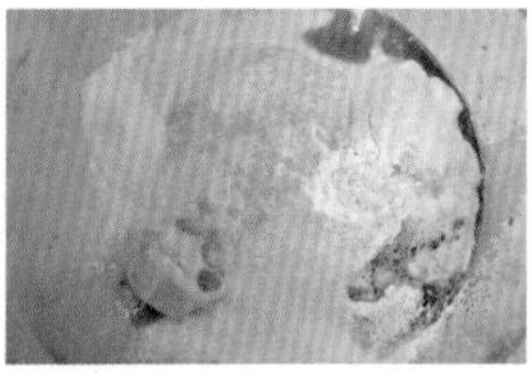

将材料A放入厨师机搅拌缸中，盐与酵母必须分开些摆放。

2

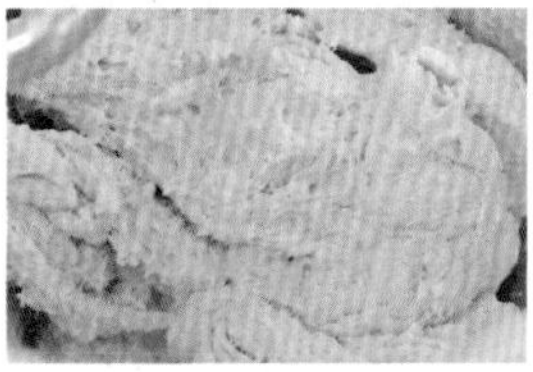

倒入材料B的液体，开始以低速搅拌4分钟，后转为中速再搅拌3分钟。

3

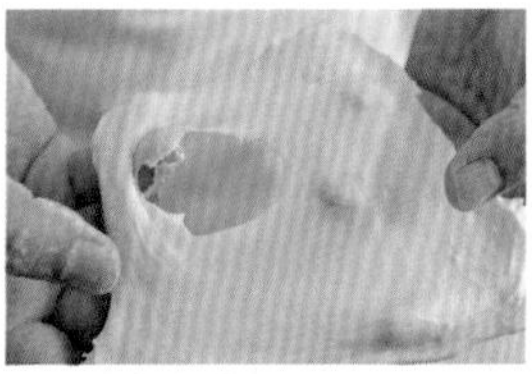

取一点面团拉开，会形成不透光薄膜，且破洞边缘呈锯齿状，此为扩展状态。

4

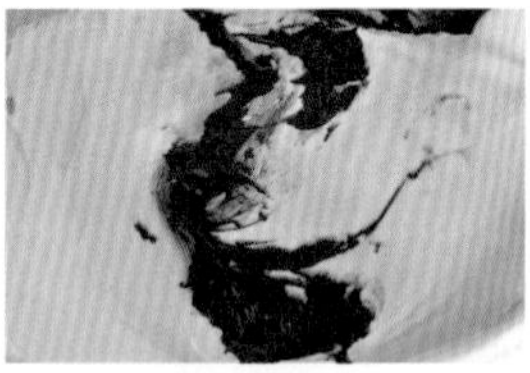

加入材料C的可可油，先以低速搅打3分钟，后转为中速再搅打3分钟。

5

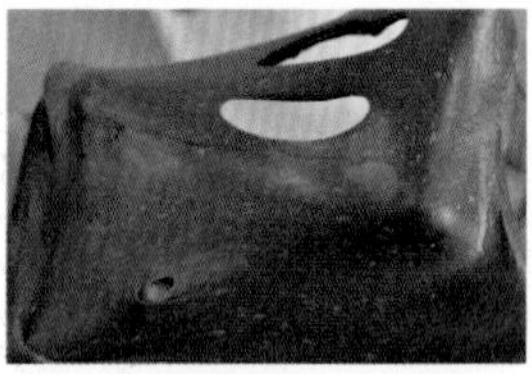

取一点面团拉开，会形成光滑透明有弹性的薄膜，且破洞边缘光滑，即为完全扩展状态。

6

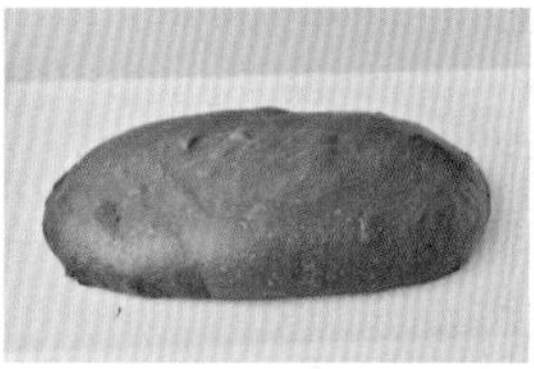

将面团从搅拌缸中取出，放入发酵箱中，此时面团中心温度应为26℃。

step 基础发酵

7

以温度30℃、湿度75%，发酵30分钟。

8

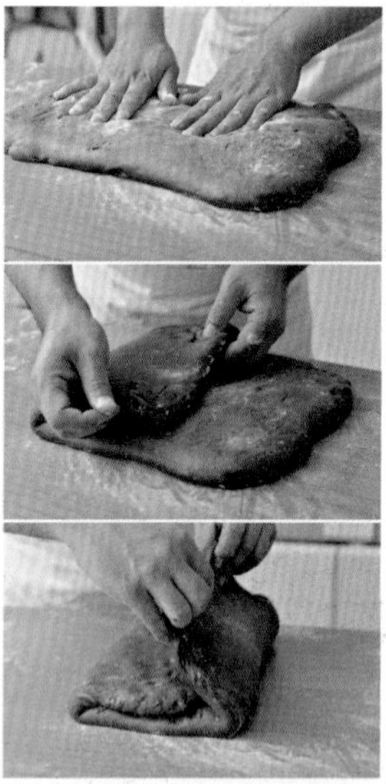

在工作台上撒少许高筋面粉，将面团取出，稍微将表面拍平整，由右往左折1/3，再由左往右折1/3。

9

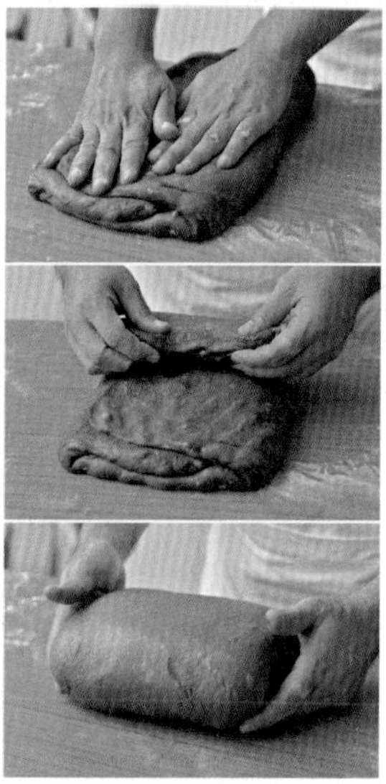

接着稍压平整，再由下往上折2折。

10

将面团放入发酵箱中，继续以相同温度和湿度发酵30分钟。

step 分割滚圆

11

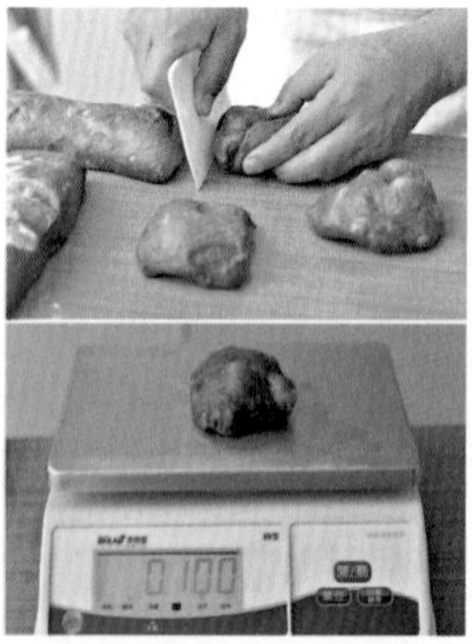

工作台上撒少许高筋面粉防粘，取出发酵好的面团，分割成每个100g的小面团。

12

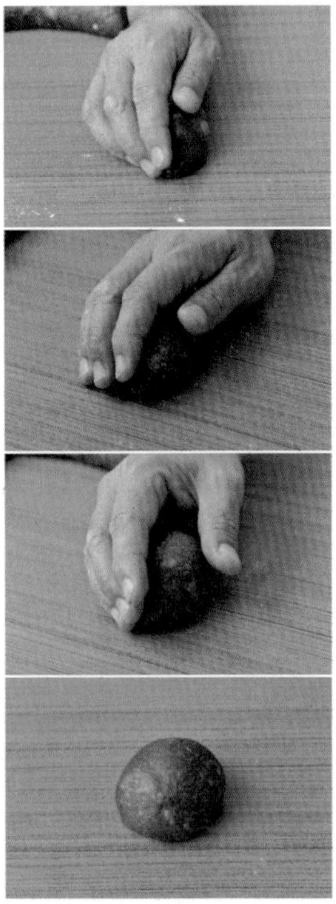

面团光滑面朝上，用单手手掌捧住面团边缘，先往前推再往后拉，手掌底部略施力，让面团边缘顺势滚入底部，重复数次使面团表面变光滑。

step 中间发酵

13

整型好的面团彼此间隔一定距离放入发酵箱中，继续发酵30分钟。

step 整型和包馅

14

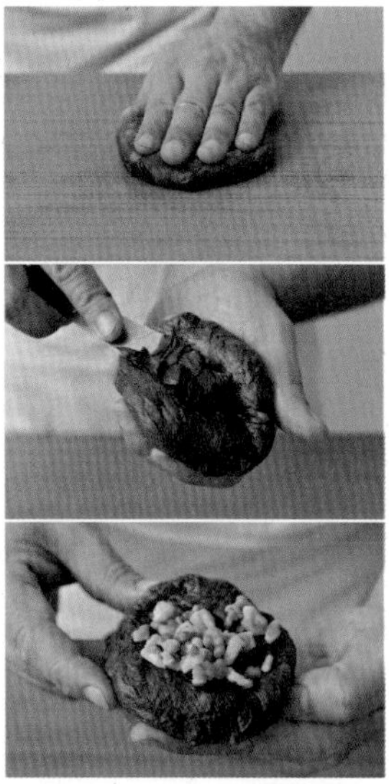

工作台上撒少许高筋面粉防粘，取出发酵好的面团，稍微压平，先填入10g软质巧克力，再放入10g核桃。

15

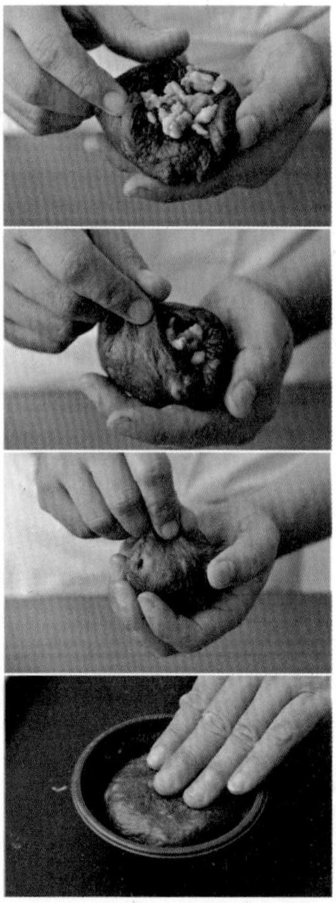

将面团边缘往中心收口捏紧，收口朝下放入模具中。

step 最后发酵

16

面团放入发酵箱中，最后发酵45分钟。

step 烘烤前装饰

17

将面饰材料在面团上挤成螺旋，撒上可可粉。

step 烘烤

18

以上火160℃/下火230℃预热烤箱，将面包坯放进烤箱，烘烤18～20分钟。

19

烘烤完成后将面包置于网架上冷却。

青酱维瓦诺素肉松

Pesto Bread with Soy Meat Piece

种法：直接法
数量：22个

散发出淡淡青酱香味的面包体，搭配几乎任何内馅材料都能更加迷人，
一层一层透出的好滋味，非常适合野餐享用！

材料

面团

A__鹰牌高筋面粉700g
拿破仑法式面包粉300g
法国老面340g 海藻糖36g
细砂糖60g 盐12g 高糖酵母12g
B__冰水420g 六倍奶120g 全蛋120g
C__青酱150g

内馅

芝士片22片 素肉松500g
玉米粒100g 沙拉酱100g
黑胡椒少许
*将素肉松、玉米粒与沙拉酱、黑胡椒一起拌匀成素肉松酱备用。

烘烤前表面装饰

裸麦粉适量
山葵沙拉酱适量
马苏里拉芝士丝适量

烘焙小笔记

制作流程	搅拌→基础发酵→分割滚圆→中间发酵→整型和包馅→最后发酵→烘烤前装饰→烘烤
搅拌时间	低速4分钟→中速3分钟→加入青酱→低速3分钟→中速3分钟
基础发酵前面团温度	26℃
发酵温度、湿度	温度30℃，湿度75%
基础发酵	发酵30分钟后翻面，再发酵30分钟
分割滚圆	100g/个
中间发酵	30分钟
整型样式	球形
最后发酵	50分钟
烘烤温度、时间	上火170℃/下火230℃，烘烤13～15分钟
蒸汽	3秒钟

step 搅拌

1

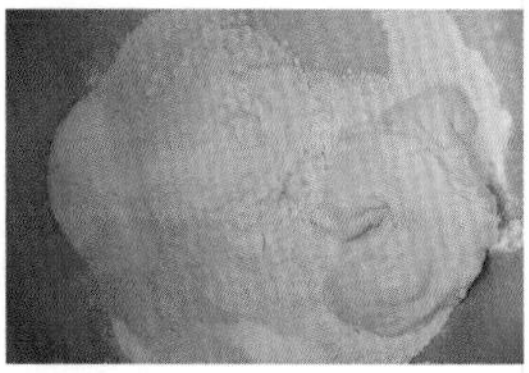

将材料A放入厨师机搅拌缸中，盐与酵母必须分开些摆放。

2

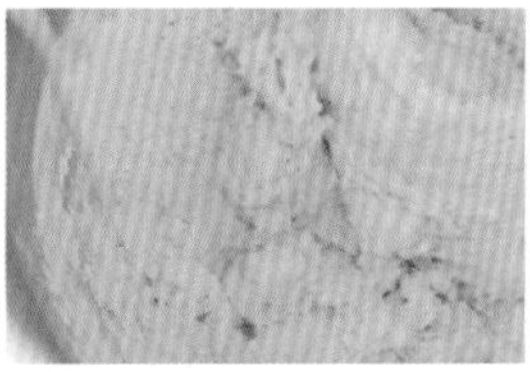

倒入材料B的液体，开始以低速搅拌4分钟，后转为中速再搅拌3分钟。

3

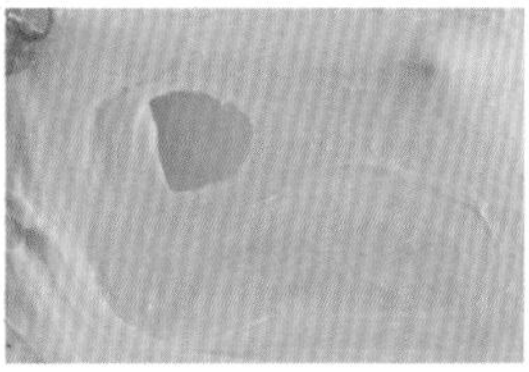

取一点面团拉开，会形成不透光薄膜，且破洞边缘呈锯齿状，此为扩展状态。

4

加入材料C青酱，先以低速搅打3分钟，后转为中速再搅打3分钟。

5

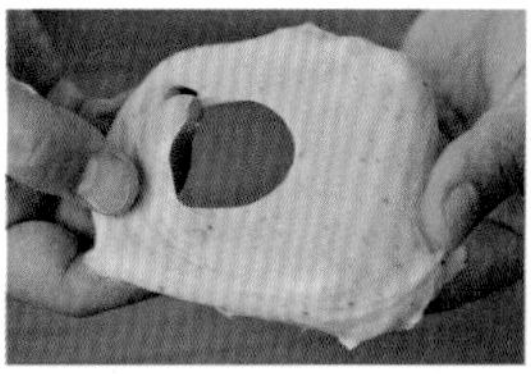

取一点面团拉开，会形成光滑透明有弹性的薄膜，且破洞边缘光滑，即为完全扩展状态。

6

将面团从搅拌缸中取出，稍微整型后放入发酵箱中，此时面团中心温度应为26℃。

step 基础发酵

7

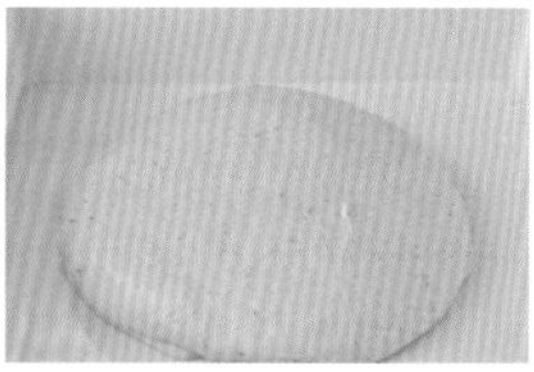

以温度30℃、湿度75%，发酵30分钟。

8

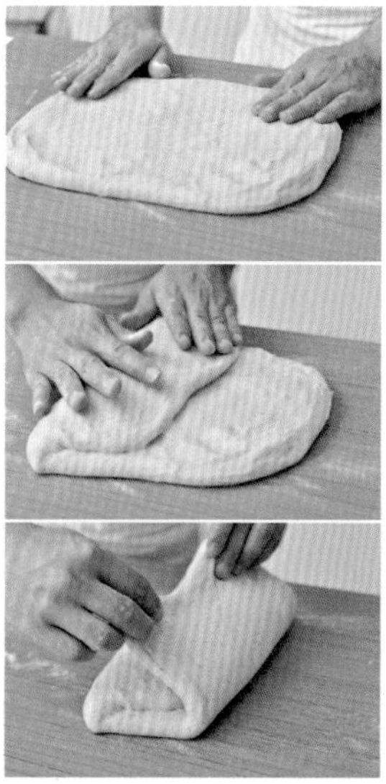

在工作台上撒少许高筋面粉，将面团取出，稍微将表面拍平整，由右往左折1/3，再由左往右折1/3。

9

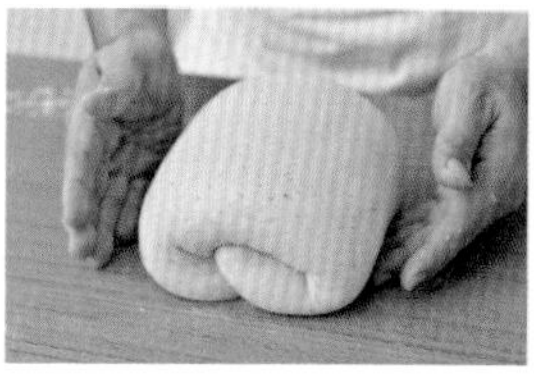

接着将面团折口朝上转90度，稍压平整，再由右往左折2折。

10

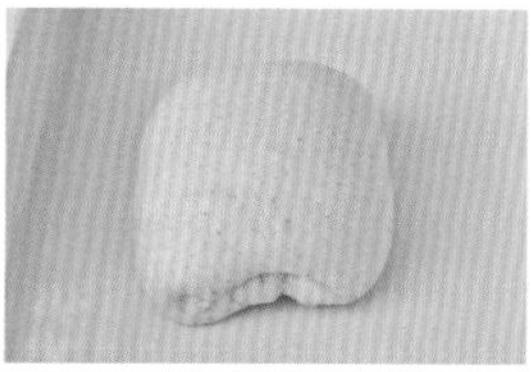

放入发酵箱中，以相同温度和湿度再发酵30分钟。

step 分割滚圆

11

工作台撒上少许高筋面粉防粘，取出发酵好的面团，分割成每个100g的小面团。

12

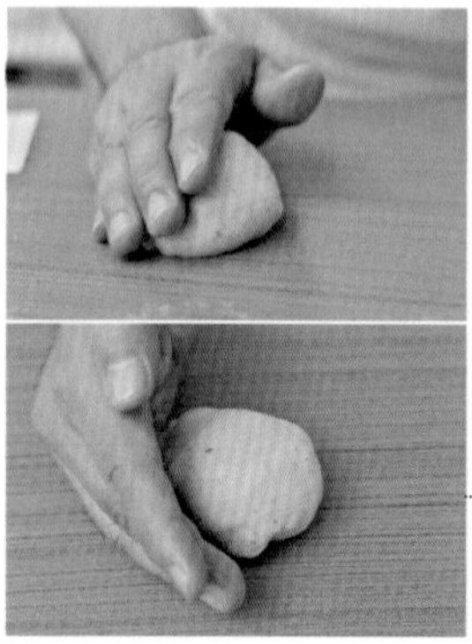

面团光滑面朝上，用单手手掌捧住面团边缘，先往前推再往后拉，手掌底部略施力，让面团边缘顺势滚入底部，重复数次使面团表面变光滑。

step 中间发酵

13

整型好的面团彼此间隔一定距离放入发酵箱中，继续发酵30分钟。

step 整型和包馅

14

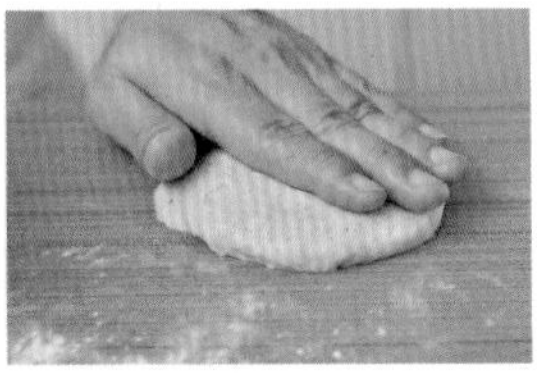

工作台上撒少许高筋面粉防粘，取出面团用手稍微压扁。

15

将1片芝士片置于面团中央。

16

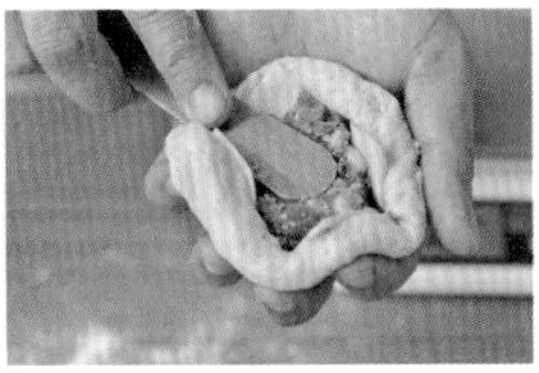

填入约30g素肉松酱。

17

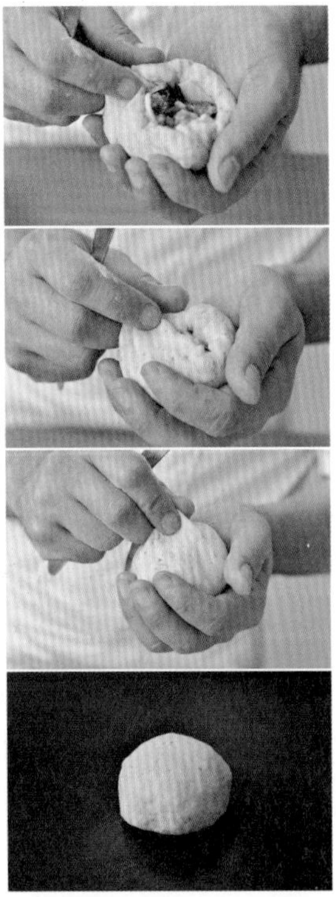

沿着面团边缘拉起，捏紧收口。

step 最后发酵

18

收口朝下，放在烤盘上继续发酵50分钟。

step 烘烤前装饰

19

面团上撒上一层裸麦粉，用剪刀在顶端剪一个十字，挤上山葵沙拉酱，放上马苏里拉芝士丝。

step 烘烤

20

以上火170℃/下火230℃预热烤箱，将面包坯放进烤箱，喷蒸汽3秒钟，接着烘烤13~15分钟。

21

烤好后先轻敲一下烤盘使面包与烤盘分离，再将面包移置于网架上冷却。

青酱火山蔬果

Pesto Bread with Sweet Pepper and Cheese

种法：直接法
数量：56个

如火山喷发般的蔬果，一口咬下，还保留着清脆多汁的口感，
隐约透出的青酱风味，让滋味更加丰富！

材料

面团

A__鹰牌高筋面粉700g
拿破仑法式面包粉300g
法国老面340g 海藻糖36g
细砂糖60g 盐12g 高糖酵母12g

B__冰水420g 六倍奶120g 全蛋120g

C__青酱150g

内馅

芝士片28片
甜椒条适量
＊将甜椒洗净去籽，切成0.5cm粗的长条备用。

烘烤前表面装饰

全蛋液适量
山葵沙拉酱适量

烘焙小笔记

制作流程	搅拌→基础发酵→分割滚圆→中间发酵→整型和包馅→最后发酵→烘烤前装饰→烘烤
搅拌时间	低速4分钟→中速3分钟→加入青酱→低速3分钟→中速3分钟
基础发酵前面团温度	26℃
发酵温度、湿度	温度30℃，湿度75%
基础发酵	发酵30分钟后翻面，再发酵30分钟
分割滚圆	80g/个
中间发酵	30分钟
整型样式	罗宋形变化
最后发酵	40分钟
烘烤温度、时间	上火220℃/下火180℃，烘烤13～15分钟

step 搅拌

1

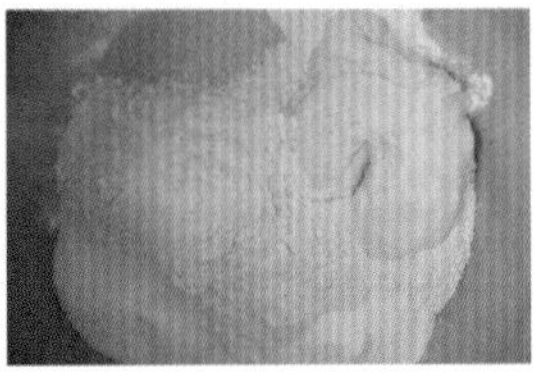

将材料A放入厨师机搅拌缸中，盐与酵母必须分开些摆放。

2

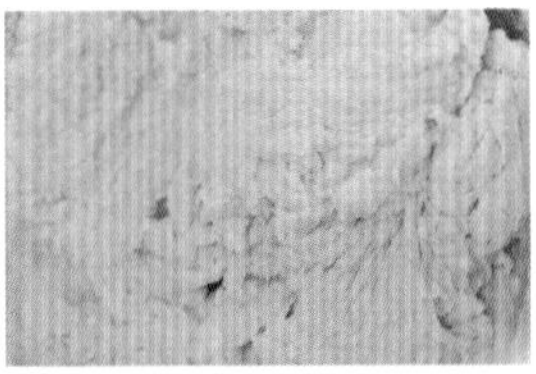

倒入材料B的液体，开始以低速搅拌4分钟，后转为中速再搅拌3分钟。

3

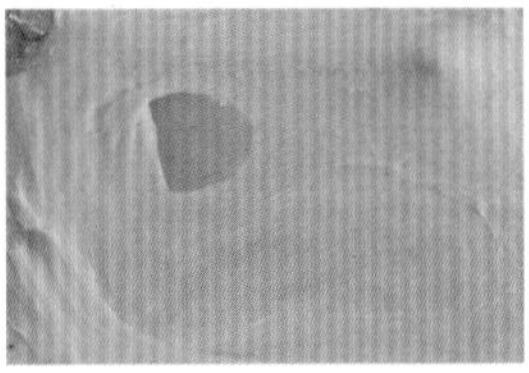

取一点面团拉开，会形成不透光薄膜，且破洞边缘呈锯齿状，此为扩展状态。

4

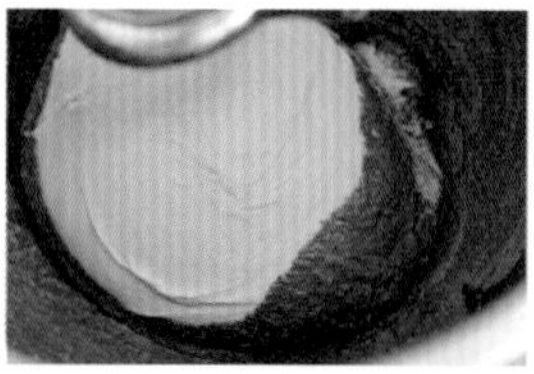

加入材料C的青酱，先以低速搅打3分钟，后转为中速再搅打3分钟。

5

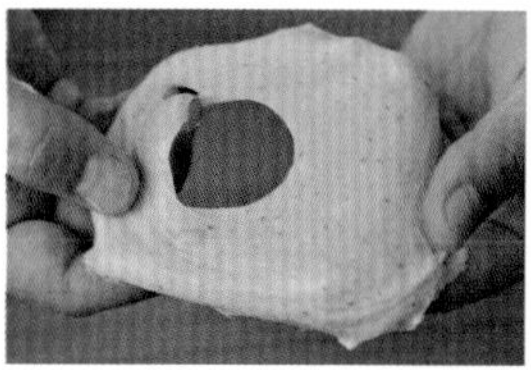

取一点面团拉开，会形成光滑透明有弹性的薄膜，且破洞边缘光滑，即为完全扩展状态。

6

将面团从搅拌缸中取出，稍微整型后放入发酵箱中，此时面团中心温度应为26℃。

step 基础发酵

7

以温度30℃、湿度75%，发酵30分钟。

8

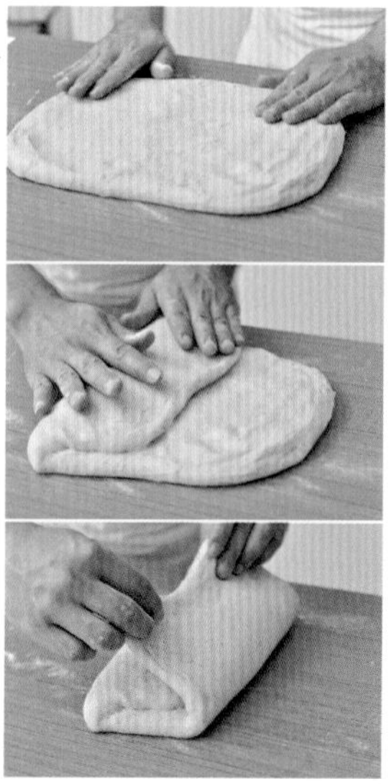

在工作台上撒少许高筋面粉，将面团取出，稍微将表面拍平整，由右往左折1/3，再由左往右折1/3。

9

接着将面团折口朝上转90度，稍压平整，再由右往左折2折。

10

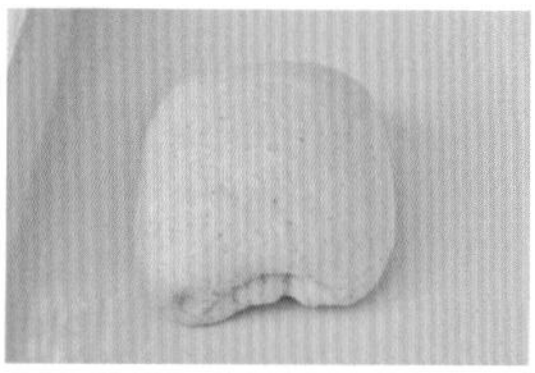

放入发酵箱中，以相同温度和湿度再发酵30分钟。

step 分割滚圆

11

工作台上撒少许高筋面粉防粘，取出发酵好的面团，分割成每个80g的小面团。

12

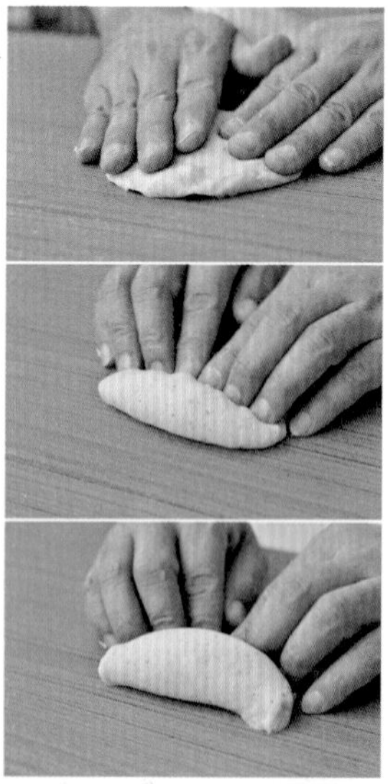

将面团光滑面朝下，用手压平，由上往下稍微用力将面团卷入。

13

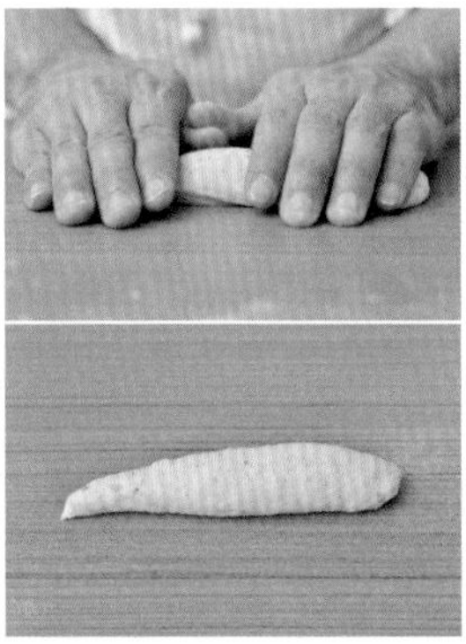

双手捧住面团，将面团滚整成罗宋形。

step 中间发酵

14

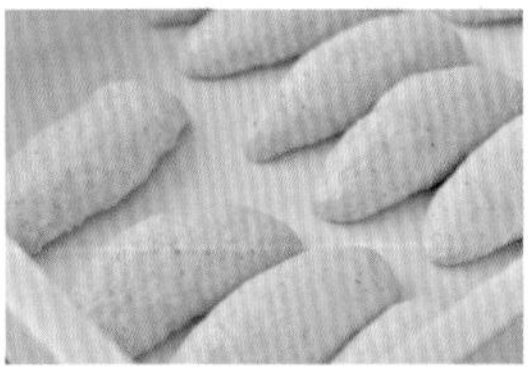

整型好的面团彼此间隔一定距离放入发酵箱中，继续发酵30分钟。

step 整形和包馅

15

工作台上撒少许高筋面粉防粘，取出面团用擀面棍由较粗端往细端擀，擀成扁长形。

16

将1片芝士片置于面团中央，放上甜椒条。

17

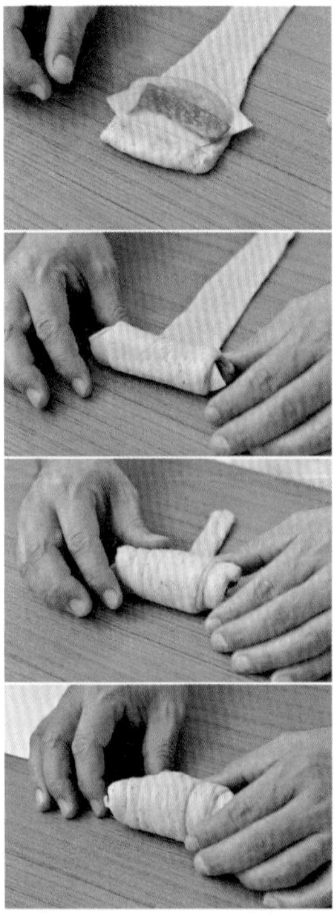

先把顶端面团折入少许压住芝士，由上往下卷起。

18

用刀子将面团对切。

step 最后发酵

19

切口朝下，放在烤盘上继续发酵40分钟。

step 烘烤前装饰

20

在面团上刷一层全蛋液，在洞口挤上山葵沙拉酱。

step 烘烤

21

以上火220℃/下火180℃预热烤箱，将面包坯放进烤箱，烘烤13～15分钟。

22

烘烤完成后轻敲一下烤盘，使面包与烤盘分开，再将面包移置于网架上冷却。

青酱圣诞树

Pesto Bread with Soy Hot Dog

种法：直接法
数量：28个

每一口都能吃到完美比例，
可爱的造型，让面包多了更多创意空间，
不论素食荤食，都可以随意搭配！

材料

面团

A__鹰牌高筋面粉700g

拿破仑法式面包粉300g

法国老面340g 海藻糖36g

细砂糖60g 盐12g 高糖酵母12

B__冰水420g 六倍奶120g 全蛋120g

C__青酱150g

内馅

素大热狗28条

＊将素热狗擦干水分备用。

烘烤前表面装饰

全蛋液适量

玉米粒适量

沙拉酱适量

马苏里拉芝士丝适量

烘焙小笔记

制作流程	搅拌→基础发酵→分割滚圆→中间发酵→整型和包馅→最后发酵→烘烤前装饰→烘烤
搅拌时间	低速4分钟→中速3分钟→加入青酱→低速3分钟→中速3分钟
基础发酵前面团温度	26℃
发酵温度、湿度	温度30℃，湿度75%
基础发酵	发酵30分钟后翻面，再发酵30分钟
分割滚圆	80g/个
中间发酵	30分钟
整型样式	圆柱形
最后发酵	40分钟
烘烤温度、时间	上火220℃/下火180℃，烘烤14～16分钟

step 搅拌

1

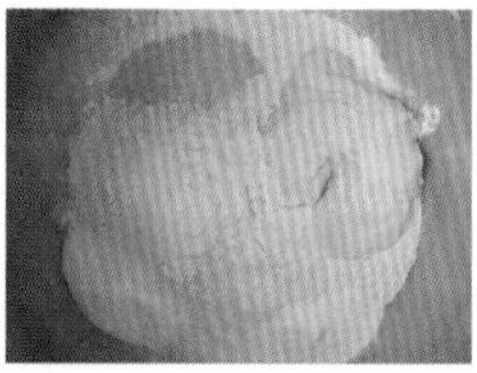

将材料A放入厨师机搅拌缸中，盐与酵母必须分开些摆放。

2

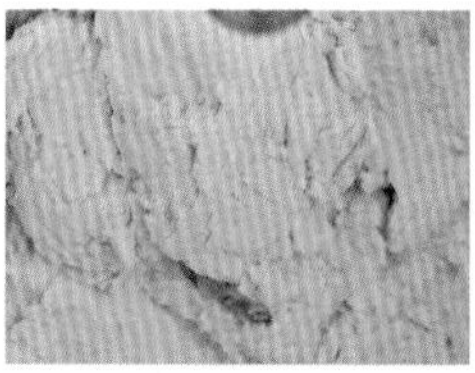

倒入材料B的液体，以低速搅拌4分钟，后转为中速再搅拌3分钟。

3

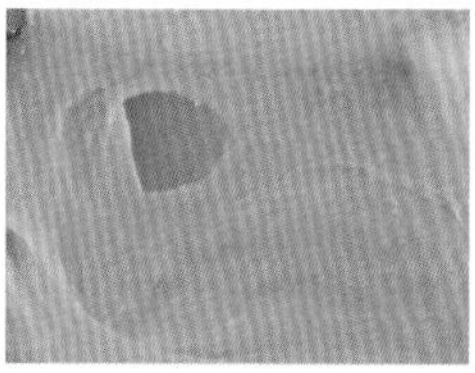

取一点面团拉开，会形成不透光薄膜，且破洞边缘呈锯齿状，此为扩展状态。

4

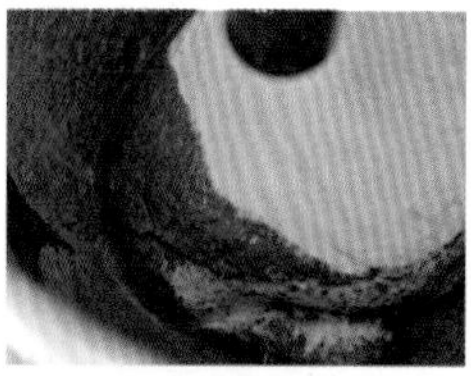

加入材料C的青酱，以低速搅打3分钟，后转为中速再搅打3分钟。

5

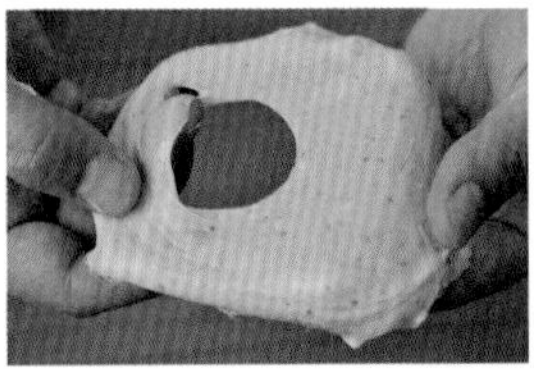

取一点面团拉开，会形成光滑透明有弹性的薄膜，且破洞边缘光滑，即为完全扩展状态。

6

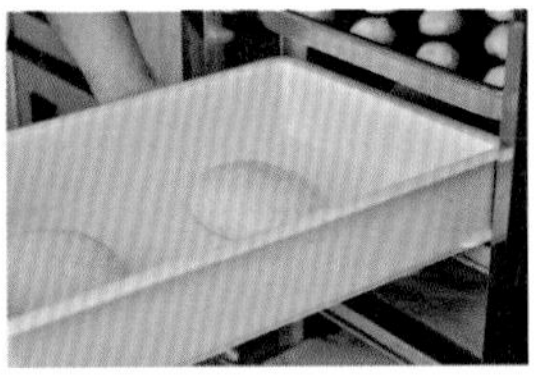

将面团从搅拌缸中取出，稍微整型后放入发酵箱中，此时面团中心温度应为26℃。

step 基础发酵

7

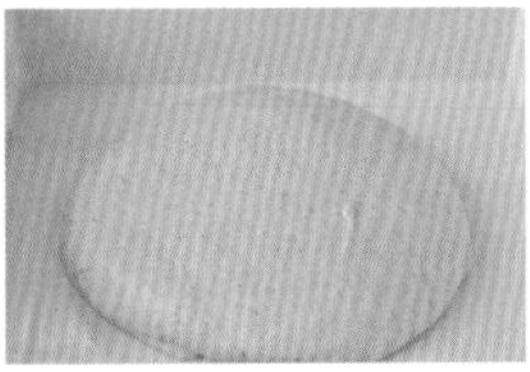

以温度30℃、湿度75%，发酵30分钟。

8

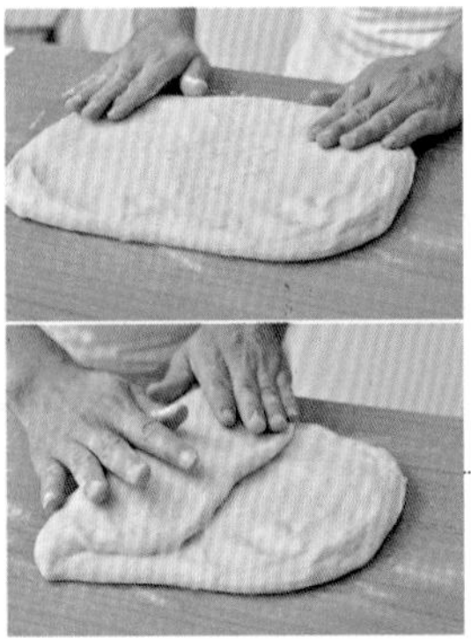

在工作台上撒少许高筋面粉，将面团取出，稍微将表面拍平整，由右往左折1/3，再由左往右折1/3。

9

接着将面团折口朝上转90度，稍压平整，再由右往左折2折。

10

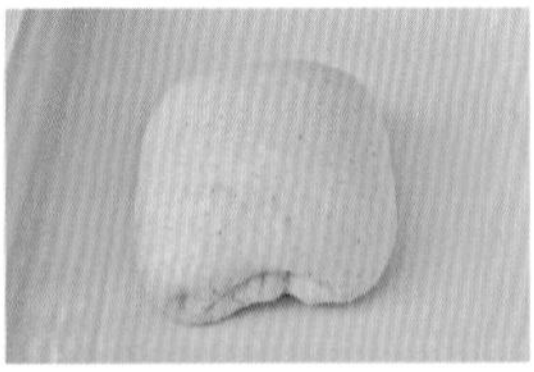

放入发酵箱中，继续以相同温度和湿度发酵30分钟。

step 分割滚圆

11

工作台上撒少许高筋面粉防粘，取出发酵好的面团，分割成每个80g的小面团。

12

面团光滑面朝上，用单手手掌捧住面团边缘，先往前推再往后拉，手掌底部略施力，让面团边缘顺势滚入底部，重复数次使面团表面变光滑。

中间发酵

13

整型好的面团彼此间隔一定距离放入发酵箱中，继续发酵30分钟。

整型和包馅

14

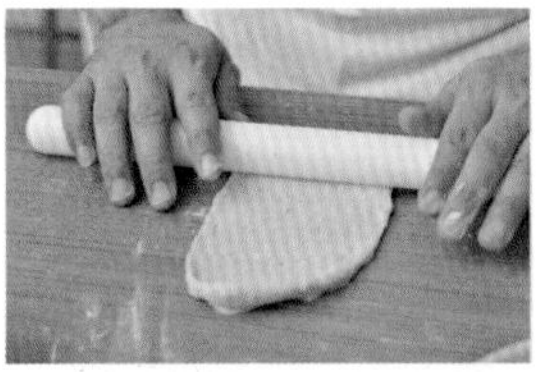

工作台上撒少许高筋面粉防粘，取出面团，用擀面棍擀成圆角长方形。

15

将1条素热狗置于面团中央，由上往下卷成圆柱形。

16

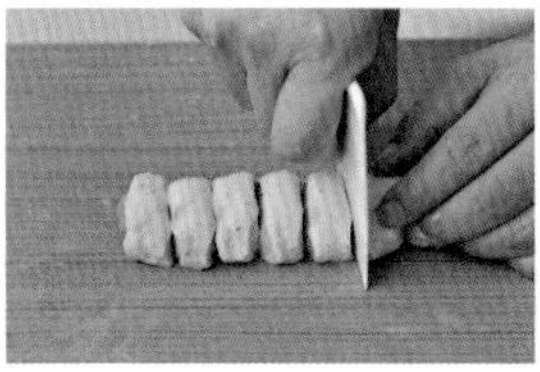

用切面刀将面团切成6等份。

17

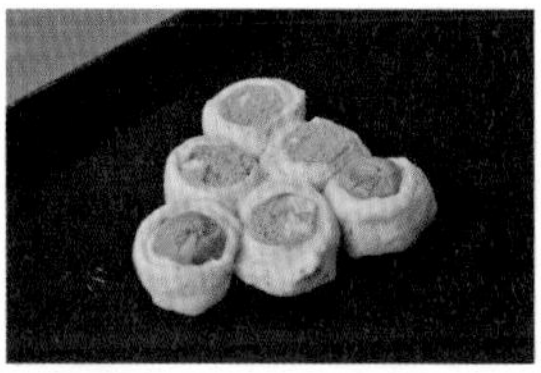

将面团在烤盘上排成三角形。

最后发酵

18

将烤盘放入发酵箱中，继续发酵40分钟。

烘烤前装饰

19

在面团上刷上一层全蛋液，撒上玉米粒，挤上沙拉酱，再放上马苏里拉芝士丝。

烘烤

20

以上火220℃/下火180℃预热烤箱，将面包坯放进烤箱，烘烤14～16分钟。

21

烘烤完成后轻敲一下烤盘使面包与烤盘分开，将面包移置于网架上冷却。

青酱素小热狗卷

Pesto Roll with Soy Hot Dog

种法：直接法
数量：37个

谁说直接法做的面包容易变硬？
只要拿捏好水分与发酵状态，
加上正确的面粉比例，
不管怎么做，都能柔软有弹性！

材料

面团

A__鹰牌高筋面粉700g
拿破仑法式面包粉300g
法国老面340g 海藻糖36g
细砂糖60g 盐12g 高糖酵母12g
B__冰水420g 六倍奶120g 全蛋120g
C__青酱150g

内馅

素小热狗37条
＊将素小热狗擦干水分备用。

烘烤前表面装饰

帕玛森奶酪丝适量

烘焙小笔记

制作流程	搅拌→基础发酵→分割滚圆→中间发酵→整型和包馅→烘烤前装饰→最后发酵→烘烤
搅拌时间	低速4分钟→中速3分钟→加入青酱→低速3分钟→中速3分钟
基础发酵前面团温度	26℃
发酵温度、湿度	温度30℃，湿度75%
基础发酵	发酵30分钟后翻面，再发酵30分钟
分割滚圆	60g/个
中间发酵	30分钟
整型样式	螺管形
最后发酵	40分钟
烘烤温度、时间	上火210℃/下火170℃，烘烤12～15分钟。

step 搅拌

1

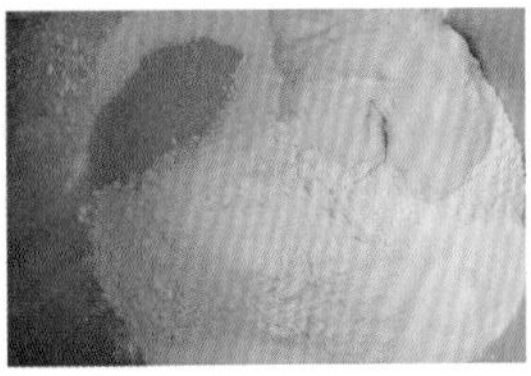

将材料A放入厨师机搅拌缸中，盐与酵母必须分开些摆放。

2

倒入材料B的液体，开始以低速搅拌4分钟，后转为中速再搅拌3分钟。

3

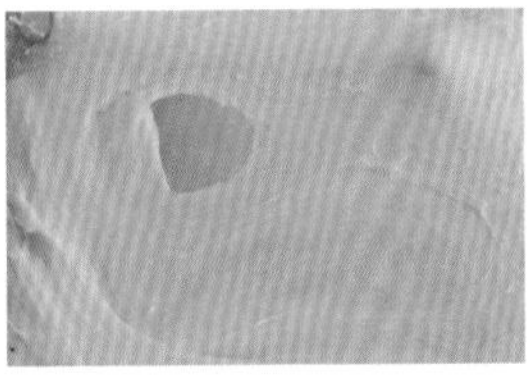

取一点面团拉开，会形成不透光薄膜，且破洞边缘呈锯齿状，此为扩展状态。

4

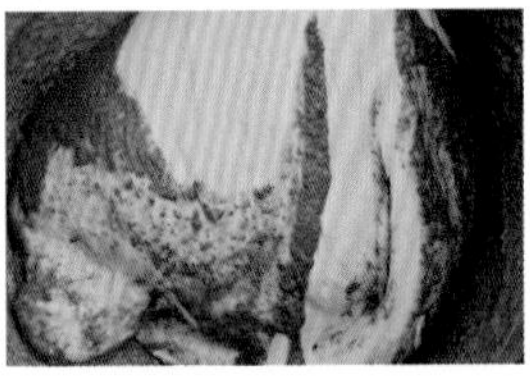

加入材料C的青酱，先以低速搅打3分钟，后转为中速再搅打3分钟。

5

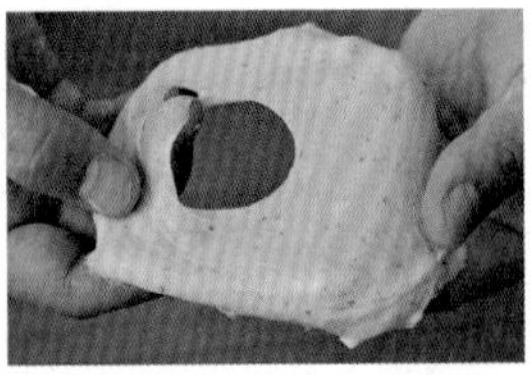

取一点面团拉开，会形成光滑透明有弹性的薄膜，且破洞边缘光滑，即为完全扩展状态。

6

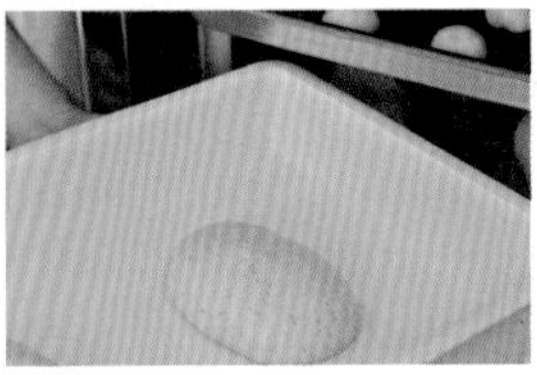

将面团从搅拌缸中取出，稍微整型后放入发酵箱中，此时面团中心温度应为26℃。

step 基础发酵

7

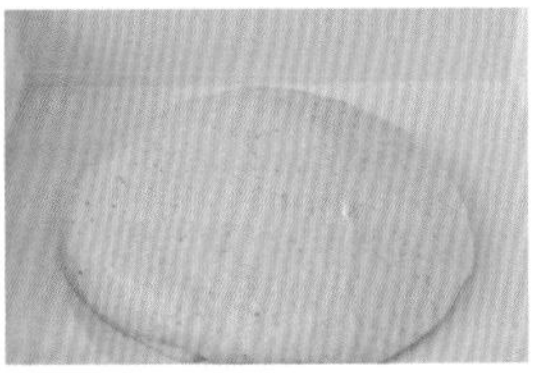

以温度30℃、湿度75%，发酵30分钟。

8

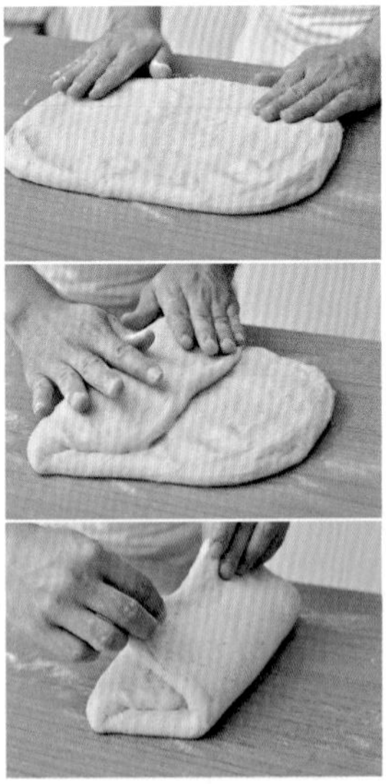

在工作台上撒少许高筋面粉，将面团取出，稍微将表面拍平整，由右往左折1/3，再由左往右折1/3。

9

接着将面团折口朝上转90度，稍压平整，再由右往左折2折。

10

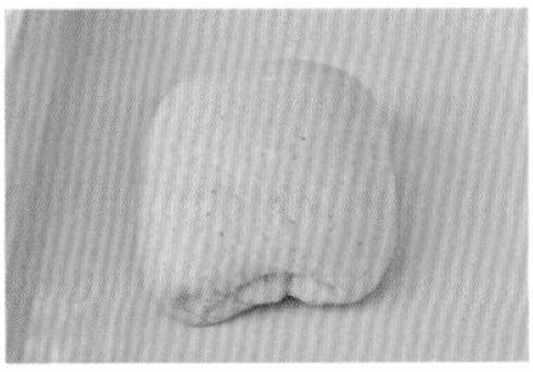

将面团放入发酵箱中，继续以相同温度和湿度发酵30分钟。

step 分割滚圆

11

工作台上撒少许高筋面粉防粘，取出发酵好的面团，分割成每个60g的小面团。

12

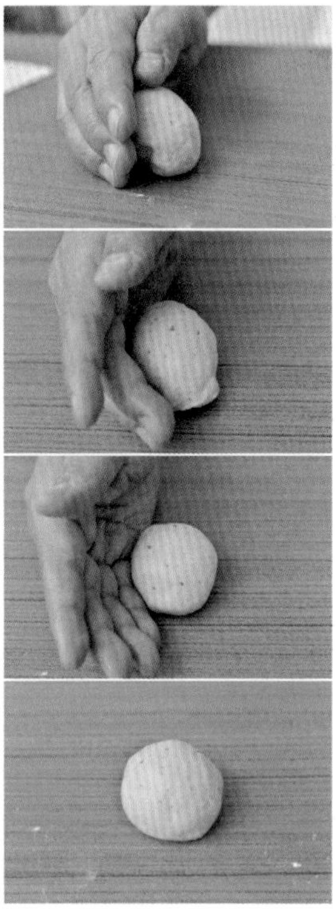

面团光滑面朝上，用单手手掌捧住面团边缘，先往前推再往后拉，手掌底部略施力，让面团边缘顺势滚入底部，重复数次使面团表面变光滑。

step 中间发酵

13

整型好的面团彼此间隔一定距离放入发酵箱中，继续发酵30分钟。

step 整型和包馅

14

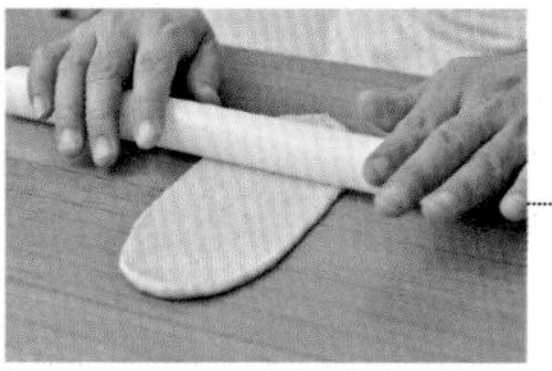

工作台上撒少许高筋面粉防粘，取出面团，先用擀面棍擀成长条，将面团转90度，由上往下将面团卷起，再搓成均匀的细长条。

15

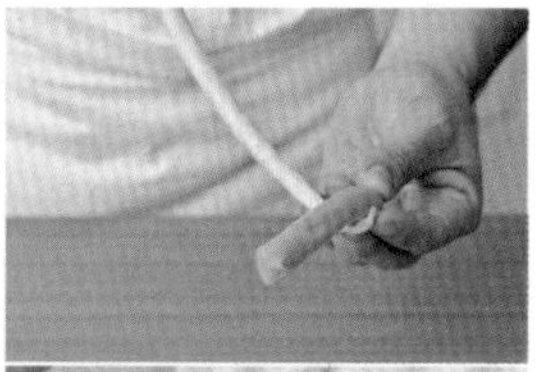

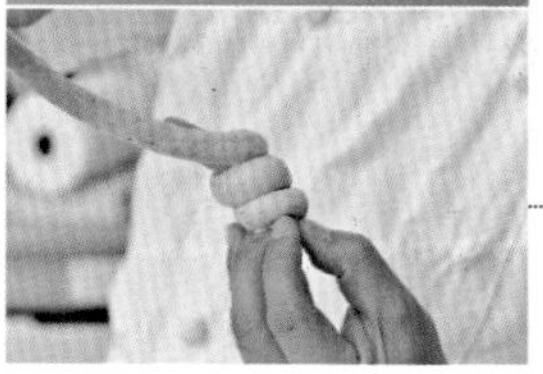

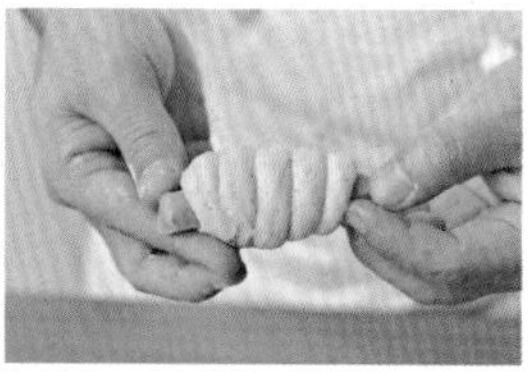

用面条把素小热狗缠绕起来，收口捏紧，成螺管形。

step 烘烤前装饰

16

卷好的面团沾上奶酪丝。

step 最后发酵

17

将面包坯整齐地放在烤盘上，放入发酵箱中，继续发酵40分钟。

step 烘烤

18

以上火210℃/下火170℃预热烤箱，将面包坯放进烤箱，烘烤12～15分钟。

19

烘烤完成后轻敲一下烤盘使面包与烤箱分开，将面包移置于网架上冷却。

金薯核桃

Walnut Bread with Sweet Potato

种法：液种法
数量：40个

看起来就像是普通的地瓜饼，一口咬下，地瓜香味迸发，
搭配口感酥脆的核桃，柔软口感最难忘！

材料

面团

A__鹰牌高筋面粉700g 法国老面150g 液种600g
汤种150g 细砂糖80g 盐20g 高糖酵母10g
B__六倍奶200g 冰水210g
C__无水奶油80g
D__核桃200g

内馅

地瓜馅2000g
＊将地瓜馅分成每份50g，共40份。

烘烤前表面装饰

杏仁片适量

烘烤后表面装饰

无水奶油适量

烘焙小笔记

制作流程	搅拌→基础发酵→分割滚圆→中间发酵→整型和包馅→最后发酵→烘烤前装饰→烘烤
搅拌时间	低速4分钟→中速3分钟→加入无水奶油→低速3分钟→中速2分钟→放入核桃→低速30秒钟
基础发酵前面团温度	26℃
发酵温度、湿度	温度30℃，湿度75%
基础发酵	发酵30分钟后翻面，再发酵30分钟
分割滚圆	60g/个
中间发酵	30分钟
整型样式	扁圆形
最后发酵	40分钟
烘烤温度、时间	上火180℃/下火180℃，烘烤13～15分钟

step 搅拌

1

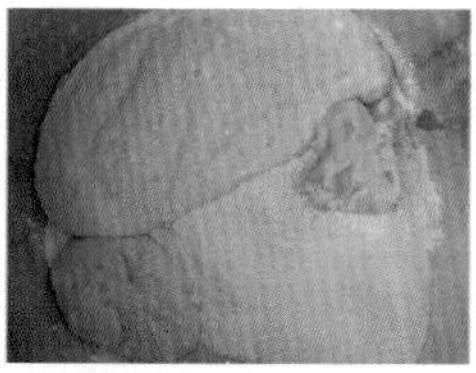

将材料A所有材料放入厨师机搅拌缸中，盐与酵母须分开些摆放。

2

倒入材料B的液体，以低速搅拌4分钟，后转为中速再搅拌3分钟。

3

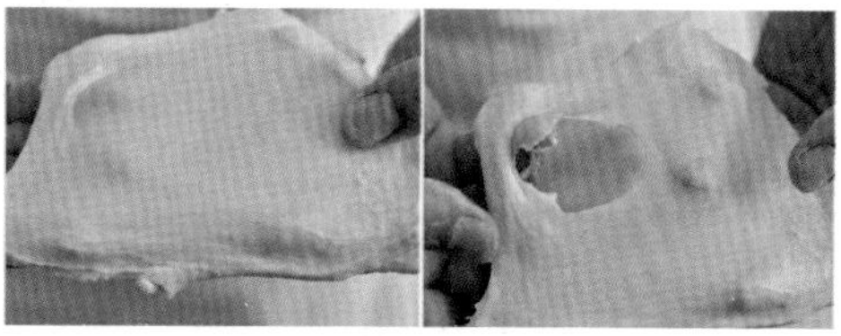

取一点面团拉开，会形成不透光薄膜，且破洞边缘呈锯齿状，此为扩展状态。

4

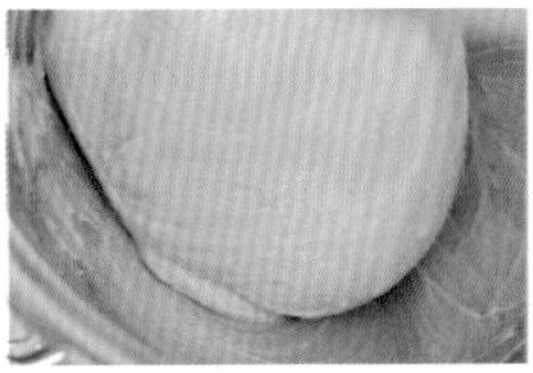

加入材料C的无水奶油，先以低速搅打3分钟，后转为中速再搅打2分钟。

5

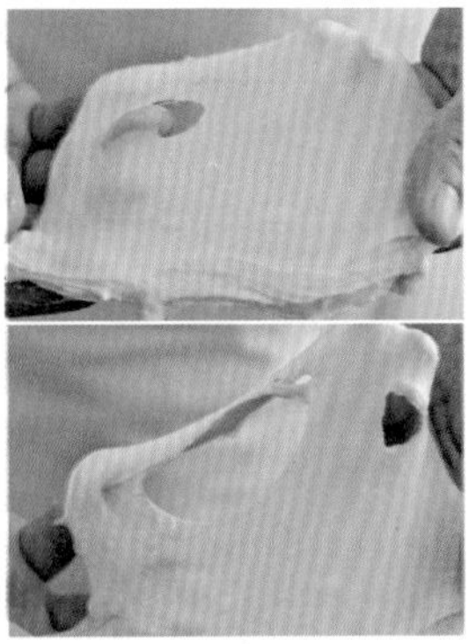

取一点面团拉开，会形成光滑透明有弹性的薄膜，且破洞边缘光滑，即为完全扩展状态。

6

接着放入材料D的核桃，以低速搅拌30秒钟至均匀。

7

将面团从搅拌缸中取出，放入发酵箱中，此时面团中心温度应为26℃。

step 基础发酵

8 以温度30℃、湿度75%，发酵30分钟。

9

在工作台上撒少许高筋面粉，将面团取出，稍微将表面拍平整，由右往左折1/3，再由左往右折入1/3。

10

接着将面团折口朝上转90度，稍压平整，再由右往左折2折。

11

放入发酵箱中，以相同温度和湿度再发酵30分钟。

step 分割滚圆

12

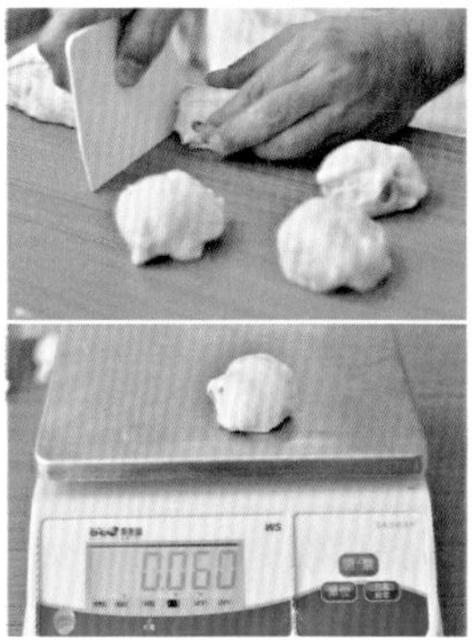

工作台上撒少许高筋面粉防粘，取出发酵好的面团，分割成每个60g的小面团。

13

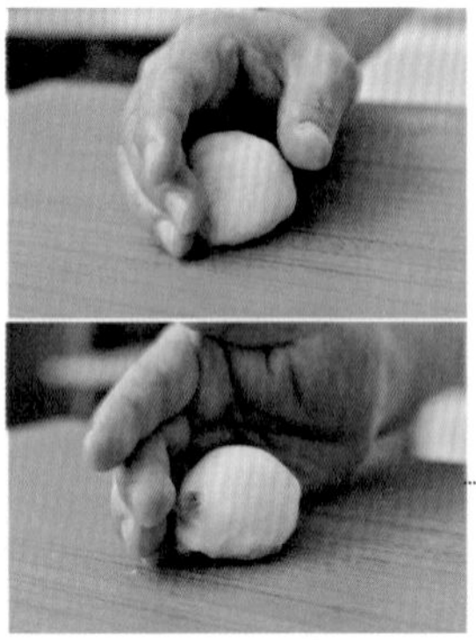

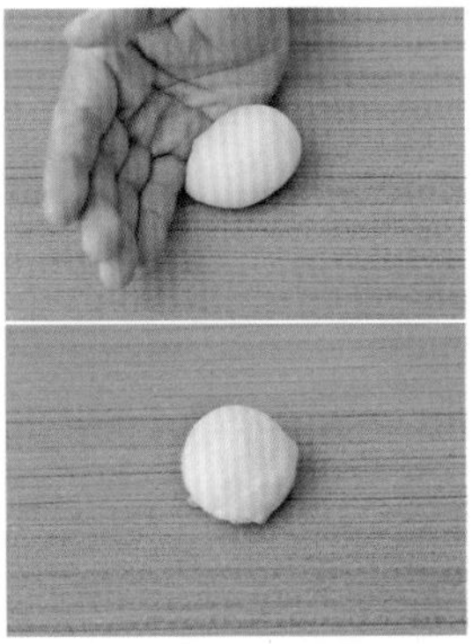

将面团光滑面朝上，用单手手掌捧住面团边缘，先往前推再往后拉，手掌底部略施力，让面团边缘顺势滚入底部，重复数次使面团表面变光滑。

step 中间发酵

14

整型好的面团彼此间隔一定距离放入发酵箱中，继续发酵30分钟。

step 整型和包馅

15

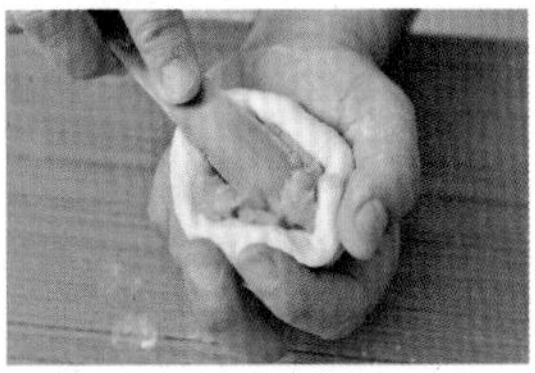

工作台上撒少许高筋面粉防粘，取出发酵好的面团，用手压扁圆，中心放入50g地瓜内馅料。

16

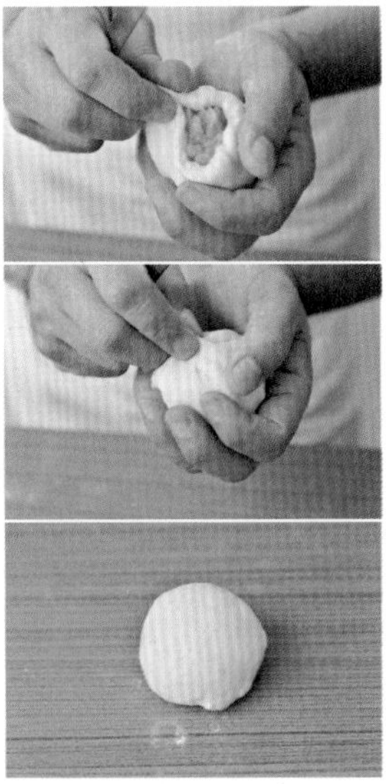

将面团边缘收口捏紧成为圆扁形。

step 最后发酵

17

收口朝下置于烤盘上，再放入发酵箱中，最后发酵40分钟。

step 烘烤前装饰

18

在面团顶部喷上少许水，中间放上少许杏仁片。

step 烘烤

19

面团上先盖上一张烘焙纸，再压上一张烤盘，以上火180℃/下火180℃预热烤箱，烤约10分钟后去掉烤盘和烤纸，继续烘烤3～5分钟。

20

面包烘烤完成后马上刷上熔化的无水奶油，放到网架上冷却。

相思核桃

Walnut Bread with Red Beans

种法：液种法
数量：40个

口感筋道的面包里，
隐约吃到核桃的滋味，
搭配甜而不腻的红豆，
相思，从现在开始……

材料

面团

A__鹰牌高筋面粉700g 法国老面150g 液种600g 汤种150g 细砂糖80g 盐20g 高糖酵母10g
B__六倍奶200g 冰水210g
C__无水奶油80g
D__核桃200g

内馅

红豆馅2000g
＊将红豆馅分成每份50g，共40份。

烘烤前表面装饰

黑芝麻适量

烘烤后表面装饰

无水奶油适量

烘焙小笔记

制作流程	搅拌→基础发酵→分割滚圆→中间发酵→整型和包馅→最后发酵→烘烤前装饰→烘烤
搅拌时间	低速4分钟→中速3分钟→加入无水奶油→低速3分钟→中速2分钟→放入核桃→低速30秒钟
基础发酵前面团温度	26℃
发酵温度、湿度	温度30℃，湿度75%
基础发酵	发酵30分钟后翻面，再发酵30分钟
分割滚圆	60g/个
中间发酵	30分钟
整型样式	扁圆形
最后发酵	40分钟
烘烤温度、时间	上火180℃/下火180℃，烘烤13 ~ 15分钟

step 搅拌

1

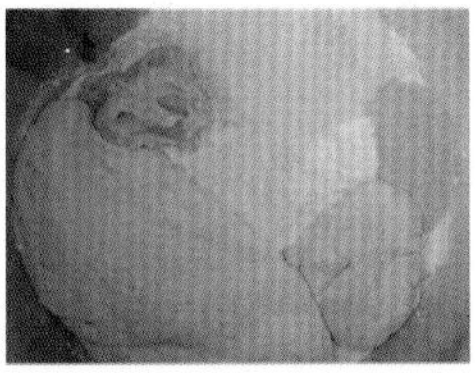

将材料A的所有材料放入厨师机搅拌缸中，盐与酵母必须分开些摆放。

2

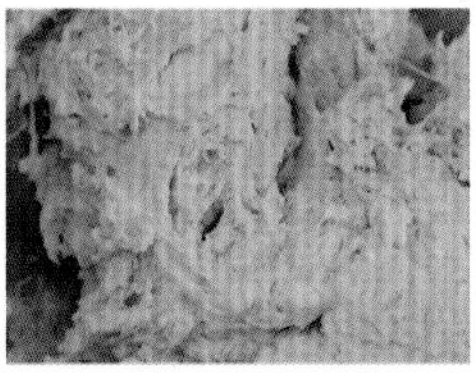

倒入材料B的液体，以低速搅拌4分钟，后转为中速再搅拌3分钟。

3

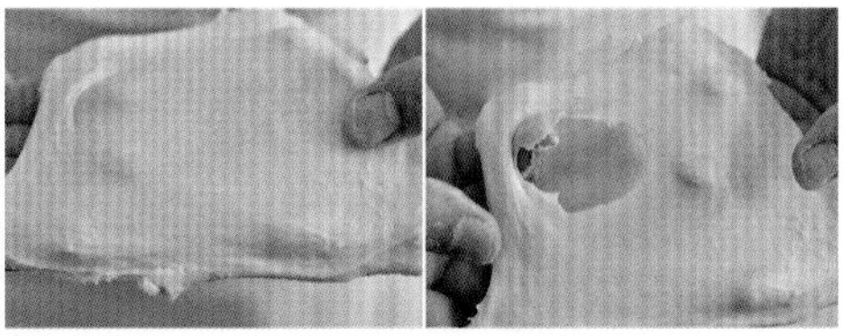

取一点面团拉开，会形成不透光薄膜，且破洞边缘呈锯齿状，此为扩展状态。

4

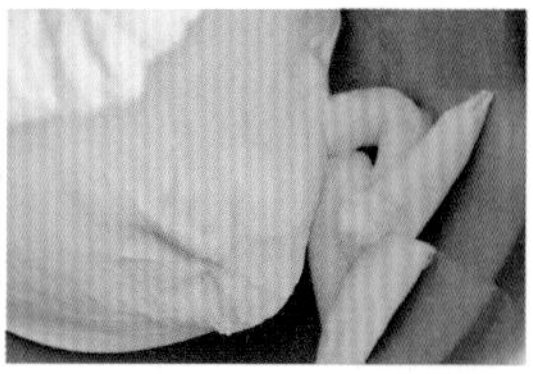

加入材料C的无水奶油，先以低速搅打3分钟，后转为中速再搅打2分钟。

5

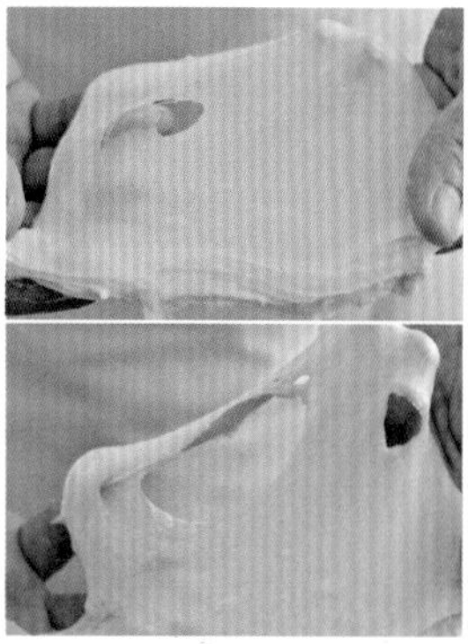

取一点面团拉开，会形成光滑透明有弹性的薄膜，且破洞边缘光滑，即为完全扩展状态。

6

接着放入材料D的核桃，低速搅拌30秒钟至均匀。

7

将面团从搅拌缸中取出，放入发酵箱中，此时面团中心温度应为26℃。

step 基础发酵

8 以温度30℃、湿度75%，发酵30分钟。

9

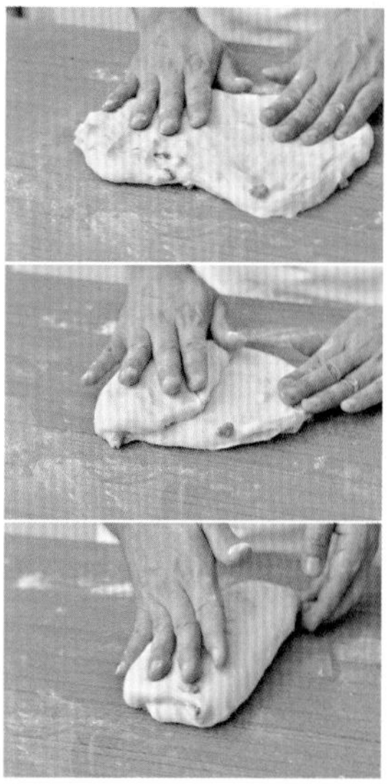

在工作台上撒少许高筋面粉，将面团取出，稍微将表面拍平整，由右往左折1/3，再由左往右折入1/3。

10

接着将面团折口朝上转90度，稍压平整，再由右往左折2折。

11

将面团放入发酵箱中，继续以相同温度和湿度发酵30分钟。

step 分割滚圆

12

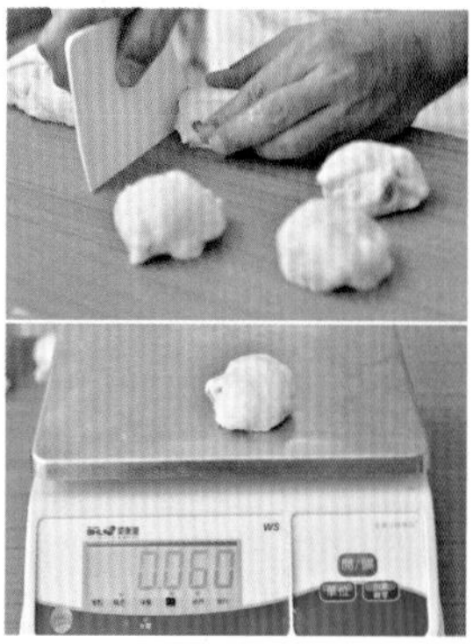

工作台上撒少许高筋面粉防粘，取出发酵好的面团，分割成每个60g的小面团。

13

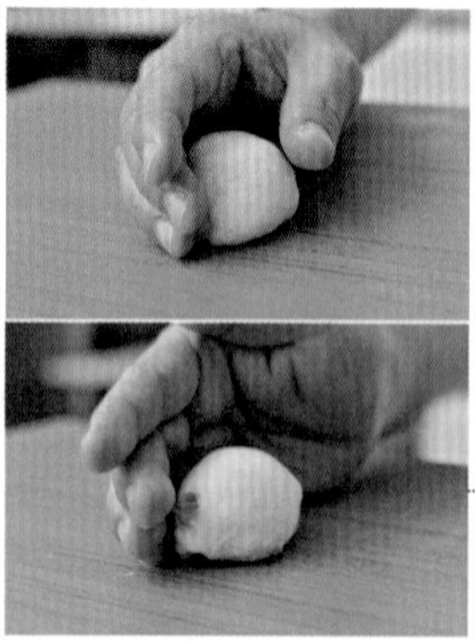

将面团光滑面朝上，用单手手掌捧住面团边缘，先往前推接着往后拉，手掌底部略施力，让面团边缘顺势滚入底部，重复数次使面团表面变光滑。

step 中间发酵

14

整型好的面团彼此间隔一定距离放入发酵箱中，继续发酵30分钟。

step 整型和包馅

15

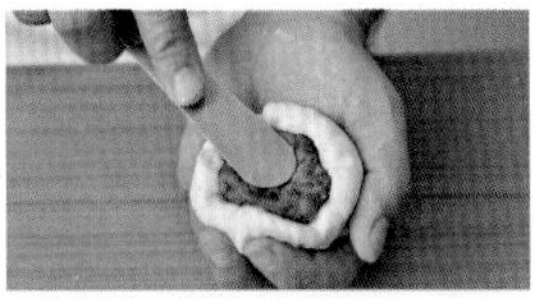

工作台上撒少许高筋面粉防粘，取出发酵好的面团，用手压扁，中心放入50g红豆内馅料。

16

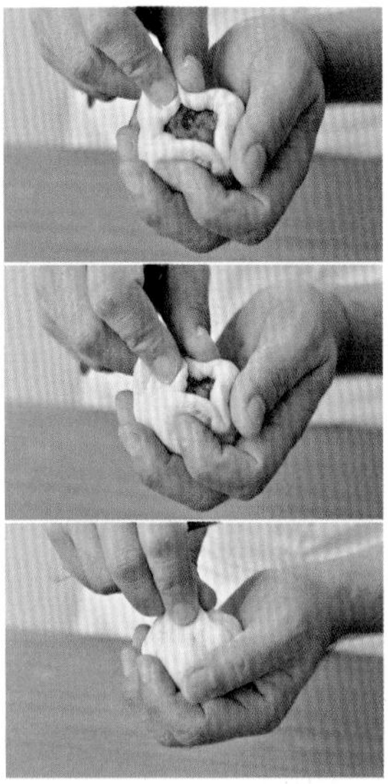

接着面团边缘收口捏紧，成为扁圆形。

step 最后发酵

17

收口朝下置于烤盘上，再放入发酵箱中，最后发酵40分钟。

step 烘烤前装饰

18

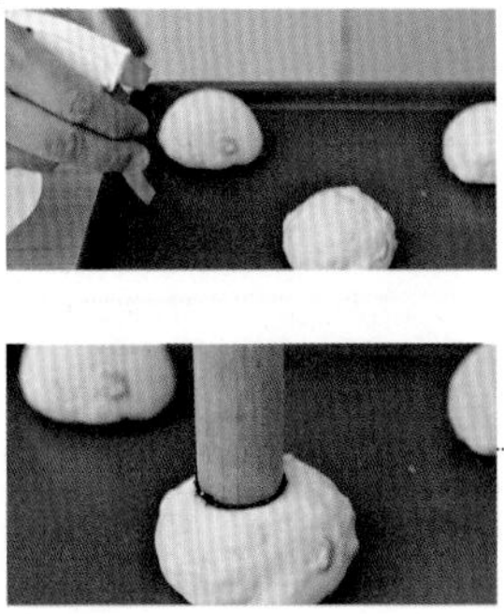

在面团顶部喷上少许水，将擀面棍沾上黑芝麻，在面团中间压一下。

step 烘烤

19

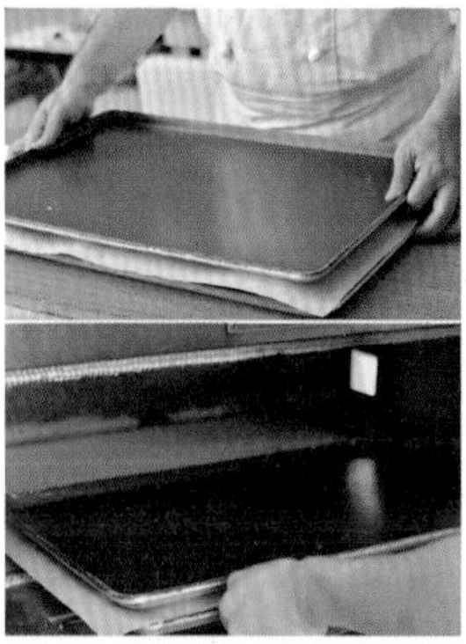

面团上先盖上一张烤纸，再压上一张烤盘，放入以上火180℃/下火180℃预热好的烤箱，烤约10分钟后去掉烤盘和烤纸，继续烘烤3～5分钟。

step 烘烤后表面装饰

20

面包烘烤完成后马上刷上熔化的无水奶油，放到网架上冷却。

北海道牛奶草莓

Milk Bread with Strawberry Jam

令人无法抗拒的草莓内馅，
搭配清爽的面包，
完全呈现出莓果的酸甜香气，
是草莓控们一定要试试的完美配方！

种法：直接法
模具：耐热烤模
（TPX-F-85*50）
数量：30个

材料

面团

A__鹰牌高筋面粉800g
拿破仑法式面包粉200g
海藻糖50g 盐15g
高糖酵母10g 麦芽精5g

B__全蛋100g 六倍奶200g
冰水400g

C__无盐黄油120g

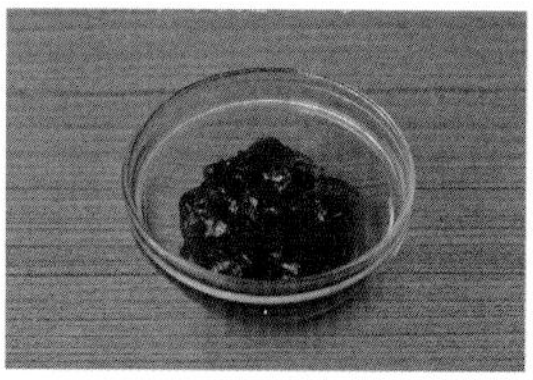

内馅

草莓果酱900g
*草莓果酱分成每份30g，共30份。

烘烤前装饰材料

高筋面粉适量

烘烤后表面装饰

新鲜草莓与插牌适量

烘焙小笔记

制作流程	搅拌→基础发酵→分割滚圆→中间发酵→整型和包馅→最后发酵→烘烤前装饰→烘烤
搅拌时间	低速4分钟→中速3分钟→加入无盐黄油→低速3分钟→中速2分钟
基础发酵前面团温度	26℃
发酵温度、湿度	温度30℃，湿度75%
基础发酵	发酵30分钟后翻面，再发酵30分钟
分割滚圆	60g/个
中间发酵	30分钟
整型样式	扁圆形
最后发酵	40分钟
烘烤温度、时间	上火150℃/下火190℃，烘烤16～17分钟
蒸汽	4秒钟

step 搅拌

1

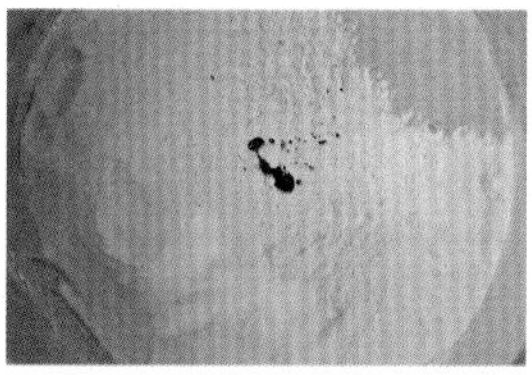

将材料A所有材料放入厨师机搅拌缸中，盐与酵母必须分开些摆放。

2

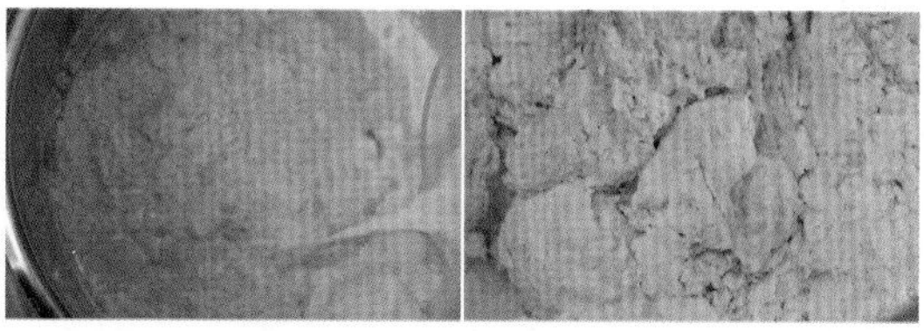

倒入材料B的液体，开始以低速搅拌4分钟，后转为中速再搅拌3分钟。

3

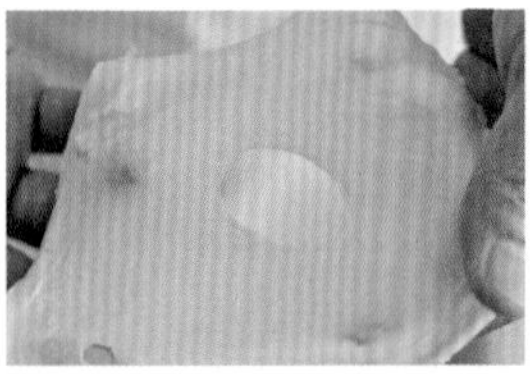

取一点面团拉开，会形成不透光薄膜，且破洞边缘呈锯齿状，此为扩展状态。

4

加入材料C无盐黄油，先以低速搅打3分钟，后转为中速再搅打2分钟。

5

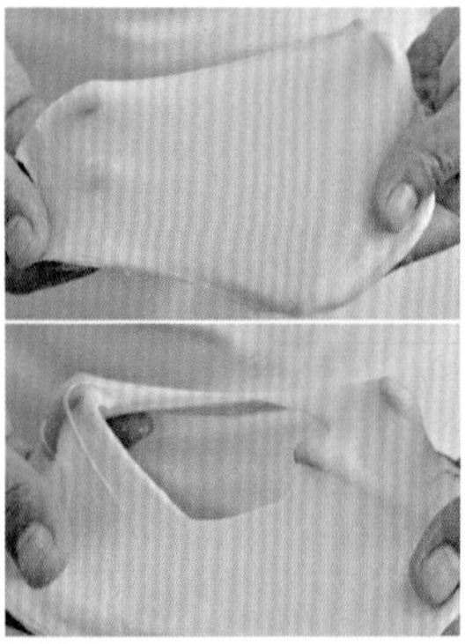

取一点面团拉开，会形成光滑透明有弹性的薄膜，且破洞边缘光滑，即为完全扩展状态。

6

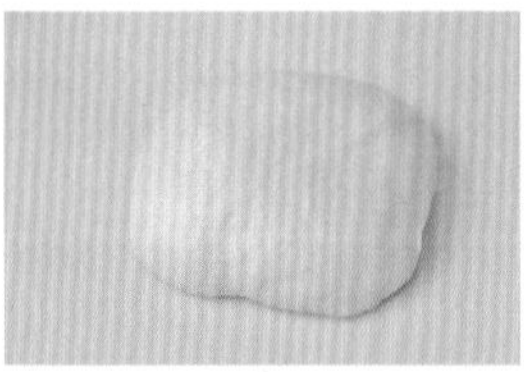

将面团从搅拌缸中取出，稍微整型后放入发酵箱中，此时面团中心温度应为26℃。

step 基础发酵

7

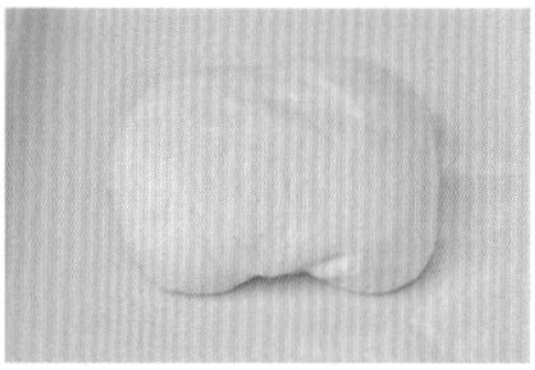

以温度30℃、湿度75%，发酵30分钟。

8

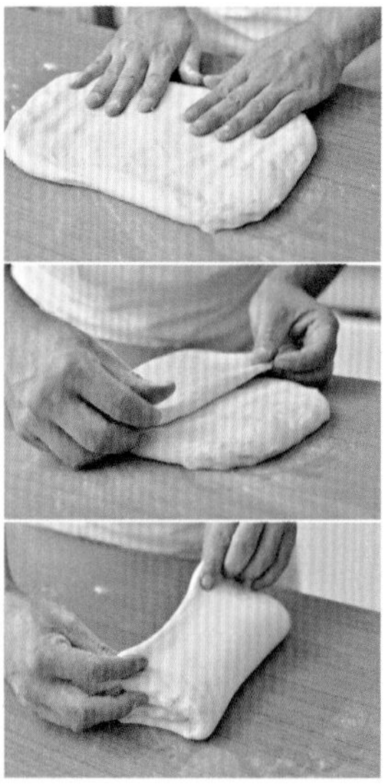

在工作台上撒少许高筋面粉，将面团取出，稍微将表面拍平整，由右往左折1/3，再由左往右折入1/3。

9

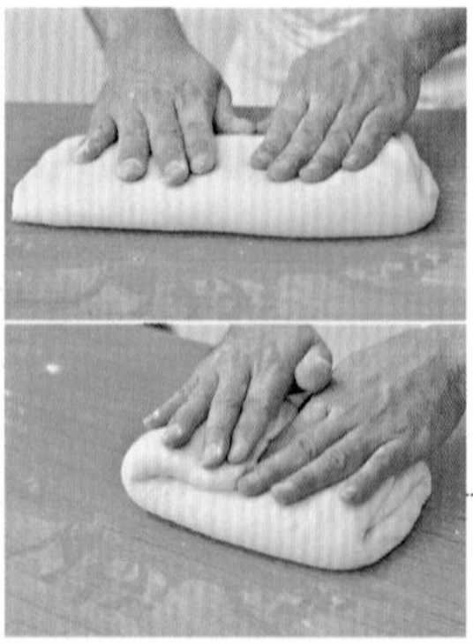

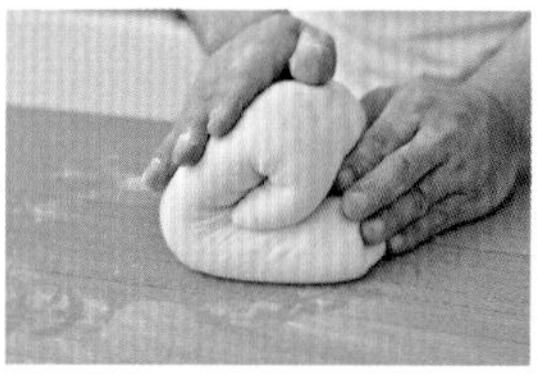

接着将面团折口朝上转90度，稍压平整，再由右往左折2折。

10

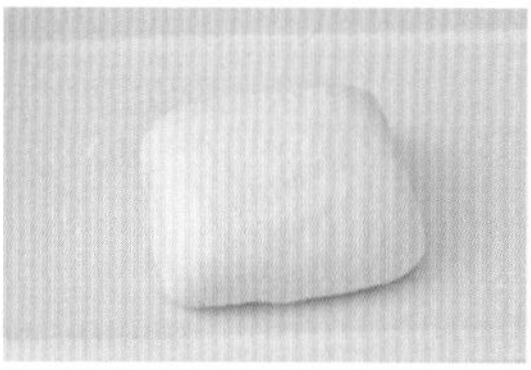

放入发酵箱中，继续以相同温度和湿度发酵30分钟。

step 分割滚圆

11

工作台上撒少许高筋面粉防粘，取出发酵好的面团，分割成每个60g的小面团。

12

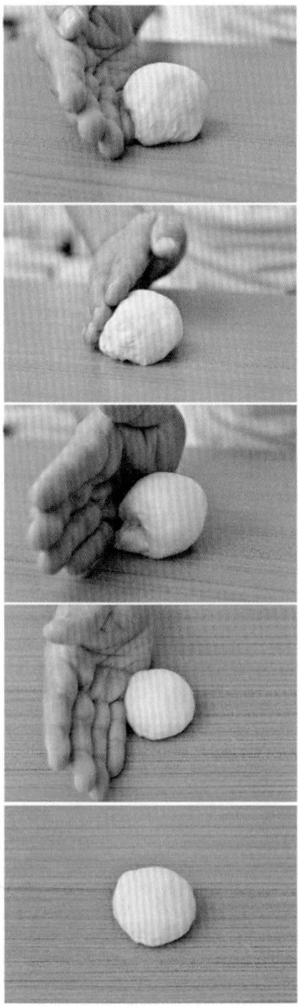

将面团光滑面朝上，用单手手掌捧住面团边缘，先往前推接着往后拉，手掌底部略施力，让面团边缘顺势滚入底部，重复数次使面团表面变光滑。

step 中间发酵

13

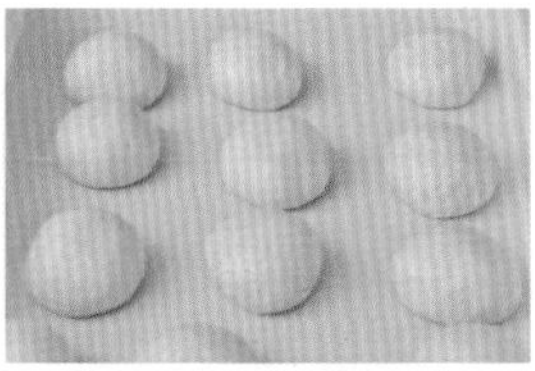

整型好的面团彼此间隔一定距离放入发酵箱中，继续发酵30分钟。

step 整型和包馅

14

工作台上撒少许高筋面粉防粘，取出发酵好的面团，稍微压平。

15

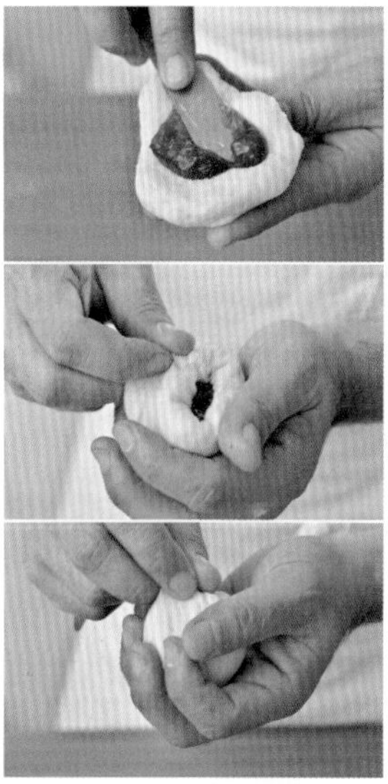

将草莓内馅包入面团中，收紧收口包成圆形。

16

收口朝下放入耐热烤模中。

step 最后发酵

17

放入发酵箱中，最后发酵40分钟。

step 烘烤前装饰

18

在面团顶部撒上高筋面粉，用剪刀在中心剪一刀。

step 烘烤

19

以上火150℃/下火190℃预热烤箱，将面包坯放进烤箱后，先喷蒸汽4秒钟，再烘烤16~17分钟。

step 烘烤后装饰

20

烘烤完成后敲一下烤盘使面包与烤盘分开，马上将面包移出，放到网架上冷却，最后放上新鲜草莓或插上插牌装饰即可。

相思百结蔓越莓

Red Beans Cranberry Matcha Bread

种法：直接法
数量：12条

抹茶与红豆的经典搭配，加上蔓越莓的酸甜，
让人吃完之后，念念不忘……

材料

面团

A__鹰牌高筋面粉800g 拿破仑法式面包粉200g
法国老面300g 海藻糖30g 细砂糖100g 盐12g
抹茶粉20g 高糖酵母12g

B__冰水400g 六倍奶150g 全蛋100g

C__无盐黄油60g 炼乳60g

烘烤前表面装饰

全蛋液适量 蜜红豆240g
蔓越莓180g 墨西哥面糊300g
＊备注：墨西哥面糊做法请参考p.25

烘焙小笔记

制作流程	搅拌→基础发酵→分割滚圆→中间发酵→整型→最后发酵→烘烤前装饰→烘烤
搅拌时间	低速4分钟→中速3分钟→加入材料C→低速3分钟→中速3分钟
基础发酵前面团温度	26℃
发酵温度、湿度	温度30℃，湿度75%
基础发酵	发酵30分钟，翻面再发酵30分钟
分割滚圆	60g × 3/条
中间发酵	30分钟
整型样式	辫子形
最后发酵	50分钟
烘烤温度、时间	上火210℃/下火180℃，烘烤12 ~ 13分钟

step 搅拌

1

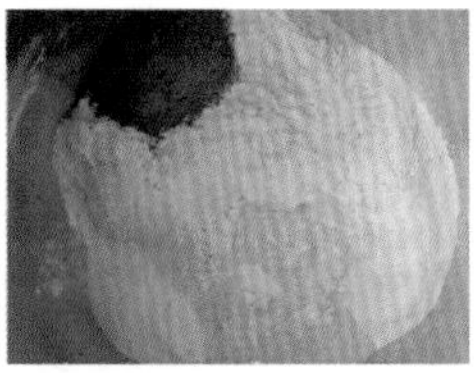

将材料A放入厨师机搅拌缸中，盐与酵母必须分开些摆放。

2

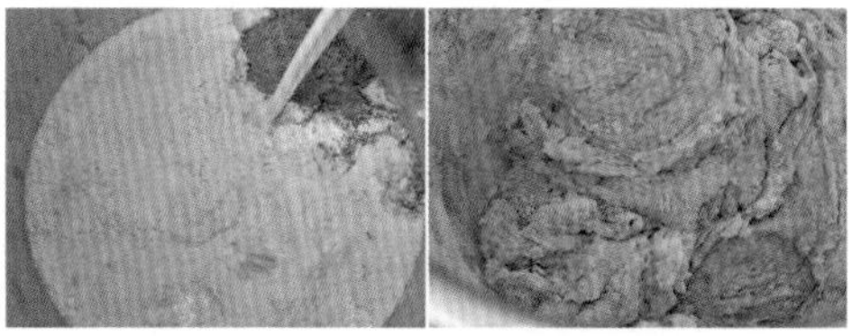

倒入材料B的液体，开始以低速搅拌4分钟，后转为中速再搅拌3分钟。

3

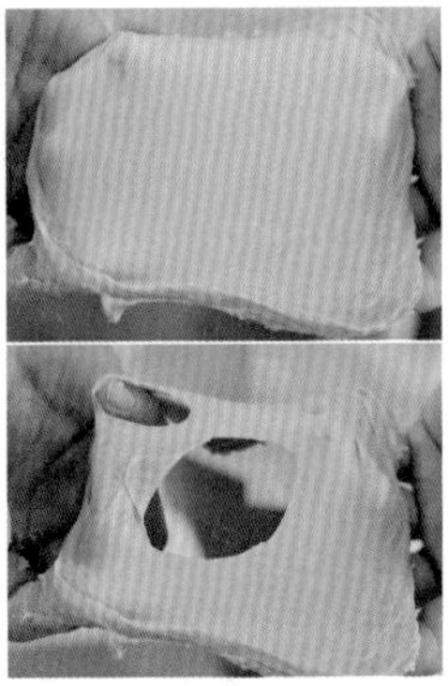

取一点面团拉开，会形成不透光薄膜，且破洞边缘呈锯齿状，此为扩展状态。

4

加入材料C，先以低速搅打3分钟，后转为中速再搅打3分钟。

5

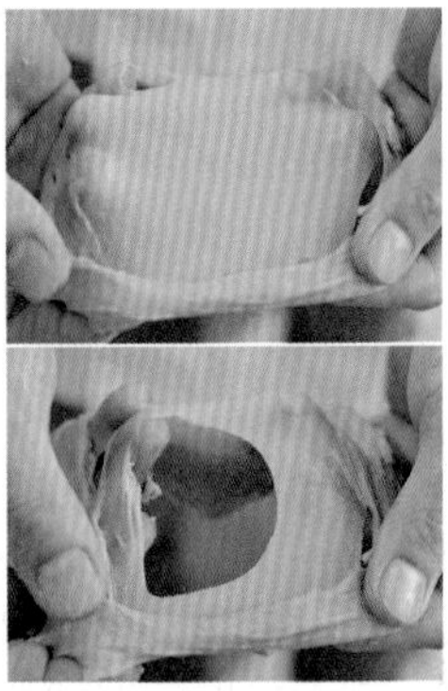

取一点面团拉开，会形成光滑透明有弹性的薄膜，且破洞边缘光滑，即为完全扩展状态。

6

将面团从搅拌缸中取出，稍微整型后放入发酵箱中，此时面团中心温度应为26℃。

step 基础发酵

7

以温度30℃、湿度75%，发酵30分钟。

8

在工作台上撒少许高筋面粉，将面团取出，稍微将表面拍平整，由右往左折1/3，再由左往右折1/3。

9

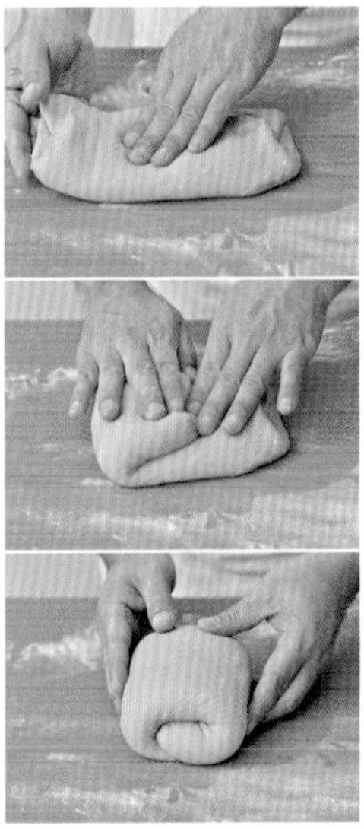

接着将面团折口朝上转90度，稍压平整，再由右往左折2折。

10

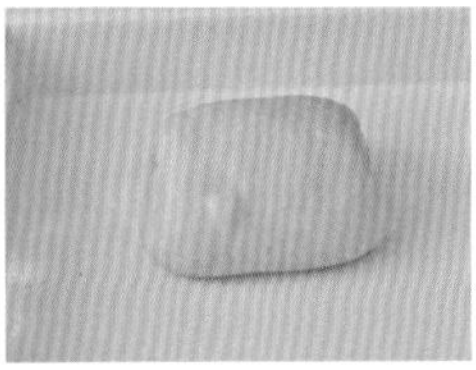

放入发酵箱中，继续以相同温度和湿度发酵30分钟。

step 分割滚圆

11

工作台上撒少许高筋面粉防粘，取出发酵好的面团，将面团分割成每个60g的小面团。

12

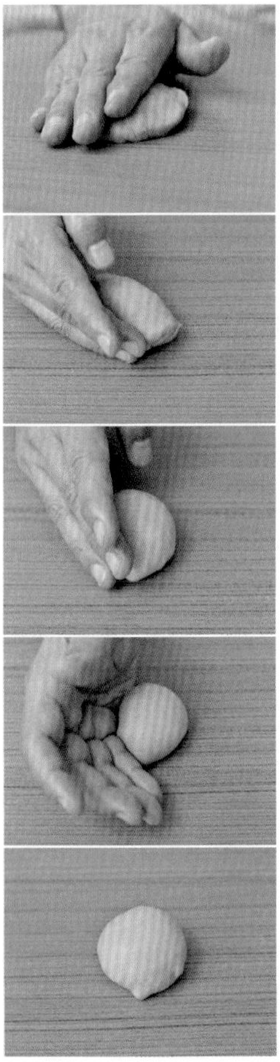

面团光滑面朝上，用单手手掌捧住面团边缘，先往前推接着往后拉，手掌底部略施力，让面团边缘顺势滚入底部，重复数次使面团表面变光滑。

step 中间发酵

13

整型好的面团彼此间隔一定距离放入发酵箱中，继续发酵30分钟。

整型

14

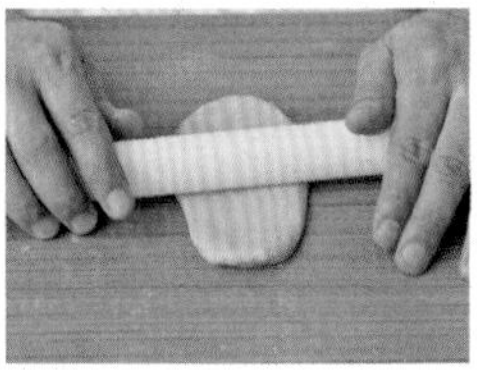

取出发酵好的面团，用擀面棍擀成长椭圆形。

15

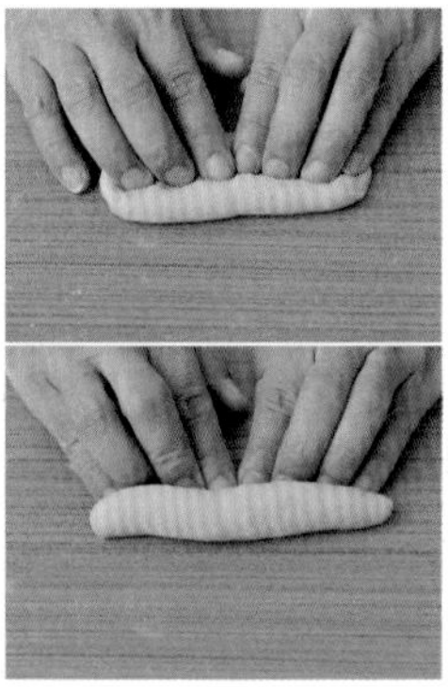

将面团转90度，由上往下卷起。

16

卷好的面团用掌心搓成长条。

17

每三条一组交叉堆放。

18

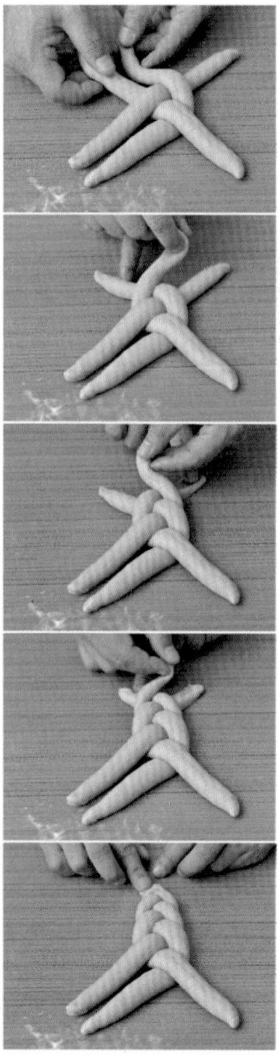

由下方开始交叉堆叠至尾端，捏紧面团。

19

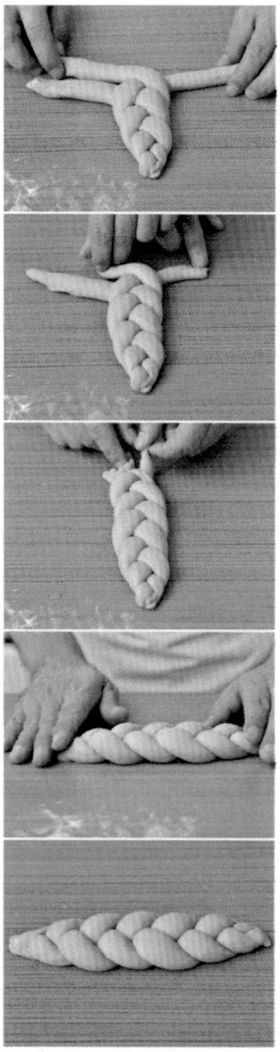

收口由下往上翻面，继续将另一端交叉堆叠至尾端，收紧面团，成为辫子形。

最后发酵

20

将辫子形面团置于烤盘上，放入发酵箱中，发酵50分钟。

烘烤前装饰

21

辫子形面团表面轻刷蛋液，放上蔓越莓与红豆，再挤上墨西哥面糊。

烘烤

22

以上火210℃/下火180℃预热烤箱，将面包坯放进烤箱，烘烤12~13分钟。

23

烘烤完成后轻敲一下烤盘使面包与烤盘分开，马上将面包移出烤盘，置于网架上冷却。

窑烧素松

Soy Meat Piece Bread

令人无法抗拒的酥松外皮，搭配香软的面包，
在口中咀嚼出一层一层令人陶醉的风味！

种法：中种法
数量：36个

材料

中种面团

A__鹰牌高筋面粉700g
高糖酵母10g 细砂糖50g
B__全蛋150g
六倍奶200g 冰水100g

本种面团

A__鹰牌高筋面粉200g
拿破仑法式面包粉100g
细砂糖130g 盐12g
B__冰水200g
C__无盐黄油120g
炼乳50g

内馅

素松1080g

烘烤前表面装饰

起酥片36片

烘焙小笔记

制作流程	搅拌→基础发酵→分割滚圆→中间发酵→整型和包馅→最后发酵→烘烤
搅拌时间	中种面团：低速4分钟→中速2分钟 本种面团：低速3分钟→中速3分钟→加入材料C→低速3分钟→中速2分钟
基础发酵前面团温度	26℃
发酵温度、湿度	温度32℃～35℃，湿度75%～80%
基础发酵	中种面团90分钟，本种面团15分钟
分割滚圆	56g/个
中间发酵	30分钟
整型样式	圆形
最后发酵	50分钟
烘烤温度、时间	上火210℃/下火180℃，烘烤12～13分钟

step 搅拌：中种面团

1

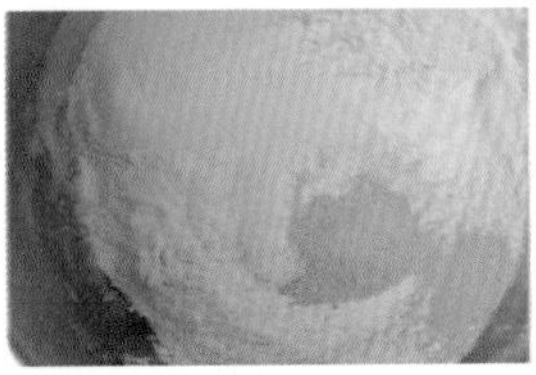

将所有中种材料A放入厨师机搅拌缸中。

2

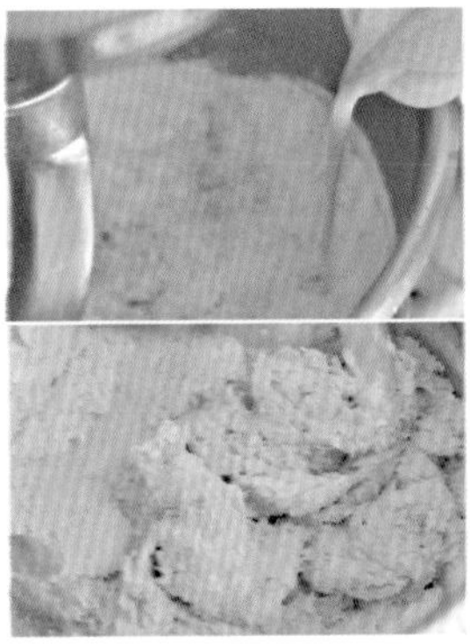

倒入中种材料B的液体，开始以低速搅拌4分钟，后转为中速再搅拌2分钟，即成中种面团。

3

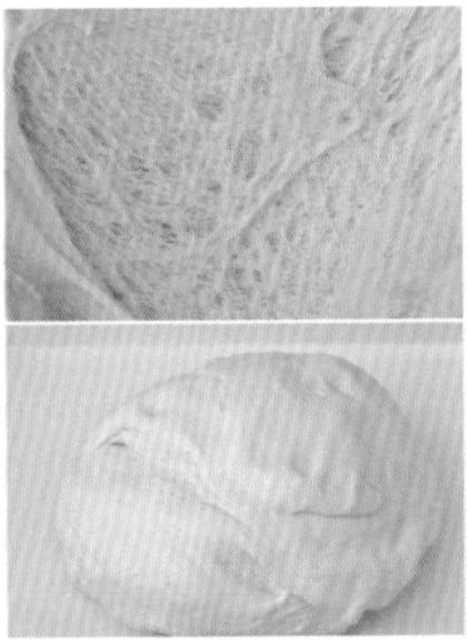

搅拌均匀的中种面团放进发酵箱中，发酵90分钟。

step 搅拌：本种面团

4

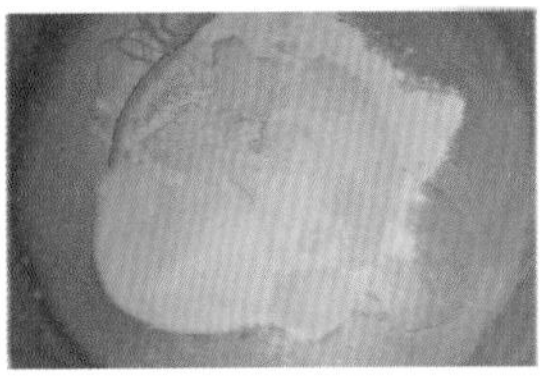

将本种材料A放入厨师机搅拌缸中。

5

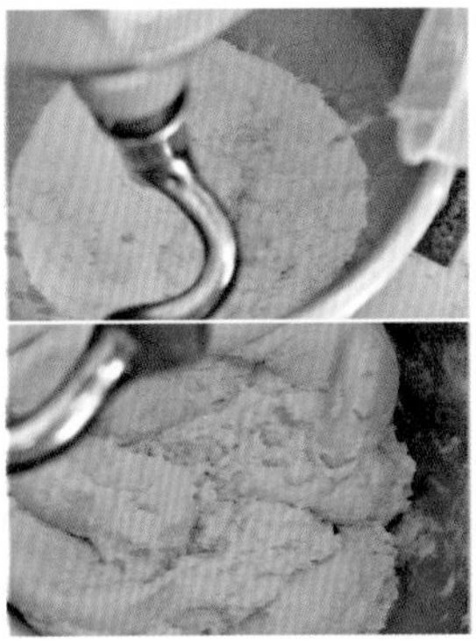

倒入本种材料B的液体，稍微搅拌后加入发酵好的中种面团，以低速搅拌3分钟，转为中速再搅拌3分钟。

6

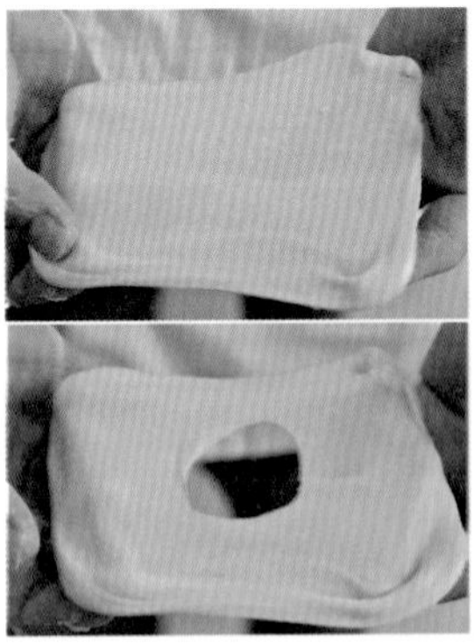

取一点面团拉开，会形成不透光薄膜，且破洞边缘呈锯齿状，此为扩展状态。

7

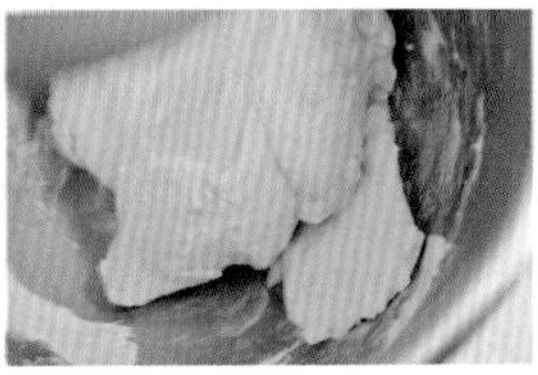

加入本种材料C，先以低速搅打3分钟，后转为中速再搅打2分钟。

8

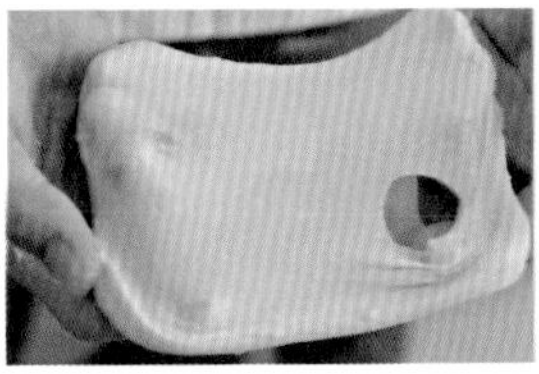

取一点面团拉开，会形成光滑透明有弹性的薄膜，且破洞边缘光滑，即为完全扩展状态。

9

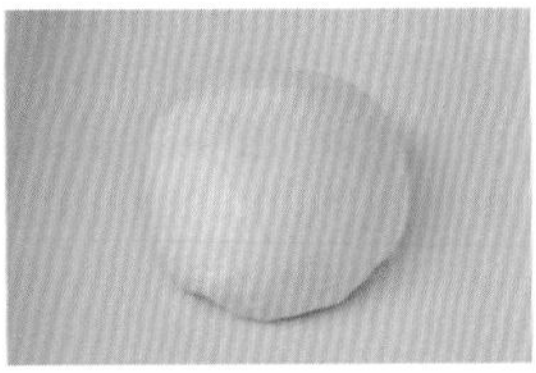

将面团整齐放入发酵箱中，此时面团中心温度应为26℃。

step 基础发酵

10

以温度32℃～35℃、湿度75%～80%发酵15分钟。

step 分割滚圆

11

工作台上撒少许高筋面粉防粘，取出发酵好的面团，分割成每个56g的小面团。

12

面团光滑面朝上，用单手手掌捧住面团边缘，先往前推接着往后拉，手掌底部略施力，让面团边缘顺势滚入底部，重复数次使面团表面变光滑。

step 中间发酵

13

整型好的面团彼此间隔一定距离放入发酵箱中，继续发酵30分钟。

step 整型和包馅

14

将面团稍压一下，填入30g素松，捏紧收口整成为圆形。

15

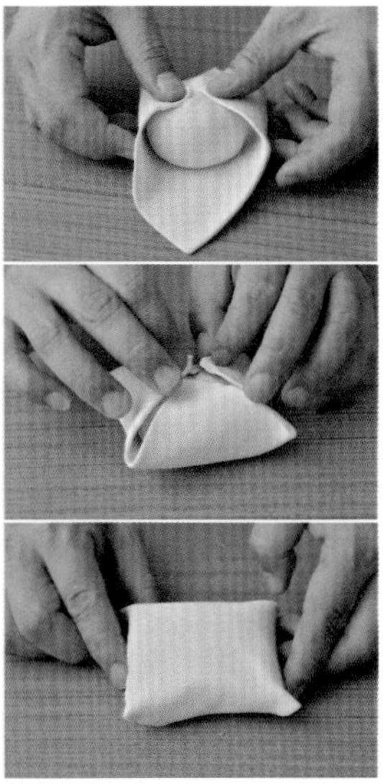

表面用起酥皮包好。

step 最后发酵

16 将面团置于烤盘上，放入发酵箱中，最后发酵50分钟。

step 烘烤

17

以上火210℃/下火180℃预热烤箱，放入面包坯烘烤12～13分钟。

18

烘烤完成后敲一下烤盘使面包与烤盘分开，马上将面包放到网架上冷却。

窑烧芝士素肠

Cheese Soy Hot Dog Bread

不仅造型可爱，味道更是一级棒！

种法：中种法
模具：U形长条模
数量：25个

材料

中种面团

A__鹰牌高筋面粉700g
高糖酵母10g 细砂糖50g
B__全蛋150g
六倍奶200g 冰水100g

本种面团

A__鹰牌高筋面粉200g
拿破仑法式面包粉100g
细砂糖130g 盐12g
B__冰水200g
C__无盐黄油120g
炼乳50g

内馅

素小热狗25条 芝士片25片
起酥片25片

烘焙小笔记

制作流程	搅拌→基础发酵→分割滚圆→中间发酵→整型和包馅→最后发酵→烘烤
搅拌时间	中种面团：低速4分钟→中速2分钟 本种面团：低速3分钟→中速3分钟→加入材料C→低速3分钟→中速2分钟
基础发酵前面团温度	26℃
发酵温度、湿度	温度32℃～35℃，湿度75%～80%
基础发酵	中种面团90分钟，本种面团15分钟
分割滚圆	80g/个
中间发酵	30分钟
整型样式	圆柱形
最后发酵	50分钟
烘烤温度、时间	上火210℃/下火180℃，烘烤12～13分钟

step 搅拌：中种面团

1

将所有中种材料A放入厨师机搅拌缸中。

2

倒入中种材料B的液体，开始以低速搅拌4分钟，后转为中速再搅拌2分钟，即成中种面团。

3

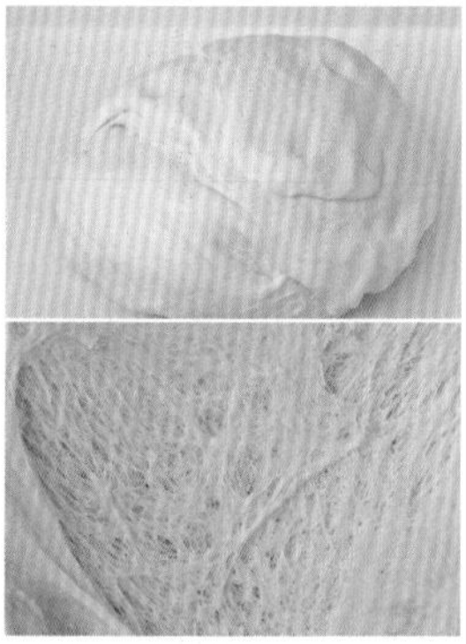

将中种面团放进发酵箱中，发酵90分钟。

step 搅拌：本种面团

4

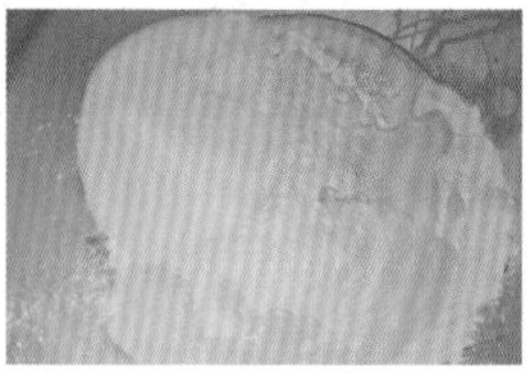

将本种材料A放入厨师机搅拌缸中。

5

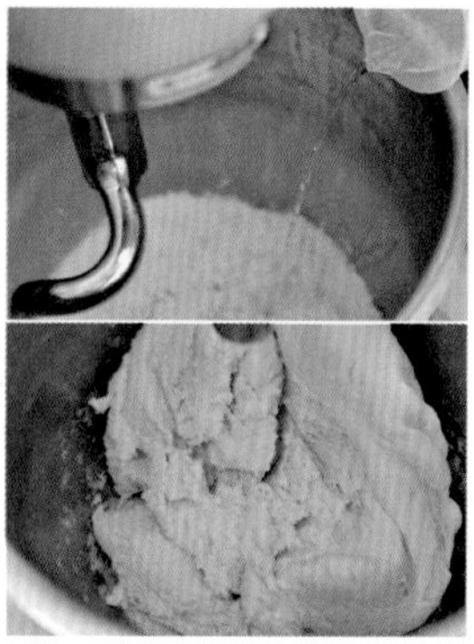

倒入本种材料B的液体，稍微搅拌后加入发酵好的中种面团，以低速搅拌3分钟，转为中速再搅拌3分钟。

6

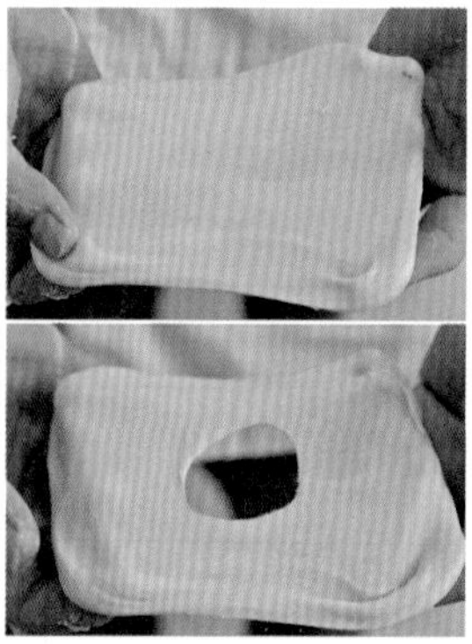

取一点面团拉开，会形成不透光薄膜，且破洞边缘呈锯齿状，此为扩展状态。

7

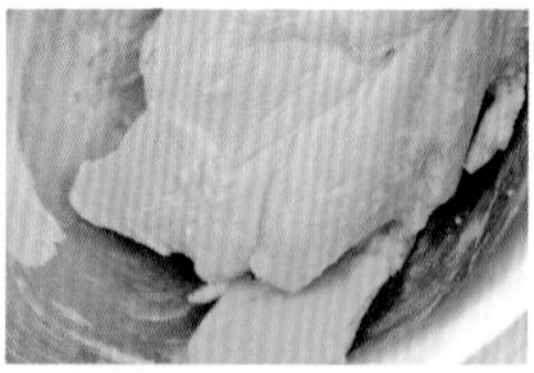

加入本种材料C，先以低速搅打3分钟，后转为中速再搅打2分钟。

8

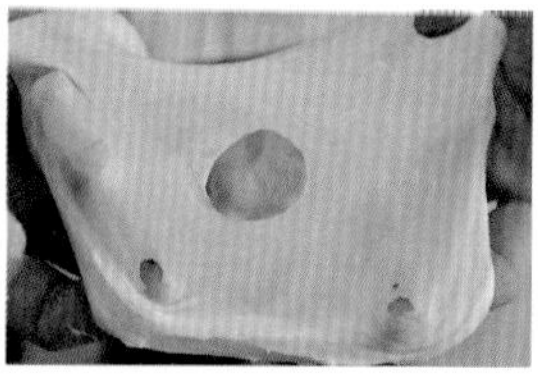

取一点面团拉开，会形成光滑透明有弹性的薄膜，且破洞边缘光滑，即为完全扩展状态。

9

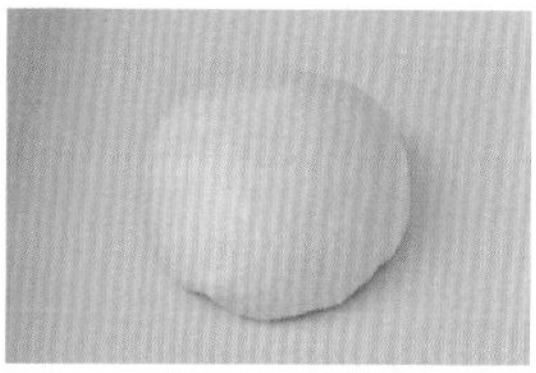

将面团整齐放入发酵箱中，此时面团中心温度应为26℃。

step 基础发酵

10

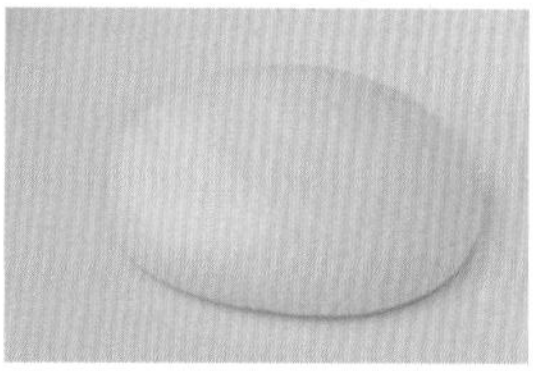

以温度32℃～35℃、湿度75%～80%发酵15分钟。

step 分割滚圆

11

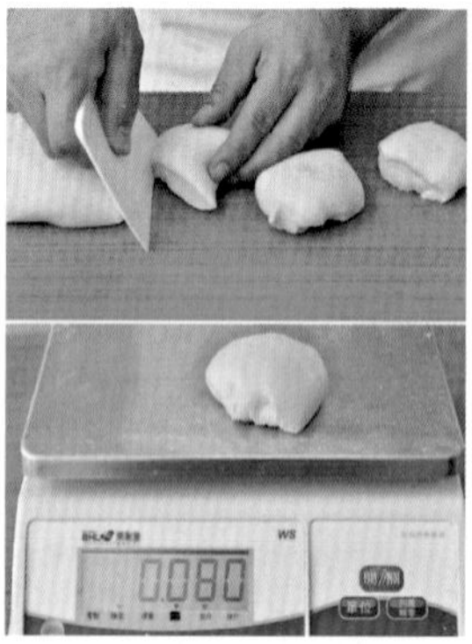

工作台上撒少许高筋面粉防粘，取出发酵好的面团，分割成每个80g的小面团。

12

面团光滑面朝上，用单手手掌捧住面团边缘，先往前推接着往后拉，手掌底部略施力，让面团边缘顺势滚入底部，重复数次使面团表面变光滑。

step 中间发酵

13

整型好的面团彼此间隔一定距离放入发酵箱中，继续发酵30分钟。

step 整型和包馅

14

将面团稍压一下，用擀面棍擀成长椭圆形。

15

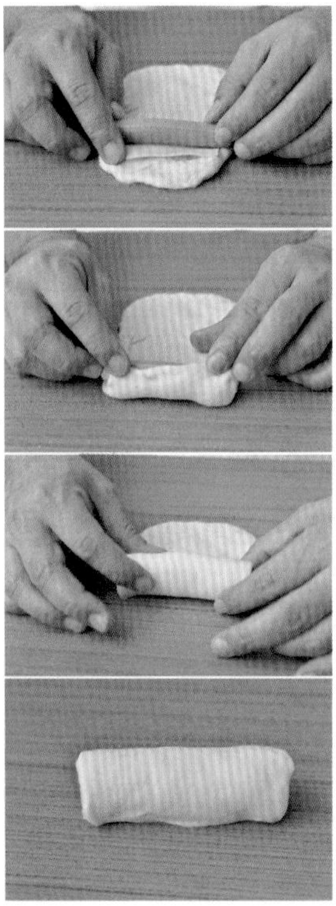

先铺上芝士片，再放上素小热狗，从上往下包入馅料卷成长条形。

16

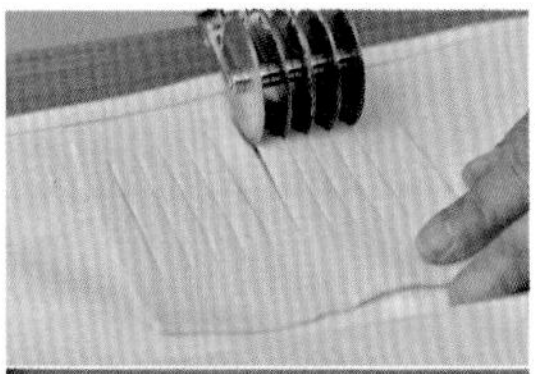

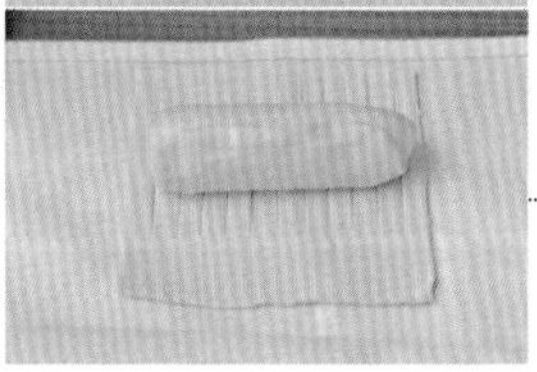

起酥片中间用小刀或五轮切割刀切开（两端不切断），放入面团，将起酥皮拉起捏紧。

step 最后发酵

17

将面团放入U形长条模中，再放在烤盘上，进发酵箱，最后发酵50分钟。

step 烘烤

18

以上火210℃/下火180℃预热烤箱，放入面包坯烘烤12～13分钟。

19

烘烤完成后轻敲一下烤盘，将面包脱模，马上放到网架上冷却。

全家福

Egg Cheese Milk Bread

种法：中种法
数量：16个

从小吃到大的好滋味，
满满的好料配上松软面包，
总是门店的人气王！

材料

中种面团

A__鹰牌高筋面粉700g
高糖酵母10g 细砂糖50g
B__全蛋150g
六倍奶200g 冰水100g

本种面团

A__鹰牌高筋面粉200g
拿破仑法式面包粉100g
细砂糖130g 盐12g
B__冰水200g
C__无盐黄油120g
炼乳50g

烘烤前表面装饰

白煮蛋8个 芝士片8片
玉米粒适量 沙拉酱适量
马苏里拉芝士丝适量
*芝士片每片切成4等份，水煮蛋每颗切4片相同厚度的圆片。

烘焙小笔记

制作流程	搅拌→基础发酵→分割滚圆→中间发酵→整型→最后发酵→烘烤前装饰→烘烤
搅拌时间	中种面团：低速4分钟→中速2分钟 本种面团：低速3分钟→中速3分钟→加入材料C→低速3分钟→中速2分钟
基础发酵前面团温度	26℃
发酵温度、湿度	温度32℃～35℃，湿度75%～80%
基础发酵	中种面团90分钟，本种面团15分钟
分割滚圆	30g×4/个
中间发酵	30分钟
整型样式	球形
最后发酵	50分钟
烘烤温度、时间	上火210℃/下火180℃，烘烤12～13分钟

step 搅拌：中种面团

1

将所有中种材料A放入厨师机搅拌缸中。

2

倒入中种材料B的液体，开始以低速搅拌4分钟，后转为中速再搅拌2分钟，即成中种面团。

3

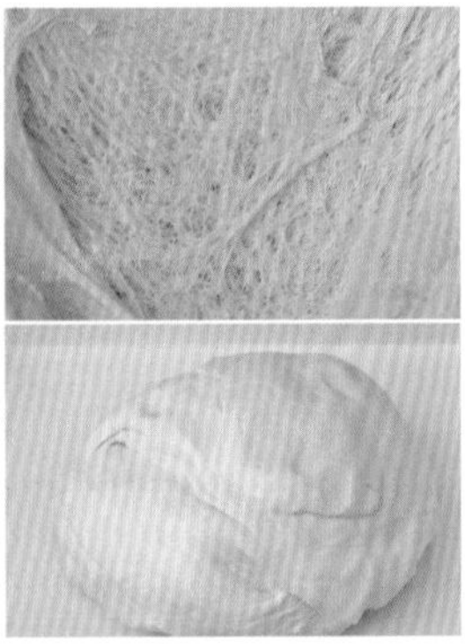

搅拌均匀的中种面团放进发酵箱中，发酵90分钟。

step 搅拌：本种面团

4

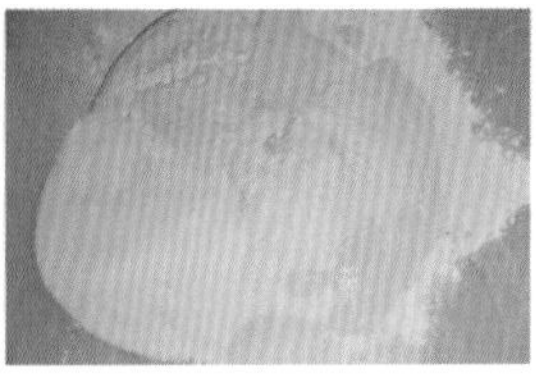

将本种材料A放入厨师机搅拌缸中。

5

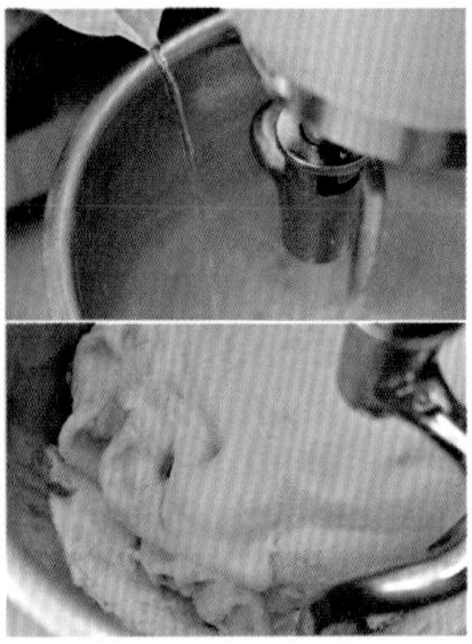

倒入本种材料B的液体，稍微搅拌后加入发酵好的中种面团，以低速搅拌3分钟，转为中速再搅拌3分钟。

6

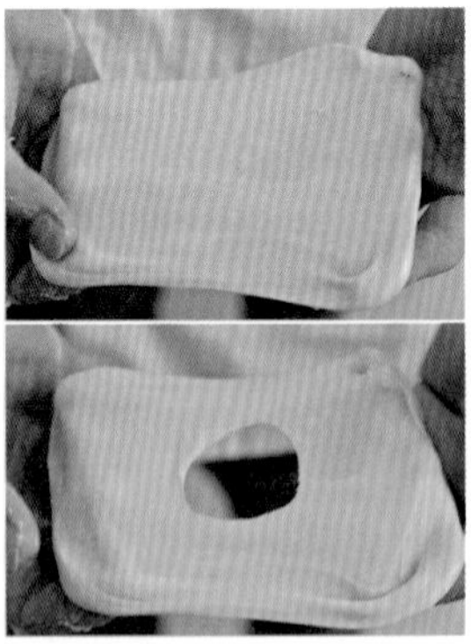

取一点面团拉开，会形成不透光薄膜，且破洞边缘呈锯齿状，此为扩展状态。

7

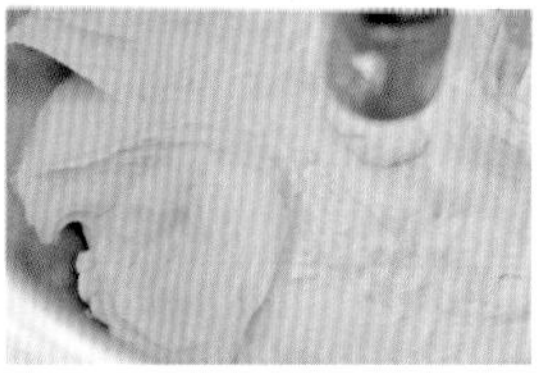

加入本种材料C，先以低速搅打3分钟，后转为中速再搅打2分钟。

8

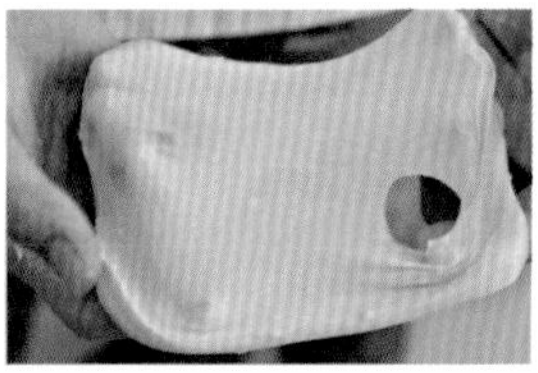

取一点面团拉开，会形成光滑透明有弹性的薄膜，且破洞边缘光滑，即为完全扩展状态。

9

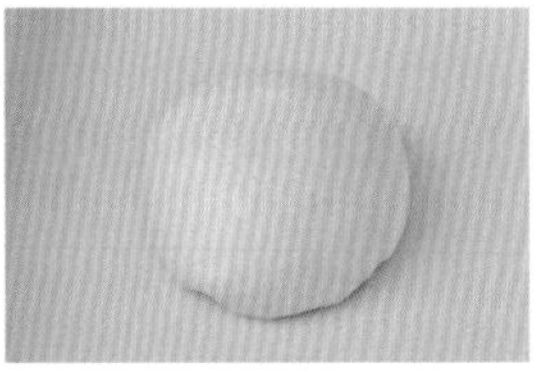

将面团从搅拌缸中取出，稍微整型后放入发酵箱中，此时面团中心温度应为26℃。

step 基础发酵

10

以温度32℃～35℃、湿度75%～80%发酵15分钟。

step 分割滚圆

11

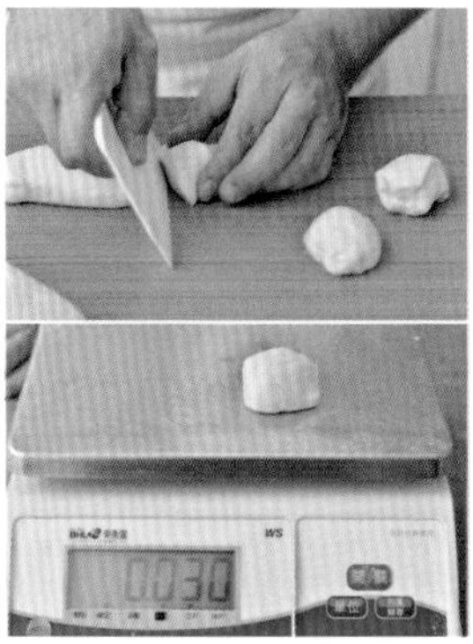

工作台上撒少许高筋面粉防粘，取出发酵好的面团，分割成每个30g的小面团。

12

面团光滑面朝上，用单手手掌捧住面团边缘，先往前推接着往后拉，手掌底部略施力，让面团边缘顺势滚入底部，重复数次使面团表面变光滑。

step 中间发酵

13

整型好的面团彼此间隔一定距离放入发酵箱中，继续发酵30分钟。

step 整型

14

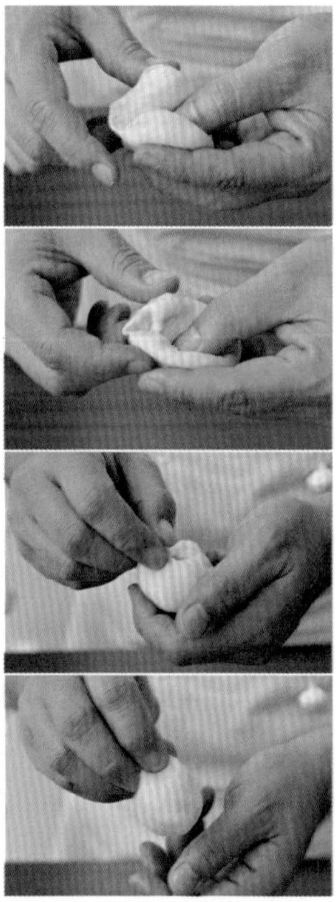

将面团从边缘往中心折入（类似包入馅料的动作），最后将收口捏紧成为圆形。

step 最后发酵

15

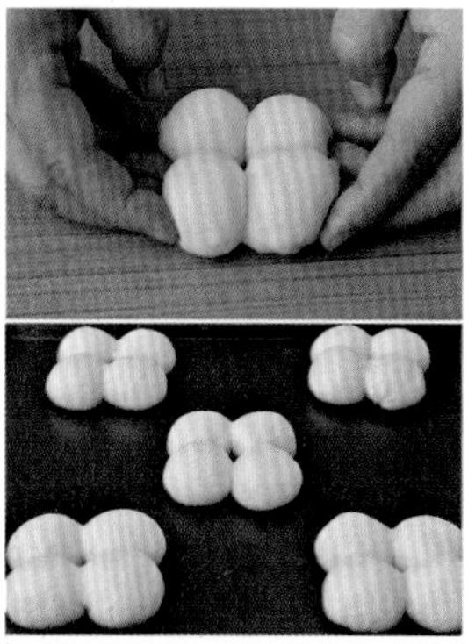

每4颗小面团一组放在烤盘上，再放入发酵箱中，最后发酵50分钟。

step 烘烤前装饰

16

面团中心放入玉米，两边各放2片切好的芝士片与水煮蛋，挤上沙拉酱，再撒上马苏里拉芝士丝。

step 烘烤

17

以上火210℃/下火180℃预热烤箱，放入面包坯烘烤12~13分钟。

18

烘烤完成后敲一下烤盘使面包与烤盘分开，马上将面包放到网架上冷却。

甲仙香芋

Milk Bread with Taro

种法：中种法
数量：33个

喜爱芋头的你绝不能错过这款，内馅满满芋头丁，
加上口感奇特的华尔兹千层皮，
当然还要有完美的面包体相衬才行！

材料

中种面团

A__鹰牌高筋面粉700g
高糖酵母10g 细砂糖50g
B__全蛋150g
冰水100g 六倍奶200g

本种面团

A__鹰牌高筋面粉200g
拿破仑法式面包粉100g
细砂糖130g 盐12g
B__冰水200g
C__无盐黄油120g
炼乳50g

内馅

芋头丁990g
＊将芋头分成每份30g，共33份备用。

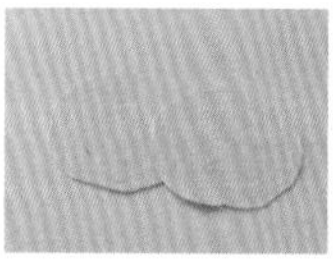

烘烤前表面装饰

华尔兹千层皮33片 杏仁片适量

烘焙小笔记

制作流程	搅拌→基础发酵→分割滚圆→中间发酵→整型和包馅→最后发酵→烘烤前装饰→烘烤
搅拌时间	中种面团：低速4分钟→中速2分钟 本种面团：低速3分钟→中速3分钟→加入材料C→低速3分钟→中速2分钟
基础发酵前面团温度	26℃
发酵温度、湿度	温度32℃～35℃，湿度75%～80%
基础发酵	中种面团90分钟，本种面团15分钟
分割滚圆	60g/个
中间发酵	30分钟
整型样式	球形
最后发酵	50分钟
烘烤温度、时间	上火210℃/下火180℃，烘烤12～13分钟

step 搅拌：中种面团

1

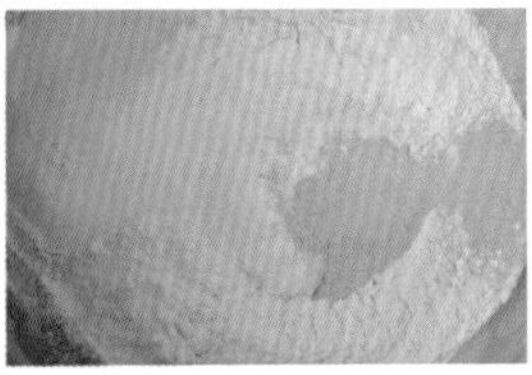

将所有中种材料A放入厨师机搅拌缸中。

2

倒入中种材料B的液体，开始以低速搅拌4分钟，后转为中速再搅拌2分钟，即成中种面团。

3

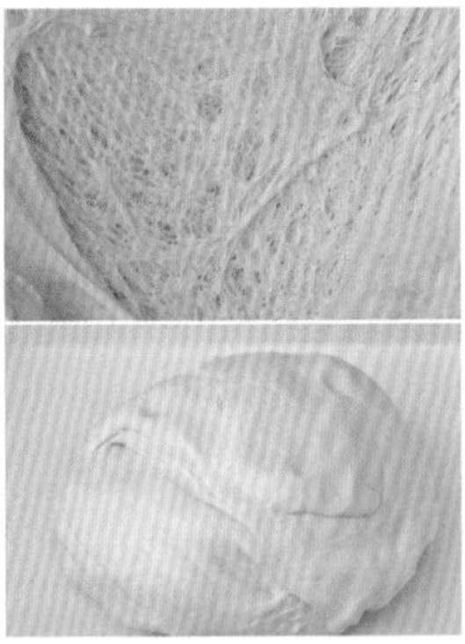

搅拌均匀的中种面团放进发酵箱中，发酵90分钟。

step 搅拌：本种面团

4

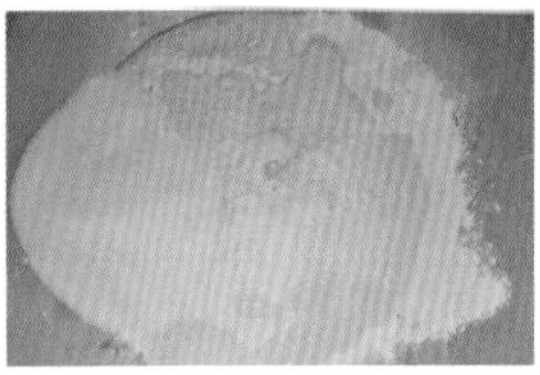

将本种材料A放入厨师机搅拌缸中。

5

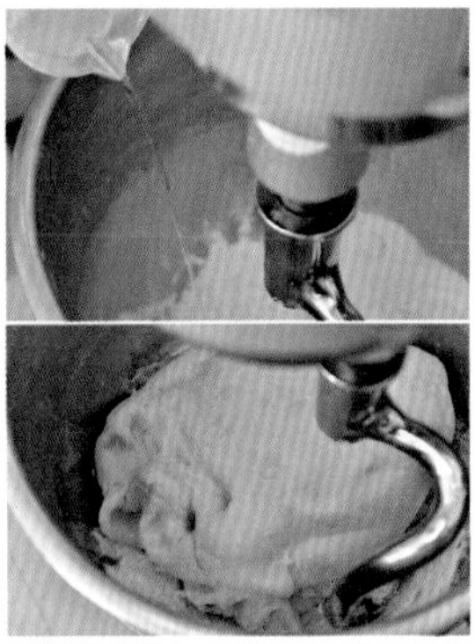

倒入本种材料B的液体，稍微搅拌后加入发酵好的中种面团，以低速搅拌3分钟，转为中速再搅拌3分钟。

6

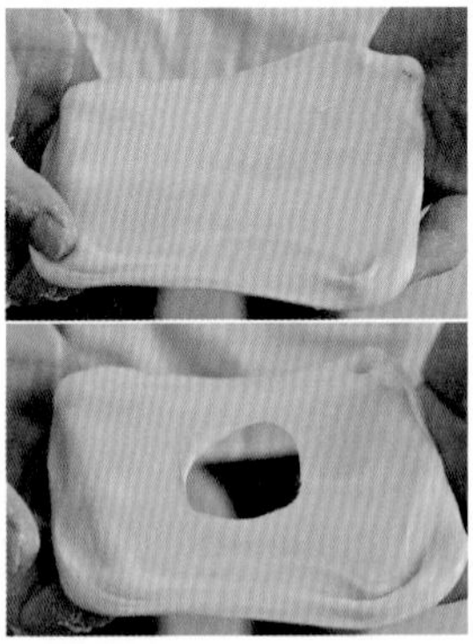

取一点面团拉开，会形成不透光薄膜，且破洞边缘呈锯齿状，此为扩展状态。

7

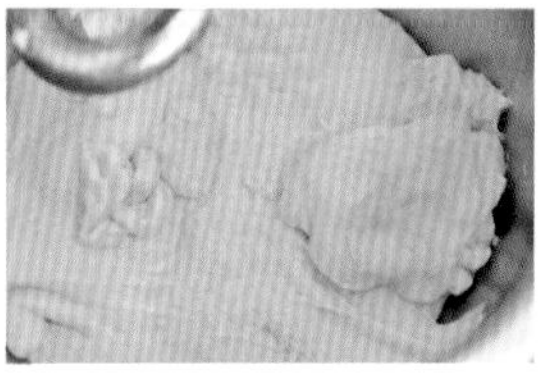

加入材料本种C，先以低速搅打3分钟，后转为中速再搅打2分钟。

8

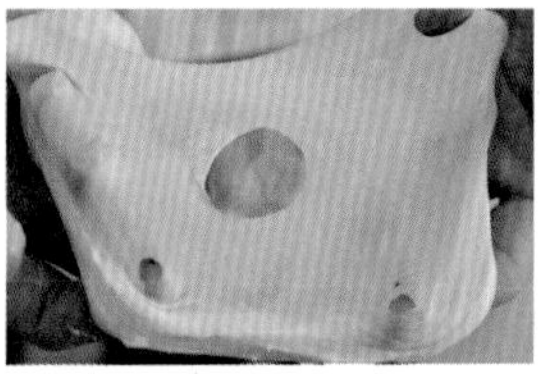

取一点面团拉开，会形成光滑透明有弹性的薄膜，且破洞边缘光滑，即为完全扩展状态。

9

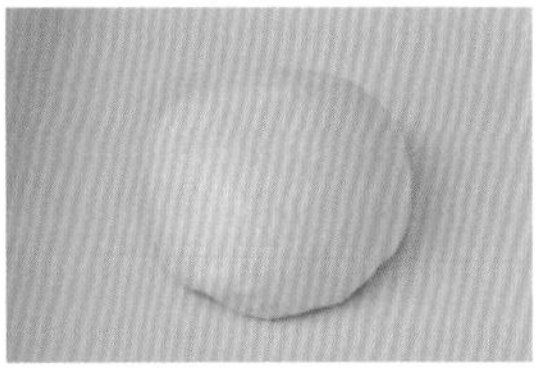

将面团整齐地放入发酵箱，此时面团中心温度应为26℃。

step 基础发酵

10

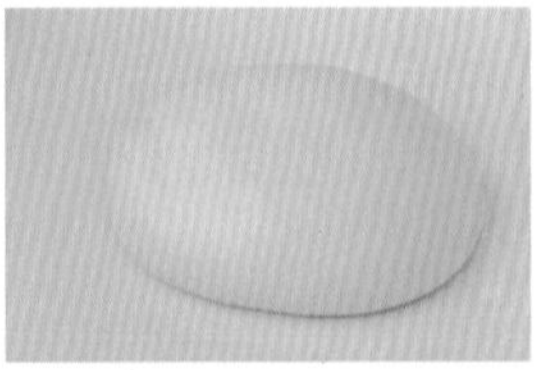

以温度32℃～35℃、湿度75%～80%发酵15分钟。

step 分割滚圆

11

工作台上撒少许高筋面粉防粘，取出发酵好的面团，分割成每个60g的小面团。

12

面团光滑面朝上，用单手手掌捧住面团边缘，先往前推接着往后拉，手掌底部略施力，让面团边缘顺势滚入底部，重复数次使面团表面变光滑。

step 中间发酵

13

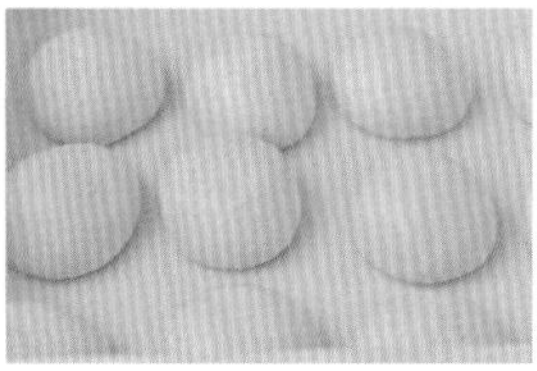

整型好的面团彼此间隔一定距离放入发酵箱中，继续发酵30分钟。

step 整型和包馅

14

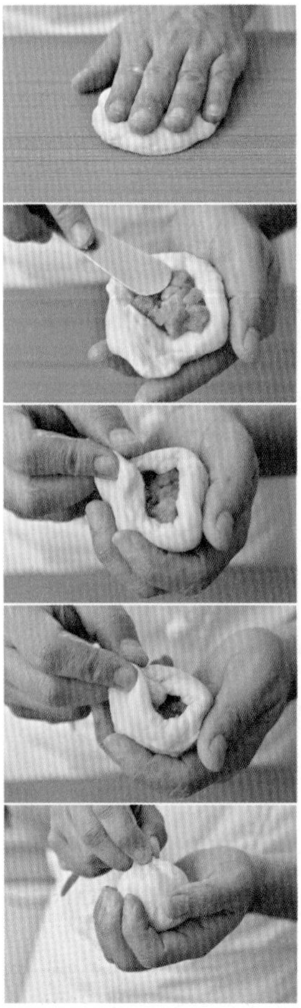

将面团稍压平整，填入30g芋头丁，捏紧收口整成圆形。

15

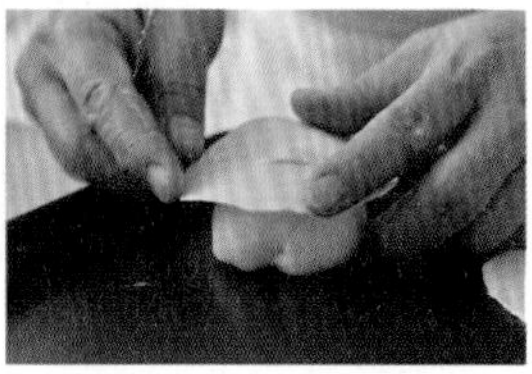

表面再盖上华尔兹千层皮。

step 最后发酵

16 将面团置于烤盘上，放入发酵箱中，最后发酵50分钟。

step 烘烤前装饰

17

在面团上刷上蛋液，撒上适量杏仁片。

step 烘烤

18

以上火210℃/下火180℃预热烤箱，放入面包坯烘烤12～13分钟。

19

烘烤完成后敲一下烤盘使面包与烤盘分开，马上将面包放到网架上冷却。

养生素干贝餐包

Milk Buns with Soy Scallop Powder

种法：液种法
数量：51个

浓郁的素干贝酱馅，搭配烤得酥脆的玉米粒，
甜中带咸又微辣，吃一个，怎么够？！

材料

面团

A__鹰牌高筋面粉700g 液种600g 汤种300g
细砂糖120g 盐12g 高糖酵母12g 麦芽精5g
B__六倍奶300g 冰块130g
C__无盐黄油120g 炼乳60g

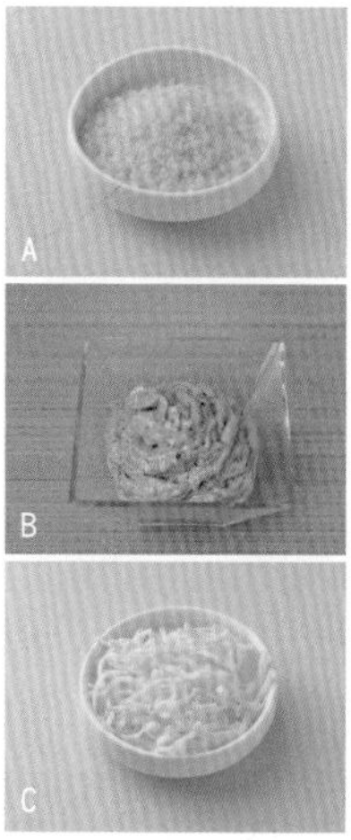

烘烤前表面装饰

A__装饰玉米粒适量
B__素干贝酱馅450g
C__马苏里拉芝士丝适量

烘烤前表面装饰

*素干贝酱馅做法请参考p.28

烘焙小笔记

制作流程	搅拌→基础发酵→分割滚圆→中间发酵→整型和包馅→最后发酵→烘烤前装饰→烘烤
搅拌时间	低速4分钟→中速4分钟→加入材料C→低速3分钟→中速2分钟
基础发酵前面团温度	26℃
发酵温度、湿度	温度30℃，湿度75%
基础发酵	发酵30分钟，翻面再发酵30分钟
分割滚圆	46g/个
中间发酵	30分钟
整型样式	可颂形
最后发酵	50分钟
烘烤温度、时间	上火210℃/下火180℃，烘烤12～14分钟

step 搅拌

1

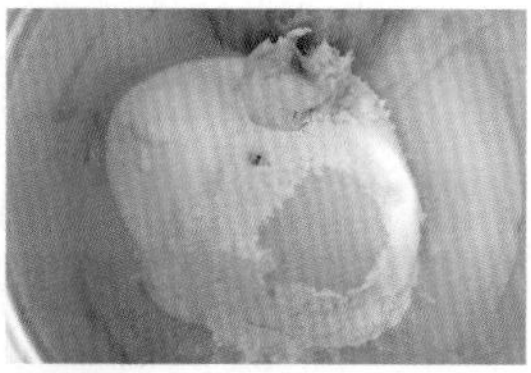

将材料A放入厨师机搅拌缸中，盐与酵母必须分开些摆放。

2

倒入材料B的液体，开始以低速搅拌4分钟，后转为中速再搅拌4分钟。

3

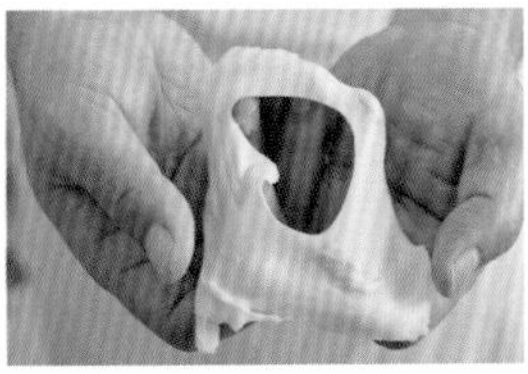

取一点面团拉开，会形成不透光薄膜，且破洞边缘呈锯齿状，此为扩展状态。

4

加入材料C，先以低速搅打3分钟，后转为中速再搅打2分钟。

5

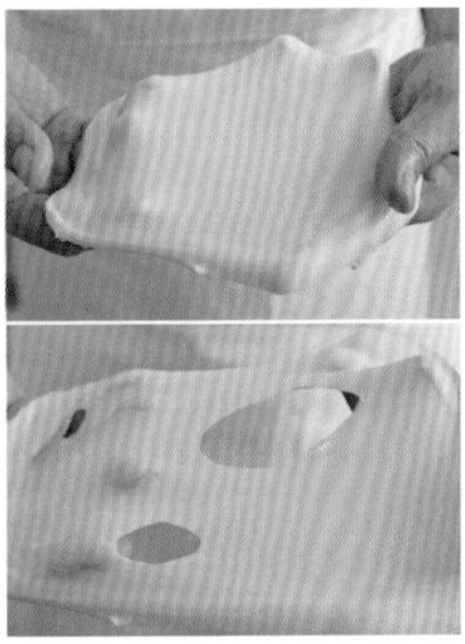

取一点面团拉开，会形成光滑透明有弹性的薄膜，且破洞边缘光滑，即为完全扩展状态。

6 将面团从搅拌缸中取出，放入发酵箱中，此时面团中心温度应为26℃。

step 基础发酵

7

以温度30℃、湿度75%，发酵30分钟。

8

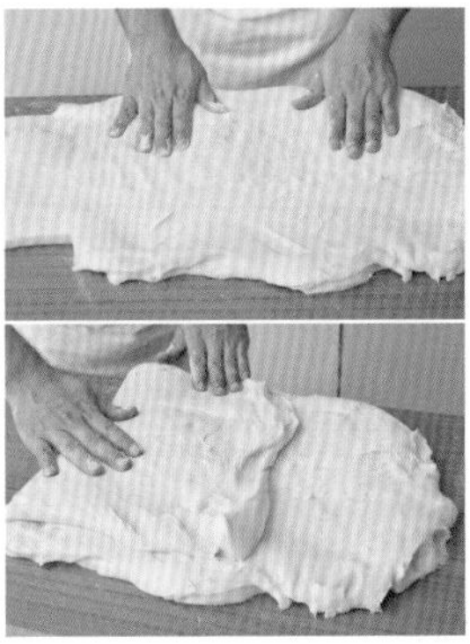

在工作台上撒少许高筋面粉，将面团取出，稍微将表面拍平整，由右往左折1/3，再由左往右折1/3。

9

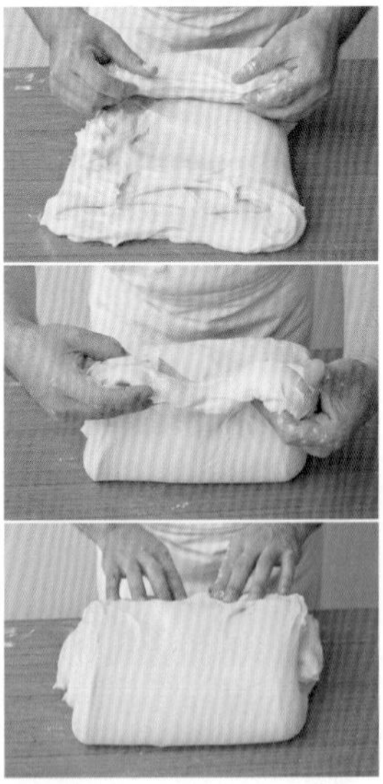

接着将面团折口朝上，稍压平整，由下往上折1/3，再由上往下折1/3。

10

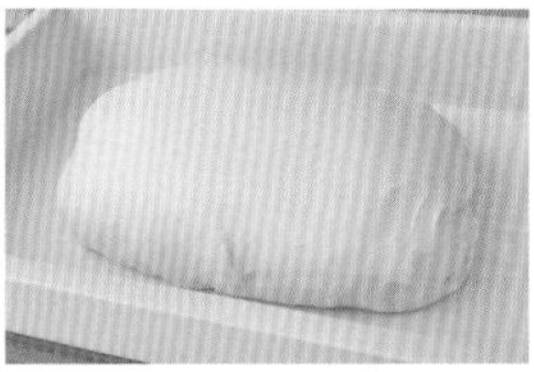

放入发酵箱中，以相同温度和湿度再发酵30分钟。

step 分割滚圆

11

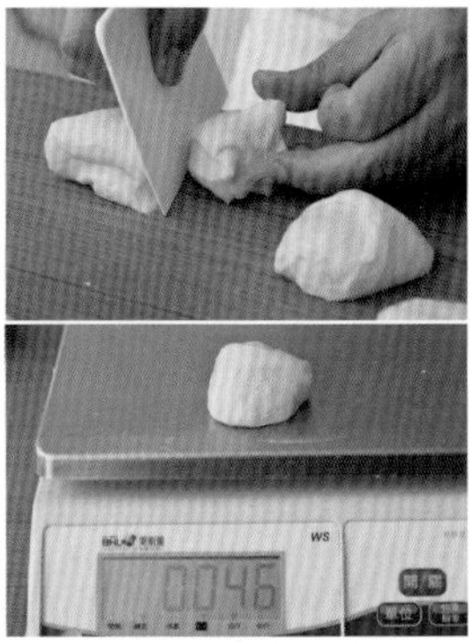

工作台上撒少许高筋面粉防粘，取出发酵好的面团，分割成每个46g的小面团。

12

面团光滑面朝上，稍微拍平整，由上往下将面团卷紧。

13

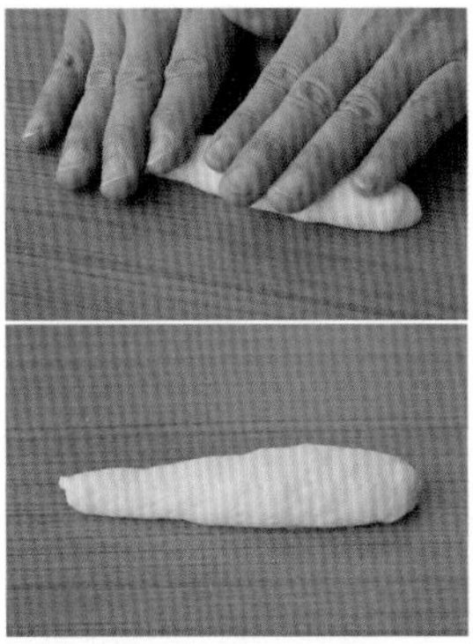

将面团搓成一头较粗一头较细的棒槌形。

step 中间发酵

14

整型好的面团彼此间隔一定距离放入发酵箱中，继续发酵30分钟。

step 整型和包馅

15

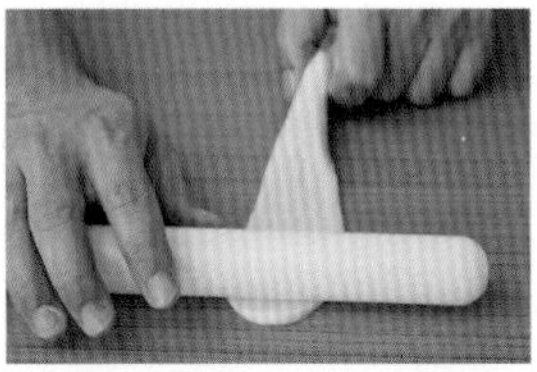

工作台上撒少许高筋面粉防粘，取出面团，用擀面棍由较粗端往细端擀，擀成扁长形。

16

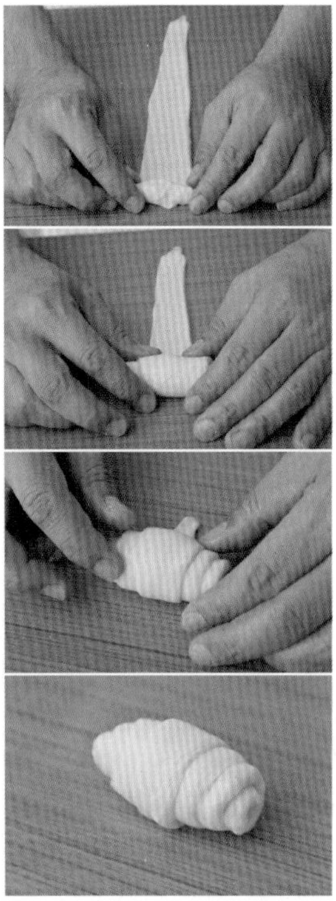

将面团由宽处向窄处卷起，卷成可颂形。

17

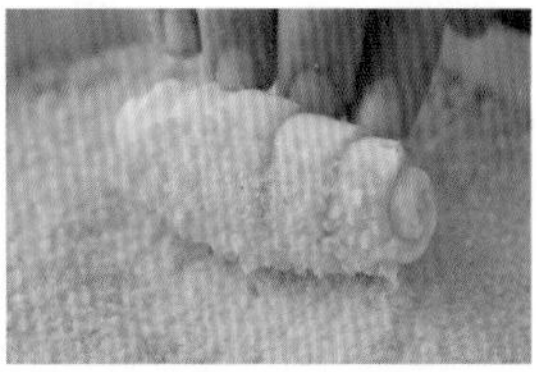

面团沾满装饰玉米粒后收口朝下整齐排入烤盘中。

step 最后发酵

18

放入发酵箱中，最后发酵50分钟。

step 烘烤前装饰

19

在面团顶部用剪刀剪一刀，抹上8g素干贝酱馅，撒上适量马苏里拉芝士丝。

step 烘烤

20

以上火210℃/下火180℃预热烤箱，放入面包坯烘烤12～14分钟。

21

烘烤完成后轻敲一下烤盘，马上移出面包，放到网架上冷却。

精致小奶香

Custard Bread

种法：液种法
数量：51个

每一口都吃得到浓浓的芝士，
加上人人都爱的香甜的卡仕达馅，
小巧造型，热量无负担。

材料

面团

A__鹰牌高筋面粉700g 液种600g 汤种300g 细砂糖120g 盐12g 高糖酵母12g 麦芽精5g

B__六倍奶300g 冰块130g

C__无盐黄油120g 炼乳60g

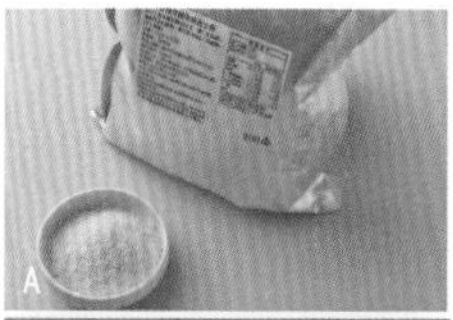

烘烤前表面装饰

A__完熟芝士粉适量

B__卡仕达馅160g

C__无盐黄油160g

*卡仕达馅做法请参考p.27；将卡仕达馅与无盐黄油混合均匀后，放在挤花袋里备用。

烘焙小笔记

制作流程	搅拌→基础发酵→分割滚圆→中间发酵→整型和包馅→最后发酵→烘烤前装饰→烘烤
搅拌时间	低速4分钟→中速4分钟→加入材料C→低速3分钟→中速2分钟
基础发酵前面团温度	26℃
发酵温度、湿度	温度30℃，湿度75%
基础发酵	发酵30分钟后翻面，再发酵30分钟
分割滚圆	46g/个
中间发酵	30分钟
整型样式	可颂形
最后发酵	50分钟
烘烤温度、时间	上火210℃/下火180℃，烘烤12～14分钟

step 搅拌

1

将材料A放入厨师机搅拌缸中，盐与酵母必须分开些摆放。

2

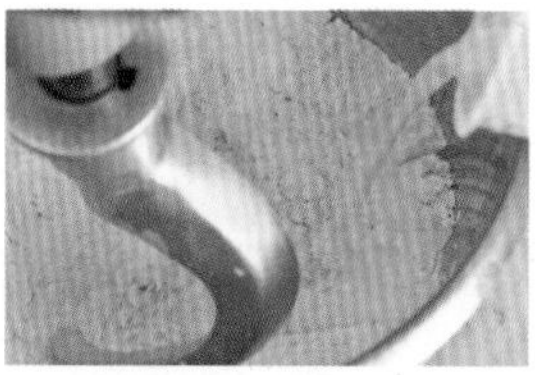

倒入材料B的液体，开始以低速搅拌4分钟，后转为中速再搅拌4分钟。

3

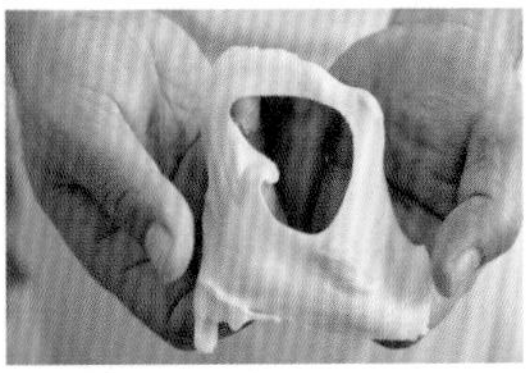

取一点面团拉开，会形成不透光薄膜，且破洞边缘呈锯齿状，此为扩展状态。

4

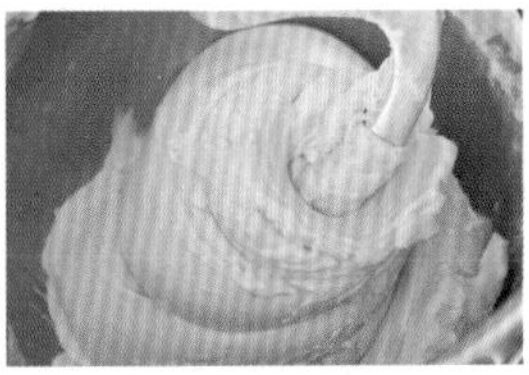

加入材料C，先以低速搅打3分钟，后转为中速再搅打2分钟。

5

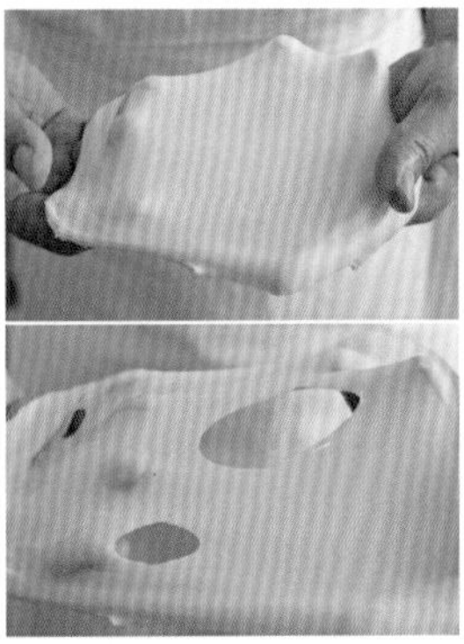

取一点面团拉开，会形成光滑透明有弹性的薄膜，且破洞边缘光滑，即为完全扩展状态。

6

将面团从搅拌缸中取出，放入发酵箱中，此时面团中心温度应为26℃。

step 基础发酵

7 以温度30℃、湿度75%发酵30分钟。

8

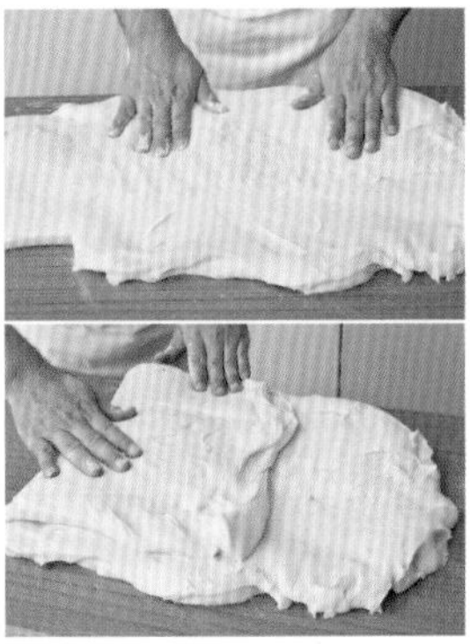

在工作台上撒少许高筋面粉，将面团取出，稍微将表面拍平整，由右往左折1/3，再由左往右折1/3。

9

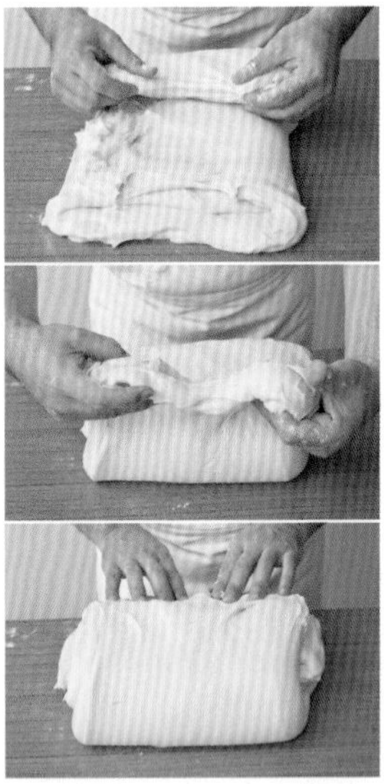

接着将面团折口朝上，稍压平整，由下往上折1/3，再由上往下折1/3。

10

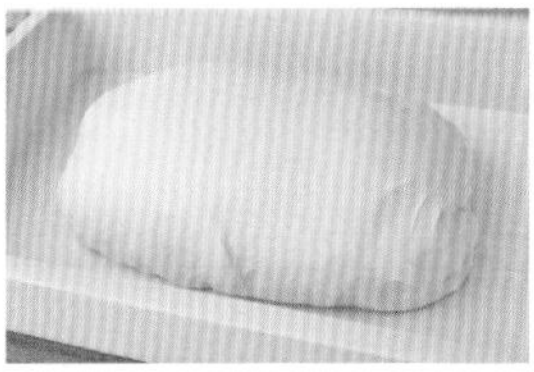

放入发酵箱中，以相同温度和湿度再发酵30分钟。

step 分割滚圆

11

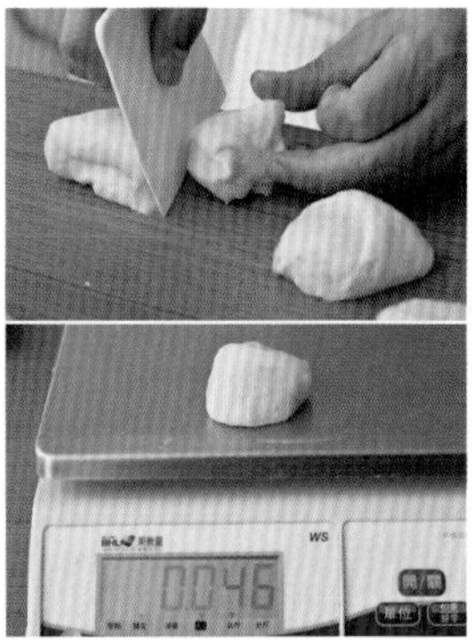

工作台上撒少许高筋面粉防粘，取出发酵好的面团，分割成每个46g的小面团。

12

面团光滑面朝上，稍微拍平整，由上往下将面团卷紧。

13

将面团搓成一头较粗一头较细的棒槌形。

step 中间发酵

14

整型好的面团彼此间隔一定距离放入发酵箱中，继续发酵30分钟。

step 整型和包馅

15

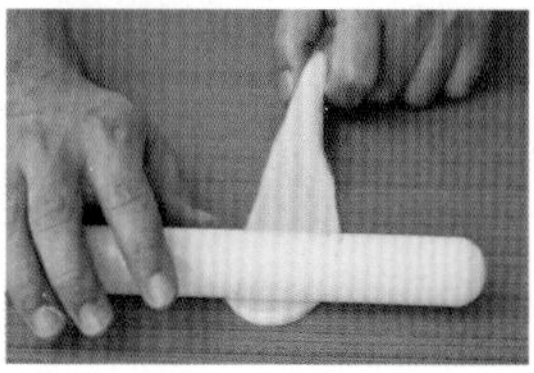

工作台上撒少许高筋面粉防粘，取出面团，用擀面棍由较粗端往细端擀，擀成扁长形。

16

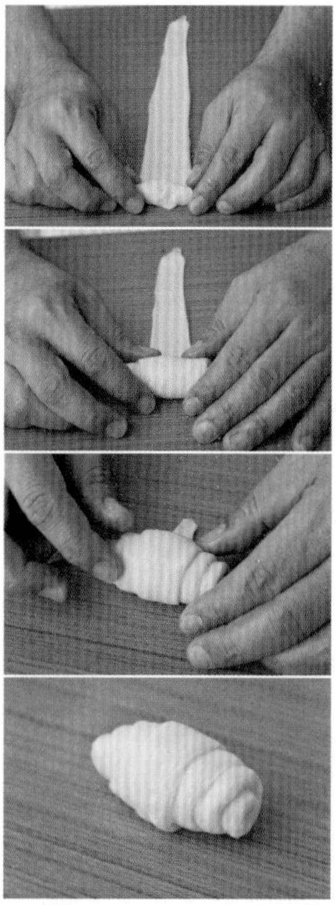

将面团由宽处往窄处卷起成可颂形。

17

面团沾满熟芝士粉，收口朝下整齐排入烤盘中。

step 最后发酵

18

放入发酵箱中，最后发酵50分钟。

step 烘烤前装饰

19

在面团顶部用剪刀剪一刀，挤入6g卡仕达奶油馅。

step 烘烤

20

以上火210℃/下火180℃预热烤箱，放入面包坯烘烤12～14分钟。

21

烘烤完成后轻敲一下烤盘，马上移出面包，放到网架上冷却。

阳光玉米

Corn Custard Bread

种法：直接法
数量：24个

黄澄澄的甜玉米粒，像火花般在面包中爆开，
在舌尖上，不经意间透出甜美滋味！

材料

面团

A__鹰牌高筋面粉800g 玉米预拌粉200g 法国老面200g 海藻糖30g
细砂糖120g 盐15g 高糖酵母10g

B__冰水330g 六倍奶150g 全蛋150g

C__无盐黄油120g 乳化油脂30g

D__甜玉米粒250g

烘烤前表面装饰

玉米粒600g 吉士粉20g
蛋黄60g 马苏里拉芝士丝适量
＊将玉米粒与吉士粉和蛋黄拌匀备用。

烘焙小笔记

制作流程	搅拌→基础发酵→分割滚圆→中间发酵→整型→最后发酵→烘烤前装饰→烘烤
搅拌时间	低速4分钟→中速4分钟→加入材料C→低速3分钟→中速3分钟→放入玉米粒→低速30秒钟
基础发酵前面团温度	26℃
发酵温度、湿度	温度30℃，湿度75%
基础发酵	发酵30分钟后翻面，再发酵30分钟
分割滚圆	100g/个
中间发酵	30分钟
整型样式	橄榄形
最后发酵	40分钟
烘烤温度、时间	上火210℃/下火180℃，烘烤14～16分钟

step 搅拌

1

将材料A放入厨师机搅拌缸中，盐与酵母必须分开些摆放。

2

倒入材料B的液体，开始以低速搅拌4分钟，后转为中速再搅拌4分钟。

3

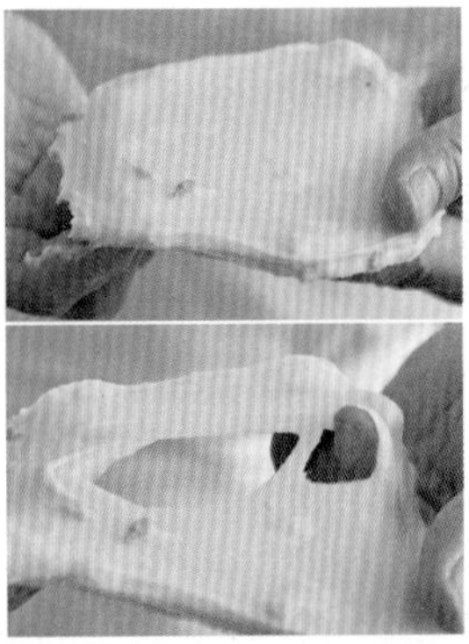

取一点面团拉开，会形成不透光薄膜，且破洞边缘呈锯齿状，此为扩展状态。

4

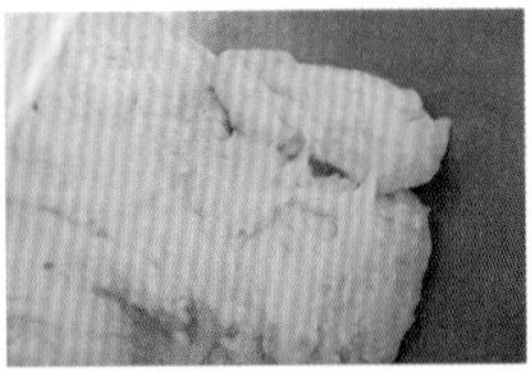

加入材料C，先以低速搅打3分钟，后转为中速再搅打3分钟。

5

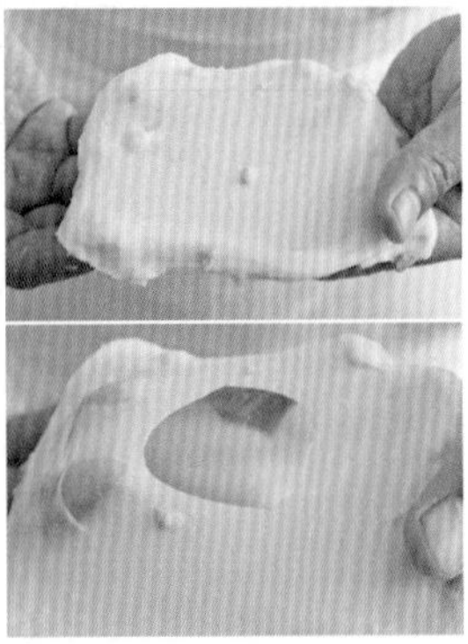

取一点面团拉开，会形成光滑透明有弹性的薄膜，且破洞边缘光滑，即为完全扩展状态。

6

接着放入材料D的玉米粒，低速搅拌约30秒。

7

将面团从搅拌缸中取出，稍微整型后放入发酵箱中，此时面团中心温度应为26℃。

step 基础发酵

8 以温度30℃、湿度75%发酵30分钟。

9

在工作台上撒少许高筋面粉，将面团取出，稍微将表面拍平整，由右往左折1/3，再由左往右折1/3。

10

接着稍压平整，再由下往上折2折。

11

放入发酵箱中，继续以相同温度和湿度发酵30分钟。

step 分割滚圆

12

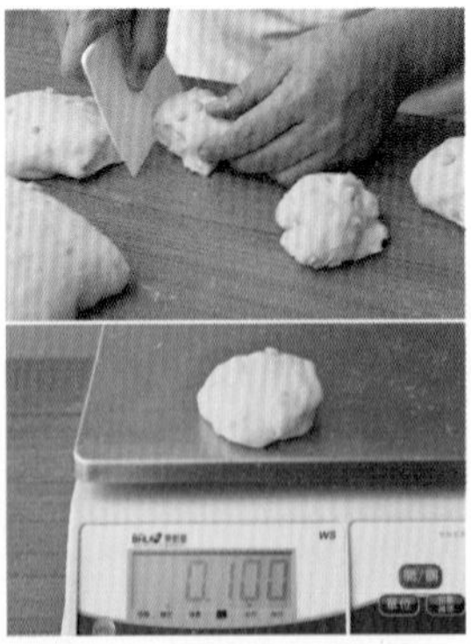

工作台上撒少许高筋面粉防粘，取出发酵好的面团，分割成每个100g的小面团。

13

面团光滑面朝下，由下往上折，用单手手掌捧住面团边缘，先往前推接着往后拉，手掌底部略施力，让面团边缘顺势滚入底部，重复数次使面团表面变光滑。

step 中间发酵

14

整型好的面团彼此间隔一定距离放入发酵箱中，继续发酵30分钟。

step 整型

15

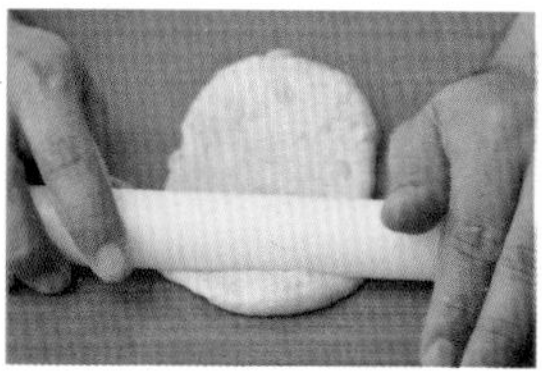

工作台上撒少许高筋面粉防粘，取出面团，用擀面棍擀成长椭圆形。

16

将面团由上往下卷成橄榄形。

step 最后发酵

17

将面团放在烤盘上，放入发酵箱中，继续发酵40分钟。

step 烤前装饰

18

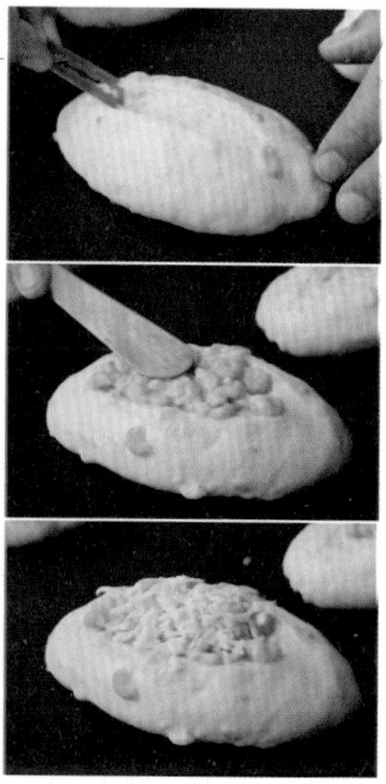

在面团顶部用刀划一刀后，铺上玉米馅，再放上芝士丝。

step 烘烤

19

以上火210℃/下火180℃预热烤箱，将面包坯放进烤箱，烘烤14～16分钟。

20

烘烤完成后轻敲一下烤盘，将面包移置于网架上冷却。

黄金黑樱桃

Black Cherry Custard Bread

种法：直接法
数量：24个

灿烂的阳光照进屋内，
一朵朵小花透出酸甜清香，在餐桌上盛开！

材料

面团

A__鹰牌高筋面粉800g 玉米预拌粉200g 法国老面200g 海藻糖30g 细砂糖120g 盐15g 高糖酵母10g

B__冰水330g 六倍奶150g 全蛋150g

C__无盐黄油120g 乳化油脂30g

D__甜玉米粒150g 蜜红萝卜丝100g

烘烤前表面装饰

全蛋液适量 卡仕达馅720g

*卡仕达馅做法请参考p.27；卡仕达馅装入挤花袋中备用。

烘烤后装饰

黑樱桃24颗

烘焙小笔记

制作流程	搅拌→基础发酵→分割滚圆→中间发酵→整型→最后发酵→烘烤前装饰→烘烤→烘烤后装饰
搅拌时间	低速4分钟→中速4分钟→加入材料C→低速3分钟→中速3分钟→放入玉米粒、萝卜丝→低速30秒钟
基础发酵前面团温度	26℃
发酵温度、湿度	温度32℃，湿度75%
基础发酵	发酵30分钟后翻面，再发酵30分钟
分割滚圆	100g/个
中间发酵	30分钟
整型样式	扁圆形
最后发酵	40分钟
烘烤温度、时间	上火210℃/下火180℃，烘烤14～16分钟

step 搅拌

1

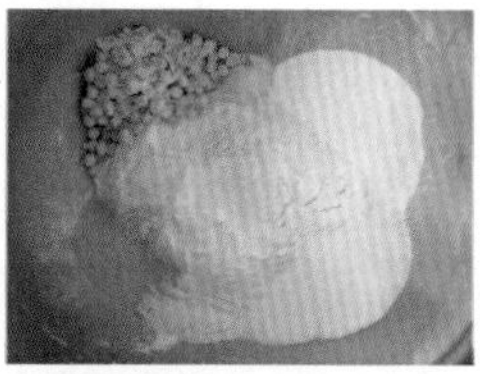

将材料A放入厨师机搅拌缸中，盐与酵母必须分开些摆放。

2

倒入材料B的液体，以低速搅拌4分钟，后转为中速再搅拌4分钟。

3

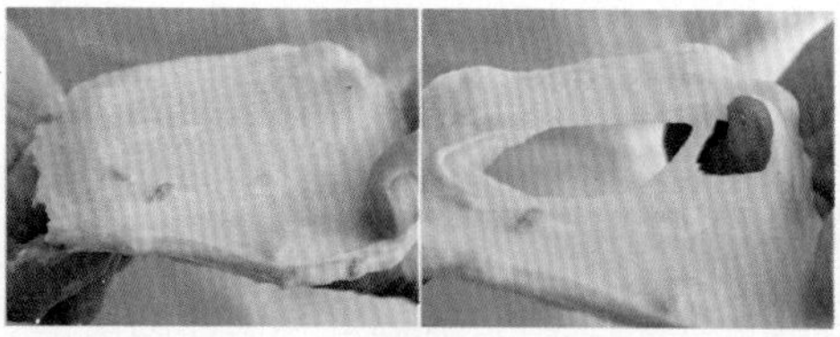

取一点面团拉开，会形成不透光薄膜，且破洞边缘呈锯齿状，此为扩展状态。

4

加入材料C，先以低速搅打3分钟，后转为中速再搅打3分钟。

5

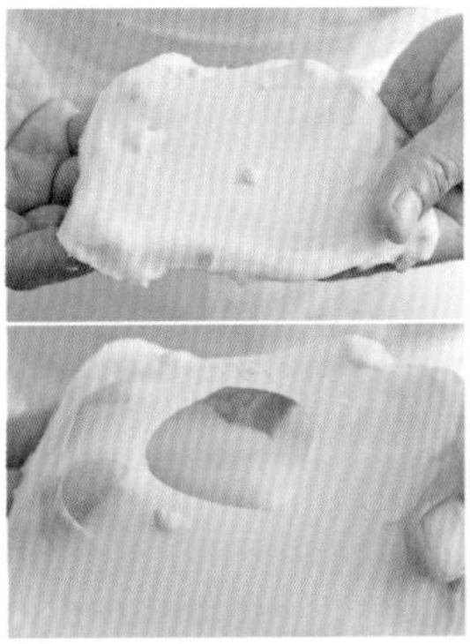

取一点面团拉开，会形成光滑透明有弹性的薄膜，且破洞边缘光滑，即为完全扩展状态。

6

接着放入材料D的玉米粒、萝卜丝，低速搅拌约30秒钟至均匀即可。

7

将面团从搅拌缸中取出，稍微整型后放入发酵箱中，此时面团中心温度应为26℃。

step 基础发酵

8 以温度32℃、湿度75%发酵30分钟。

9

在工作台上撒少许高筋面粉，将面团取出，稍微将表面拍平整，由下往上折1/3，再由上往下折1/3。

10

接着稍压平整，再由右往左折2折。

11

放入发酵箱中，以相同温度和湿度再发酵30分钟。

step 分割滚圆

12

工作台上撒少许高筋面粉防粘，取出发酵好的面团，分割成每个100g的小面团。

13

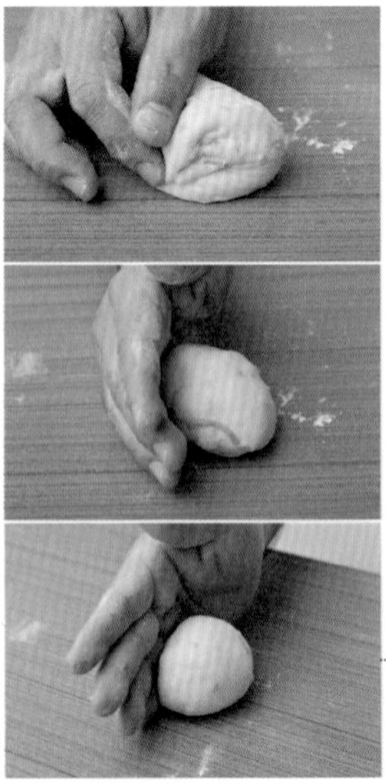

面团光滑面朝下，由下往上折，用单手手掌捧住面团边缘，先往前推接着往后拉，手掌底部略施力，让面团边缘顺势滚入底部，重复数次使面团表面变光滑。

step 中间发酵

14

整型好的面团彼此间隔一定距离放入发酵箱中，继续发酵30分钟。

step 整型

15

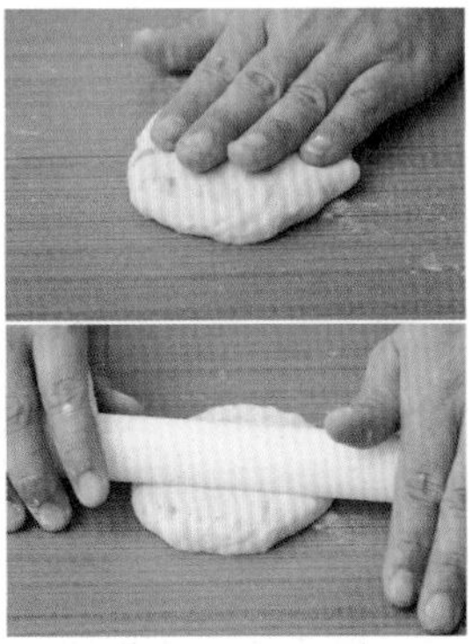

工作台上撒少许高筋面粉防粘，取出面团稍微压扁，用擀面棍将面团擀成扁圆形。

16

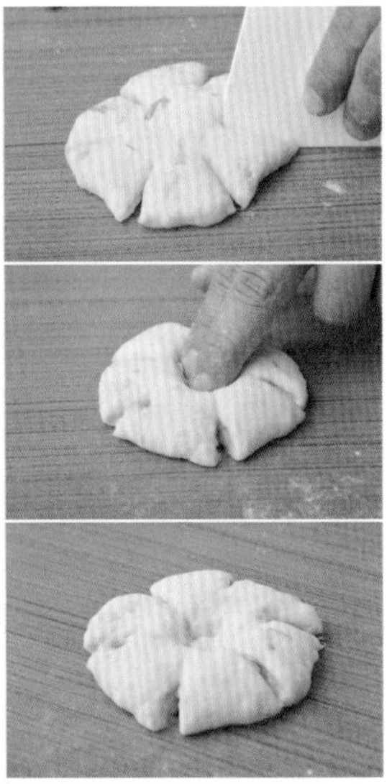

用切面刀将面团切成6等份，中间用手压一个洞。

step 最后发酵

17

将面团放在烤盘上，放入发酵箱中，继续发酵40分钟。

step 烘烤前装饰

18

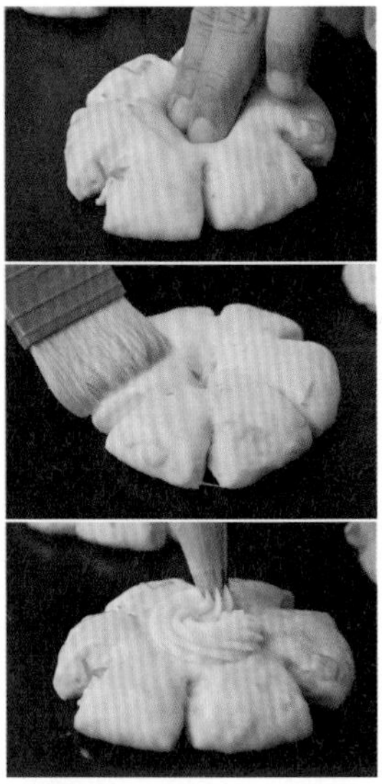

在面团中间用力压一下，均匀刷上蛋液，挤上30g卡仕达馅。

step 烘烤

19

以上火210℃/下火180℃预热烤箱，将面包坯放进烤箱，烘烤14～16分钟。

step 烘烤后装饰

20

烘烤完成后轻敲一下烤盘，放上沥干糖水的黑樱桃，移到网架上冷却。

阳光香橙

Orange Corn Bread

种法：直接法
数量：24个

吸饱阳光活力的香橙，
加上清甜的玉米，是一款走心的佳品！

材料

面团

A__鹰牌高筋面粉800g 玉米预拌粉200g 法国老面200g 海藻糖30g
细砂糖120g 盐15g 高糖酵母10g

B__冰水330g 六倍奶150g 全蛋150g

C__无盐黄油120g 乳化油脂30g

D__香橙皮250g

烘烤前表面装饰

装饰玉米粒适量
香橙片24片

烘烤后装饰

糖粉适量

烘焙小笔记

制作流程	搅拌→基础发酵→分割滚圆→中间发酵→整型和包馅→烘烤前装饰→最后发酵→烘烤
搅拌时间	低速4分钟→中速4分钟→加入材料C→低速3分钟→中速3分钟→放入香橙皮→低速30秒钟
基础发酵前面团温度	26℃
发酵温度、湿度	温度30℃，湿度75%
基础发酵	发酵30分钟后翻面，再发酵30分钟
分割滚圆	100g/个
中间发酵	40分钟
整型样式	扁圆形
最后发酵	50分钟
烘烤温度、时间	上火210℃/下火180℃，烘烤14～16分钟

step 搅拌

1

将材料A放入厨师机搅拌缸中，盐与酵母必须分开些摆放。

2

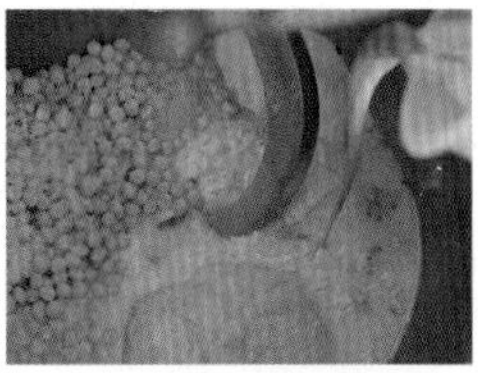

倒入材料B的液体，以低速搅拌4分钟，后转为中速再搅拌4分钟。

3

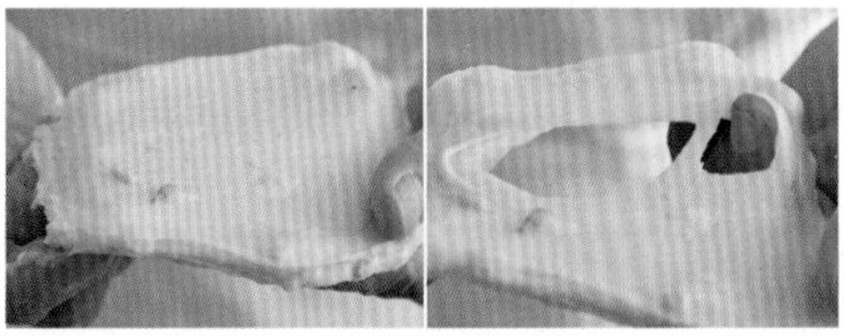

取一点面团拉开，会形成不透光薄膜，且破洞边缘呈锯齿状，此为扩展状态。

4

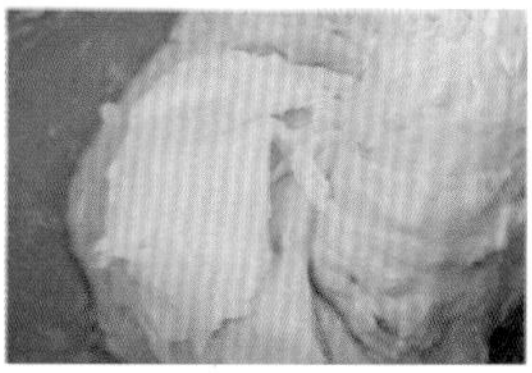

加入材料C，先以低速搅打3分钟，后转为中速再搅打3分钟。

5

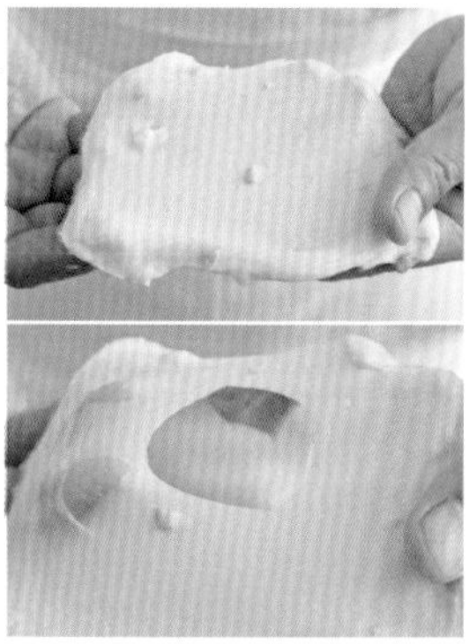

取一点面团拉开，会形成光滑透明有弹性的薄膜，且破洞边缘光滑，即为完全扩展状态。

6

接着放入材料D，低速搅拌约30秒钟。

7

将面团从搅拌缸中取出，稍微整型后放入发酵箱中，此时面团中心温度应为26℃。

step 基础发酵

8 以温度30℃、湿度75%发酵30分钟。

9

在工作台上撒少许高筋面粉，将面团取出，稍微将表面拍平整，由右往左折1/3，再由左往右折1/3。

10

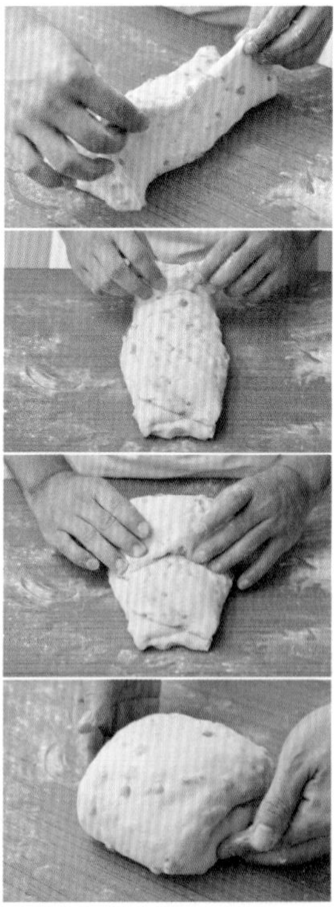

接着稍压平整，再由下往上折2折。

11

放入发酵箱中，以相同温度和湿度再发酵30分钟。

step 分割滚圆

12

工作台上撒少许高筋面粉防粘，取出发酵好的面团，分割成每个100g的小面团。

13

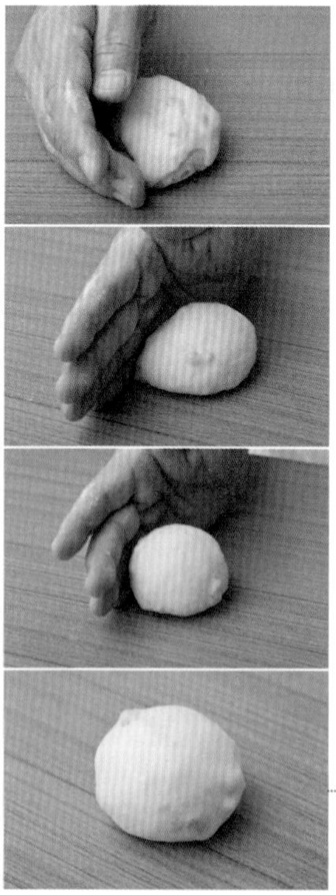

·面团光滑面朝上，用单手手掌捧住面团边缘，先往前推接着往后拉，手掌底部略施力，让面团边缘顺势滚入底部，重复数次使面团表面变光滑。

step 中间发酵

14

整型好的面团彼此间隔一定距离放入发酵箱中，继续发酵40分钟。

step 整型和包馅

15

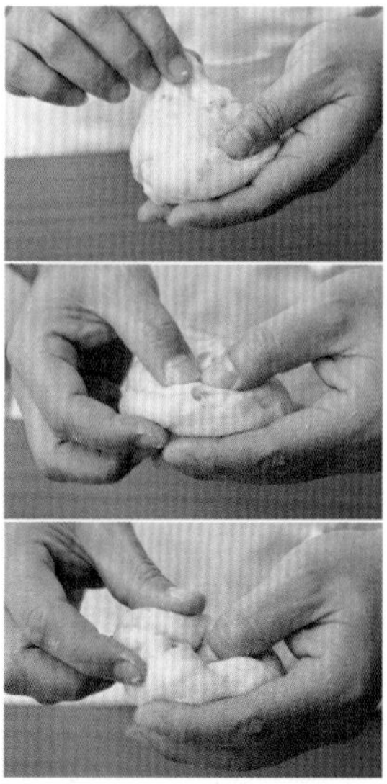

工作台上撒少许高筋面粉防粘，取出面团，以包入馅料的手法将面团往中心折入。

16

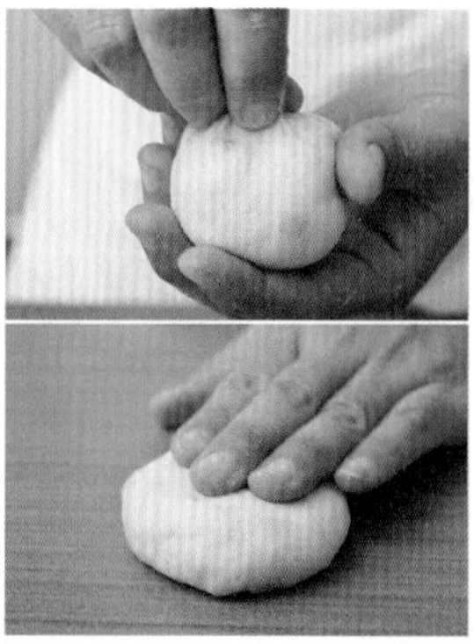

捏紧收口，将收口朝下放在工作台上，用手稍微压扁。

17

取一块厨房纸巾沾湿，将面团在湿纸巾上稍微滚一下，再放入装饰玉米粒中滚一圈使沾满玉米粒。

step 最后发酵

18

将面团收口朝下放在烤盘上，放入发酵箱中，继续发酵50分钟。

step 烘烤前装饰

19

在面团顶部放上香橙片。

step 烘烤

20

以上火210℃/下火180℃预热烤箱，将面包坯放进烤箱，烘烤14～16分钟。

21

烘烤完成后先轻敲一下烤盘使面包与烤盘分开，然后将面包移置于网架上冷却。

22

最后在面包上撒上糖粉即可。

黄豆杂粮蔓越莓芝士

Soy Multi-grain Bread with Cranberry Cheese

种法：老面种
数量：21个

内馅是满满的香浓的奶油奶酪，
面包外酥内软，还吃得到酸酸的蔓越莓，
加上黄豆、黑麦和玉米，美味与营养都兼顾到了！

材料

面团

A__鹰牌高筋面粉1000g 法国老面300g
黄豆面包粉100g 黑麦面包粉100g
玉米预拌粉100g 水300g
红糖80g 盐15g 高糖酵母12g 麦芽精6g

B__冰水545g

C__无盐黄油80g

内馅

奶油奶酪420g 蔓越莓干420g

＊将蔓越莓干分成每份20g，共21份备用；奶油奶酪置于挤花袋内备用。

烘烤前表面装饰

高熔点芝士丝适量

烘焙小笔记

制作流程	搅拌→基础发酵→分割滚圆→中间发酵→整型和包馅→最后发酵→烘烤前装饰→烘烤
搅拌时间	低速4分钟→中速5分钟→加入无盐黄油→低速3分钟→中速4分钟
基础发酵前面团温度	26℃
发酵温度、湿度	温度30℃，湿度75%
基础发酵	发酵30分钟后翻面，再发酵30分钟
分割滚圆	120g/个
中间发酵	30分钟
整型样式	球形
最后发酵	50分钟
烘烤温度、时间	上火220℃/下火170℃，烘烤14 ~ 15分钟
蒸汽	4秒钟

step 搅拌

1

将材料A所有材料放入厨师机搅拌缸中，盐与酵母须分开些摆放。

2

倒入材料B的液体，以低速搅拌4分钟，后转为中速再搅拌5分钟。

3

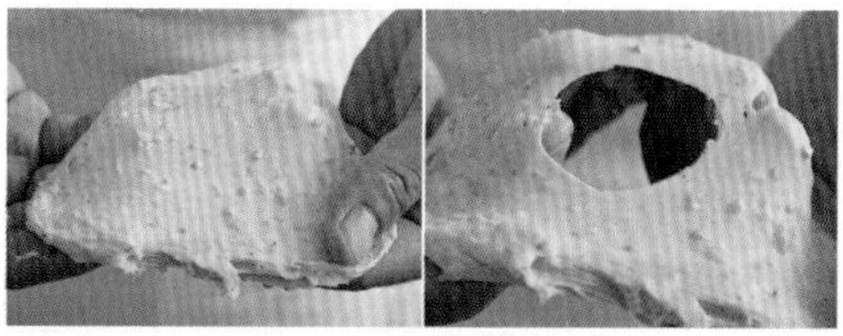

取一点面团拉开，会形成不透光薄膜，且破洞边缘呈锯齿状，此为扩展状态。

4

加入材料C的无盐黄油，先以低速搅打3分钟，后转为中速再搅打4分钟。

5

取一点面团拉开，会形成光滑透明有弹性的薄膜，且破洞边缘光滑，即为完全扩展状态。

6

从搅拌缸中取出面团，稍微整型后放入发酵箱中，面团中心温度应为26℃。

step 基础发酵

7 以温度30℃、湿度75%发酵30分钟。

8

在工作台上撒少许高筋面粉，将面团取出，稍微将表面拍平整，由右往左折1/3，再由左往右折1/3。

9

接着稍压平整，再由下往上折2折。

10

放入发酵箱中，继续以相同温度和湿度发酵30分钟。

step 分割滚圆

11

工作台上撒少许高筋面粉防粘，取出发酵好的面团，分割成每个120g的小面团。

12

面团光滑面朝上，用单手手掌捧住面团边缘，先往前推接着往后拉，手掌底部略施力，让面团边缘顺势滚入底部，重复数次使面团表面变光滑。

step 中间发酵

13

整型好的面团彼此间隔一定距离放入发酵箱中，继续发酵30分钟。

step 整型和包馅

14

取出发酵好的面团，用手稍微压平，中间先挤入20g奶油奶酪。

15

接着放上蔓越莓干，用双手拇指与食指将面团边缘往中间收拢，捏紧收口成为圆形。

step 最后发酵

16

烤盘内铺上一张烤纸，将面团收口朝下整齐排入烤盘，再放入发酵箱中，最后发酵50分钟。

step 烘烤前装饰

17

在面团顶部用剪刀剪一个十字，在洞口铺上高熔点芝士丝。

step 烘烤

18

以上火220℃/下火170℃预热烤箱，面包坯放入烤箱先喷蒸汽4秒钟，再烘烤14~15分钟。

19

烘烤完成后马上将面包移到网架上冷却即可。

图书在版编目（CIP）数据

面包圣手 / 吴武宪著. — 青岛 : 青岛出版社, 2017.11
ISBN 978-7-5552-5728-8
Ⅰ. ①面… Ⅱ. ①吴… Ⅲ. ①面包 - 制作 Ⅳ. ①TS213.2
中国版本图书馆CIP数据核字(2017)第222799号

面包圣手

著　　者　吴武宪
出版发行　青岛出版社
社　　址　青岛市海尔路182号（266061）
本社网址　http://www.qdpub.com
邮购电话　13335059110　0532-85814750（传真）　0532-68068026
策划组稿　周鸿媛
责任编辑　杨子涵
特约校对　崔晓婷
设计排版　潘　婷
摄　　影　周祯和　萧维刚
制　　版　青岛艺鑫制版印刷有限公司
印　　刷　青岛海蓝印刷有限责任公司
出版日期　2018年1月第1版　2018年1月第1次印刷
开　　本　16开（710毫米 × 1010毫米）
印　　张　16.75
图　　数　2600幅
印　　数　1-6000
书　　号　ISBN 978-7-5552-5728-8
定　　价　68.00元

编校印装质量、盗版监督服务电话　4006532017　0532-68068638
本书建议陈列类别：生活类　美食类

戴菲小鹰 高脂可可粉
地道选材，正规包装
可可粉末，忠于原味
浓香美味，口感细腻
烘焙业界，调色增香
昇祥
Sheng Hsiang
戴菲小鹰
SH 780-20
COCOA POWDER
高脂可可粉
HIGH-FAT
COCOA POWDER
深黑可可粉
防潮可可粉
歐丁
ORDIN
欧丁芝士
质地细腻，多层口感
舌尖奶香，风味浓郁
ORDIN
歐丁芝士
通過ISO22000及HACCP驗證
DICED
切達芝士片
Processed Cheddar Cheese
原味
淡味
金黄
浓味
飛駝
Danish Cheese Powder
原味芝士粉
淡味芝士粉
金黄芝士粉
濃味芝士粉
飞驼®芝士粉
增香调色，烘焙帮手
昇祥股份有限公司
台湾台北市中山区松江路127之1号7楼
TEL：+886-2-2515-0466
FAX：+886-2-2502-7900
E-mail：shengdin@sheng-hsiang.com
经销商：厦门坎培拉贸易有限公司
地址：厦门市厦禾路879号美新广场2701室
品牌热线：0592-5160823